#교과서×사고력
#게임하듯공부해
#스티커게임?리얼공부!

Go! 매쓰
초등 수학

저자 김보미

- 네이버 대표카페 '성공하는 공부방 운영하기' 운영자
- '미래엔', '메가스터디', '천재교육' 교재 기획 및 집필
- 전국 1,000개 이상의 공부방/선생님 컨설팅 및 교육
- 현재 〈GO! 매쓰〉 수학 공부방 운영

Chunjae Makes Chunjae

기획총괄	김안나
편집개발	김혜민, 김정희, 최수정, 이근우, 서진호
디자인총괄	김희정
표지디자인	윤순미
내지디자인	박희춘, 이혜미
제작	황성진, 조규영

발행일	2020년 10월 1일 2판 2024년 12월 15일 5쇄
발행인	(주)천재교육
주소	서울시 금천구 가산로9길 54
신고번호	제2001-000018호
고객센터	1577-0902
교재 구입 문의	1522-5566

GO! 매쓰

Start

교과서 개념

수학 4-1

구성과 특징

1 교과서 개념 잡기

교과서 개념을 익힌 다음 개념 OX 또는 개념 Play로 개념을 확인하고 개념 확인 문제를 풀어 보세요.

개념 OX 또는 개념 Play로 개념을 재미있게 확인할 수 있습니다.

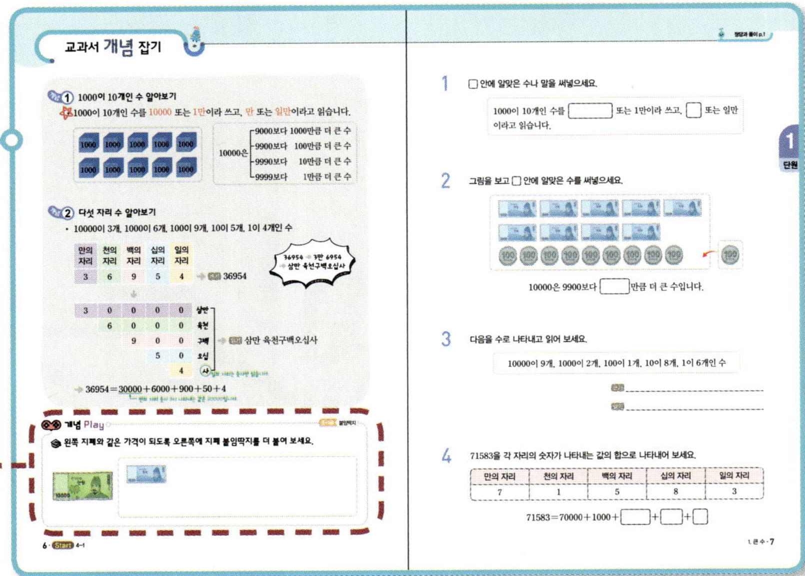

2 교과서 개념 play

개념을 게임으로 학습하면서 집중력을 높여 개념을 익히고 기본을 탄탄하게 만들어요.

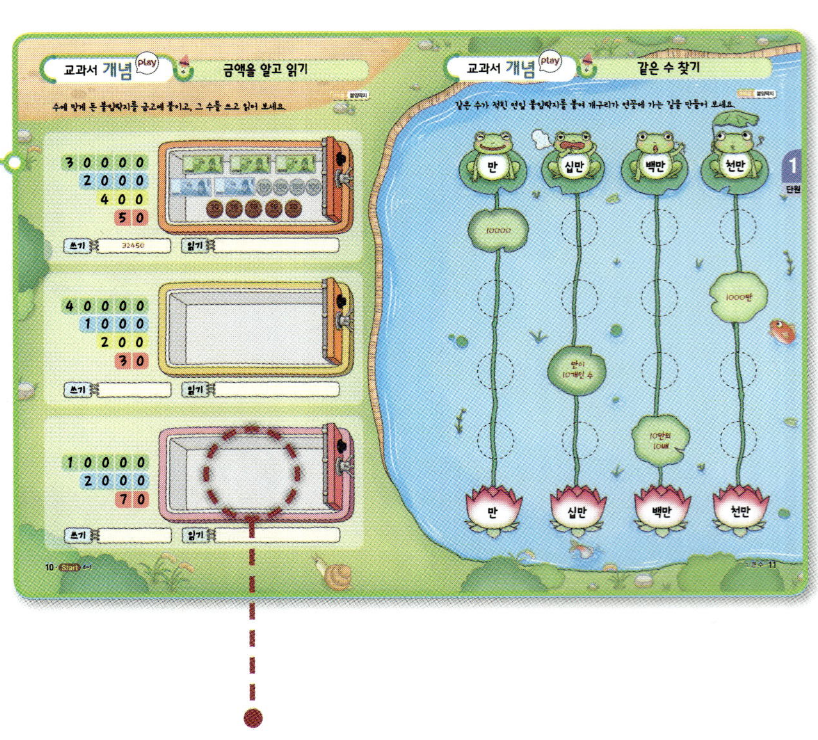

Play 붙임딱지를 활용하여 손잡이를 접어 붙였다 떼었다를 반복하면 하나의 게임도 여러 번 할 수 있습니다.

3 집중! 드릴 문제

각 단원에 꼭 필요한 기초 문제를 반복하여 풀어 보면 기초력을 향상 시킬 수 있어요.

4 교과서 개념 확인 문제

교과서와 익힘책의 다양한 유형의 문제를 풀어 볼 수 있어요.

5 개념 확인평가

각 단원의 개념을 잘 이해하였는지 평가하여 배운 내용을 정리할 수 있어요.

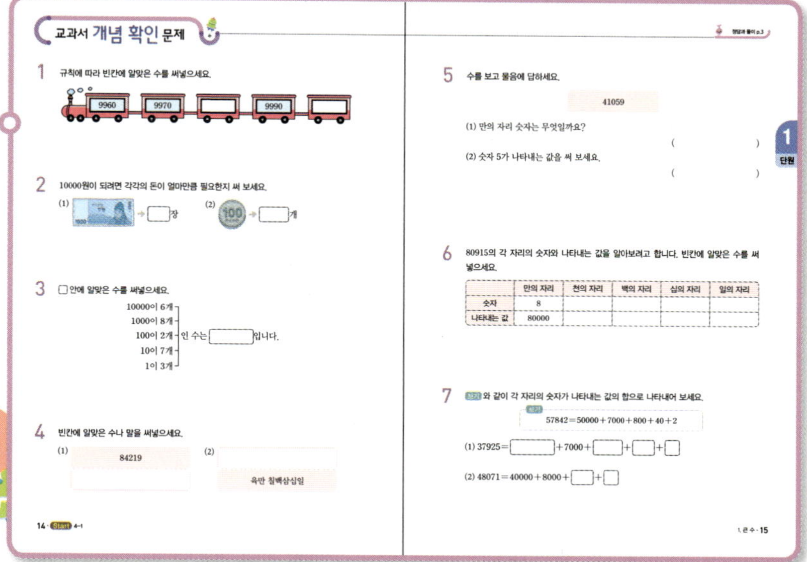

차례

1 큰 수

학습 계획표

내용	쪽수	날짜		확인
교과서 **개념** 잡기	6~9쪽	월	일	
교과서 **개념** play / **집중!** 드릴 문제	10~13쪽	월	일	
교과서 **개념 확인** 문제	14~17쪽	월	일	
교과서 **개념** 잡기	18~21쪽	월	일	
교과서 **개념** play / **집중!** 드릴 문제	22~25쪽	월	일	
교과서 **개념 확인** 문제	26~29쪽	월	일	
개념 **확인평가**	30~32쪽	월	일	

개념 ① 1000이 10개인 수 알아보기

✦ 1000이 10개인 수를 **10000** 또는 **1만**이라 쓰고, **만** 또는 **일만**이라고 읽습니다.

| 1000 | 1000 | 1000 | 1000 | 1000 |
| 1000 | 1000 | 1000 | 1000 | 1000 |

10000은
- 9000보다 1000만큼 더 큰 수
- 9900보다 100만큼 더 큰 수
- 9990보다 10만큼 더 큰 수
- 9999보다 1만큼 더 큰 수

개념 ② 다섯 자리 수 알아보기

- 10000이 3개, 1000이 6개, 100이 9개, 10이 5개, 1이 4개인 수

만의 자리	천의 자리	백의 자리	십의 자리	일의 자리
3	6	9	5	4

➡ 쓰기 36954

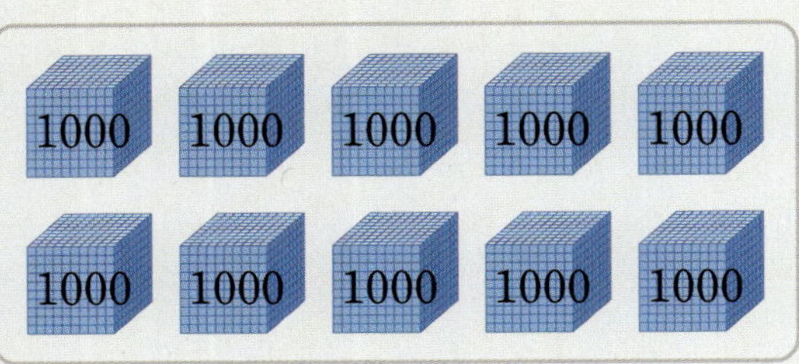

3	0	0	0	0	삼만
	6	0	0	0	육천
		9	0	0	구백
			5	0	오십
				4	사

➡ 읽기 삼만 육천구백오십사

일의 자리는 숫자만 읽습니다.

➡ 36954 = 30000 + 6000 + 900 + 50 + 4

만의 자리 숫자 3이 나타내는 값은 30000입니다.

개념 Play

준비물 붙임딱지

왼쪽 지폐와 같은 가격이 되도록 오른쪽에 지폐 붙임딱지를 더 붙여 보세요.

1 ☐ 안에 알맞은 수나 말을 써넣으세요.

> 1000이 10개인 수를 [   ] 또는 1만이라 쓰고, [   ] 또는 일만
> 이라고 읽습니다.

2 그림을 보고 ☐ 안에 알맞은 수를 써넣으세요.

10000은 9900보다 [   ]만큼 더 큰 수입니다.

3 다음을 수로 나타내고 읽어 보세요.

> 10000이 9개, 1000이 2개, 100이 1개, 10이 8개, 1이 6개인 수

쓰기 _______________________________________

읽기 _______________________________________

4 71583을 각 자리의 숫자가 나타내는 값의 합으로 나타내어 보세요.

만의 자리	천의 자리	백의 자리	십의 자리	일의 자리
7	1	5	8	3

$$71583 = 70000 + 1000 + [\quad] + [\quad] + [\quad]$$

개념 ③ 십만, 백만, 천만 알아보기

- 10000이 10개, 100개, 1000개인 수

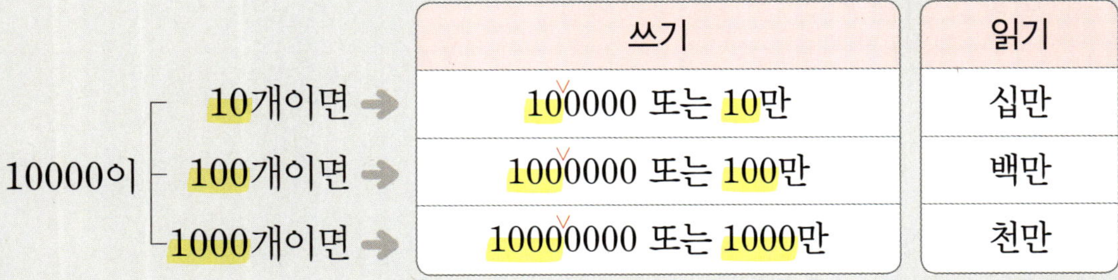

	쓰기	읽기
10개이면 →	100000 또는 10만	십만
10000이 100개이면 →	1000000 또는 100만	백만
1000개이면 →	10000000 또는 1000만	천만

- 10000이 3846개인 수

  쓰기 38460000 또는 3846만   읽기 삼천팔백사십육만

3	8	4	6	0	0	0	0
천	백	십	일	천	백	십	일
			만				일

  → 38460000 = 30000000 + 8000000 + 400000 + 60000

  천만의 자리 숫자 3이 나타내는 값은 30000000입니다.

- 1만, 10만, 100만, 1000만의 관계

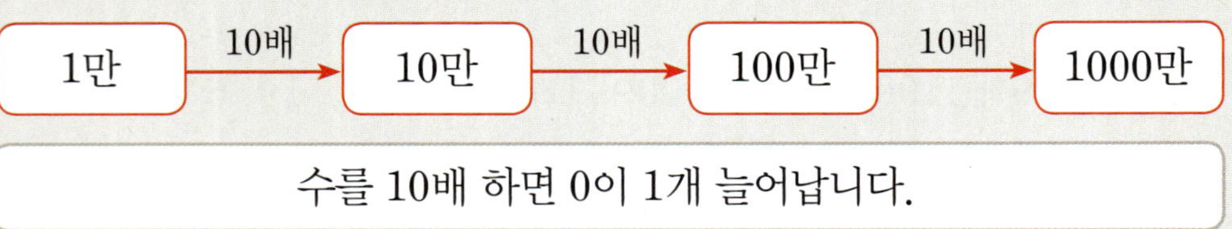

수를 10배 하면 0이 1개 늘어납니다.

개념 Play

준비물 붙임딱지

🎓 왼쪽과 같은 가격이 되도록 오른쪽에 지폐 붙임딱지를 더 붙여 보세요.

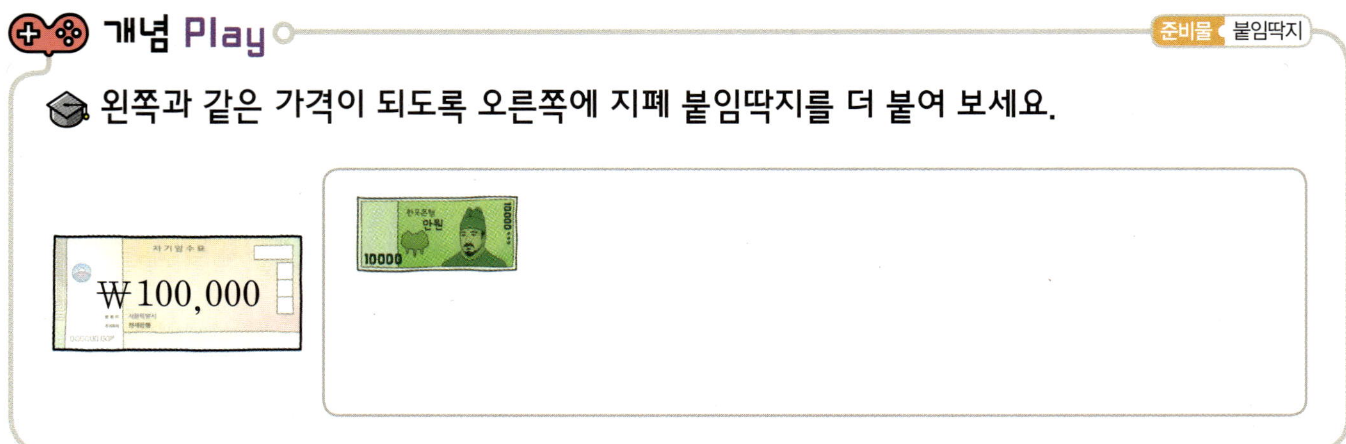

1 같은 수끼리 이어 보세요.

10000이 10개인 수	1000만
10000이 100개인 수	100만
10000이 1000개인 수	10만

2 12830000을 각 자리의 숫자가 나타내는 값의 합으로 나타내어 보세요.

1	2	8	3	0	0	0	0
천	백	십	일	천	백	십	일
			만				일

$$12830000 = \boxed{} + 2000000 + 800000 + \boxed{}$$

3 빈칸에 알맞은 수나 말을 써넣으세요.

(1) 47030000 ⎯⎯

(2) ⎯⎯ 구천오백이십육만

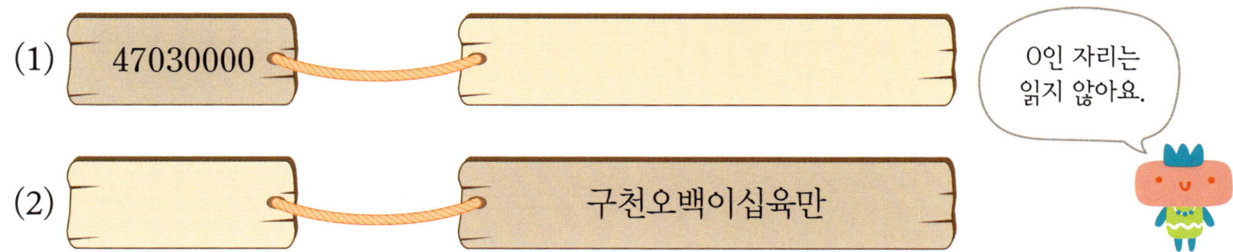

4 보기 와 같이 수를 나타내어 보세요.

> 보기
> 천오백육십팔만 ➡ 1568만 ➡ 15680000

이천칠십사만 ➡ _______________ ➡ _______________

수에 맞게 돈 붙임딱지를 금고에 붙이고, 그 수를 쓰고 읽어 보세요.

3 0 0 0 0
2 0 0 0
4 0 0
5 0

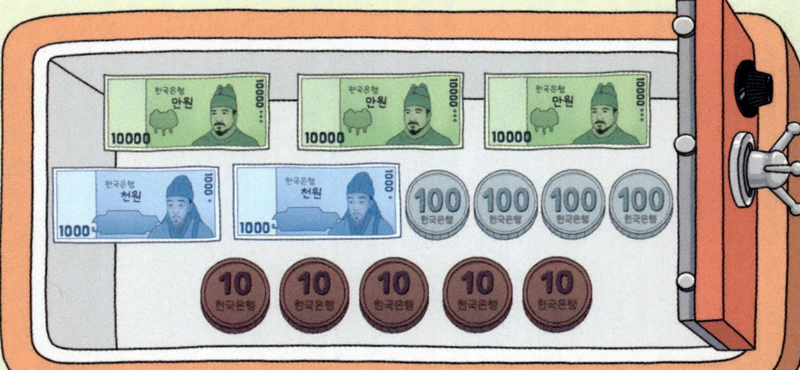

쓰기　32450　　읽기

4 0 0 0 0
1 0 0 0
2 0 0
3 0

쓰기　　　읽기

1 0 0 0 0
2 0 0 0
7 0

쓰기　　　읽기

같은 수 찾기

같은 수가 적힌 연잎 붙임딱지를 붙여 개구리가 연꽃에 가는 길을 만들어 보세요.

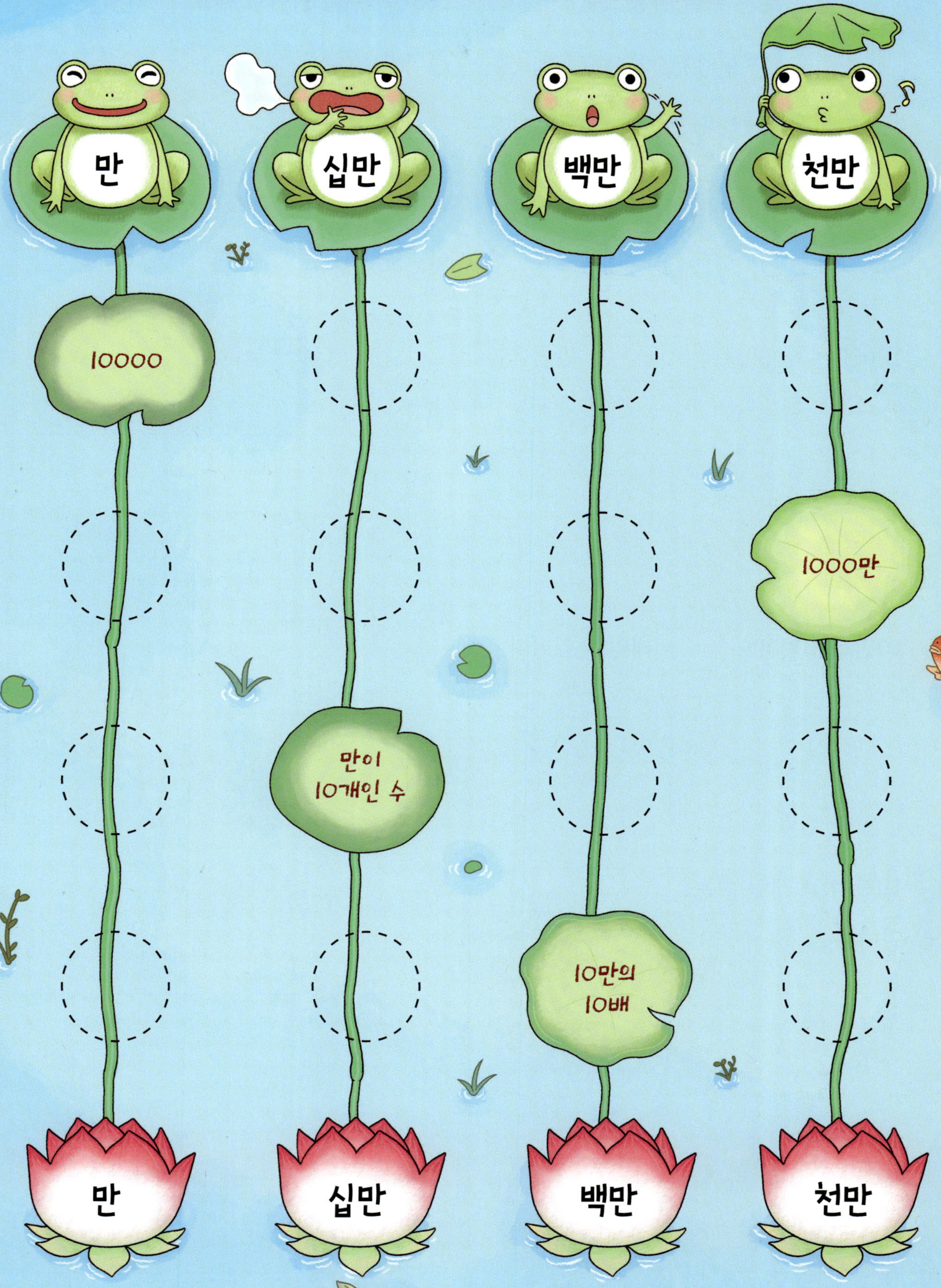

1 단원

집중! 드릴 문제 

[1~5] ☐ 안에 알맞은 수를 써넣으세요.

1 [ ]은 9999보다 1만큼 더 큰 수입니다.

2 10000은 8000보다 [ ]만큼 더 큰 수입니다.

3 10만은 10000이 [ ]개인 수입니다.

4 10만이 10개인 수는 [ ] 입니다.

5 100만을 10배 하면 [ ] 입니다.

[6~10] 수를 읽어 보세요.

6 47530

____

7 281492

____

8 6527438

____

9 12670475

____

10 80306219

____

[11~15] 수로 나타내어 보세요.

11
육십일만

( )

12
오백칠십사만

( )

13
칠십이만 오천육백사십팔

( )

14
오백사십오만 천이백팔십구

( )

15
육천팔백만 천오백십

( )

[16~20] 주어진 수에서 밑줄 친 숫자가 나타내는 값을 써 보세요.

16
35413

( )

17
254007

( )

18
73186908

( )

19
2137549

( )

20
43456928

( )

1 단원

1 규칙에 따라 빈칸에 알맞은 수를 써넣으세요.

2 10000원이 되려면 각각의 돈이 얼마만큼 필요한지 써 보세요.

(1)  → ☐ 장

(2) → ☐ 개

3 ☐ 안에 알맞은 수를 써넣으세요.

10000이 6개
1000이 8개
100이 2개 ┤ 인 수는 ☐ 입니다.
10이 7개
1이 3개

4 빈칸에 알맞은 수나 말을 써넣으세요.

(1) 84219

(2) 육만 칠백삼십일

5 수를 보고 물음에 답하세요.

41059

(1) 만의 자리 숫자는 무엇일까요?

(   )

(2) 숫자 5가 나타내는 값을 써 보세요.

(   )

1 단원

6 80915의 각 자리의 숫자와 나타내는 값을 알아보려고 합니다. 빈칸에 알맞은 수를 써 넣으세요.

	만의 자리	천의 자리	백의 자리	십의 자리	일의 자리
숫자	8				
나타내는 값	80000				

7 보기 와 같이 각 자리의 숫자가 나타내는 값의 합으로 나타내어 보세요.

> **보기**
> $57842 = 50000 + 7000 + 800 + 40 + 2$

(1) $37925 = \boxed{} + 7000 + \boxed{} + \boxed{} + \boxed{}$

(2) $48071 = 40000 + 8000 + \boxed{} + \boxed{}$

8 관계있는 것끼리 이어 보세요.

10000이 10개인 수	100000
10000이 1000개인 수	1000000
10000이 100개인 수	10000000

9 빈칸에 알맞은 수나 말을 써넣으세요.

(1)
76530000

(2)
팔천육백구십칠만

10 수를 보고 ☐ 안에 알맞은 수를 써넣으세요.

95173602

(1) 만이 ☐ 개, 일이 ☐ 개인 수입니다.

(2) 천만의 자리 숫자는 ☐ 이고, ☐ 을 나타냅니다.

11 빈칸에 알맞은 수를 써넣으세요.

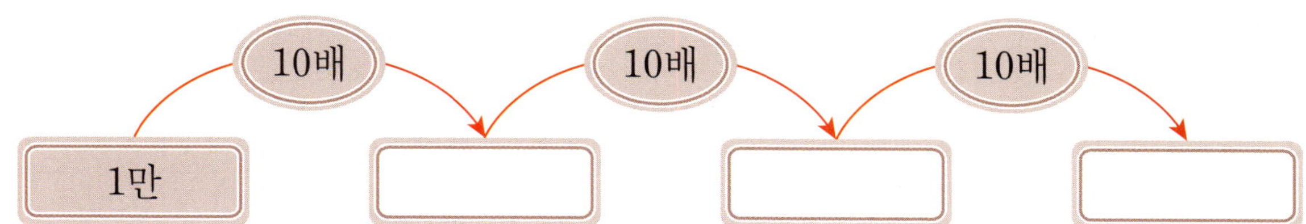

12 숫자 9가 나타내는 값을 각각 써 보세요.

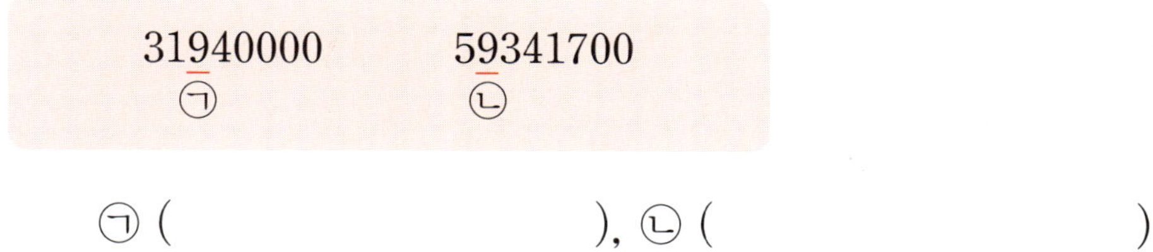

㉠ (   ), ㉡ (   )

13 수 카드를 모두 한 번씩만 사용하여 가장 작은 다섯 자리 수를 만들고 읽어 보세요.

쓰기 _______________________________

읽기 _______________________________

14 50000개의 성냥개비를 한 상자에 1000개씩 담으려면 모두 몇 상자가 필요할까요?

(   )

개념 ④ 억 알아보기

- 1000만이 10개인 수를 100000000 또는 1억이라 쓰고, 억 또는 일억이라고 읽습니다.

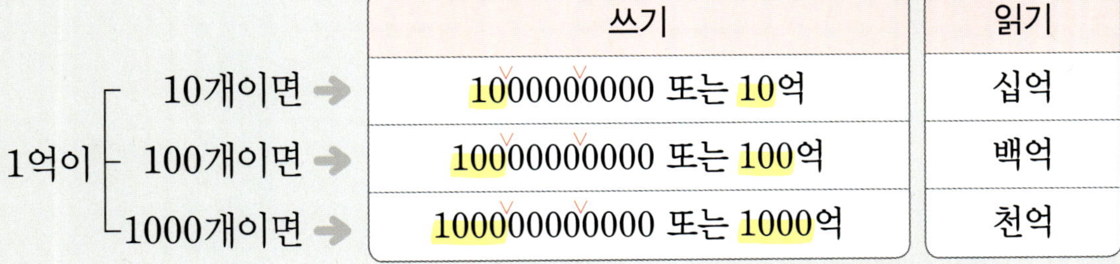

	쓰기	읽기
1억이 10개이면 →	1000000000 또는 10억	십억
1억이 100개이면 →	10000000000 또는 100억	백억
1억이 1000개이면 →	100000000000 또는 1000억	천억

- 1억이 3515개인 수

  [쓰기] 351500000000 또는 3515억   [읽기] 삼천오백십오억

3	5	1	5	0	0	0	0	0	0	0	0
천	백	십	일	천	백	십	일	천	백	십	일
			억				만				일

→ 351500000000 = 300000000000 + 50000000000 + 1000000000 + 500000000

  └─ 천억의 자리 숫자 3이 나타내는 값은 300000000000입니다.

개념 ⑤ 조 알아보기

- 1000억이 10개인 수를 1000000000000 또는 1조라 쓰고, 조 또는 일조라고 읽습니다.

- 1조가 4728개인 수

  [쓰기] 4728000000000000 또는 4728조   [읽기] 사천칠백이십팔조

4	7	2	8	0	0	0	0	0	0	0	0	0	0	0	0
천	백	십	일	천	백	십	일	천	백	십	일	천	백	십	일
			조				억				만				일

→ 4728000000000000 = 4000000000000000 + 7000000000000000
  + 20000000000000 + 8000000000000

- 조 단위 수의 관계

1 □ 안에 알맞은 수를 써넣으세요.

(1) 1000만이 10개인 수를 ⬚ (이)라 씁니다.

(2) 1000억이 10개인 수를 ⬚ (이)라 씁니다.

2 □ 안에 알맞은 수를 써넣고 읽어 보세요.

251000000000

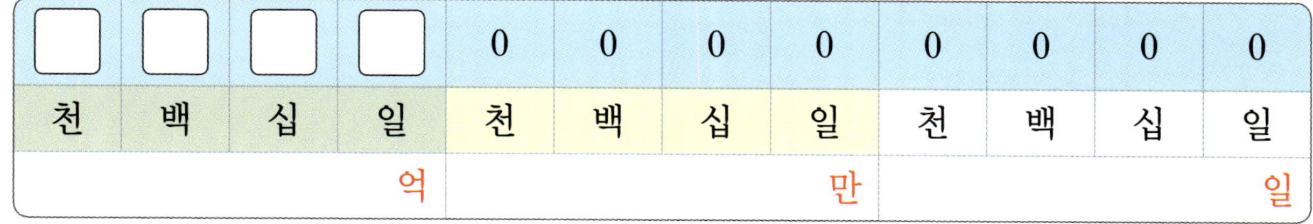

⬚	⬚	⬚	⬚	0	0	0	0	0	0	0	0
천	백	십	일	천	백	십	일	천	백	십	일
			억				만				일

읽기 ___________________________________

3 보기 와 같이 나타내어 보세요.

보기
9556370308022591 ➡ 9556조 3703억 802만 2591

58685725525080 ➡ ___________________________________

4 표를 보고 숫자 6이 나타내는 값을 써 보세요.

9	6	5	4	0	0	0	0	0	0	0	0	0	0	0	0
천	백	십	일	천	백	십	일	천	백	십	일	천	백	십	일
			조				억				만				일

(   )

개념 ⑥ 뛰어 세기 → 일정한 수만큼 늘어나는 관계

- 10000씩 뛰어 세기

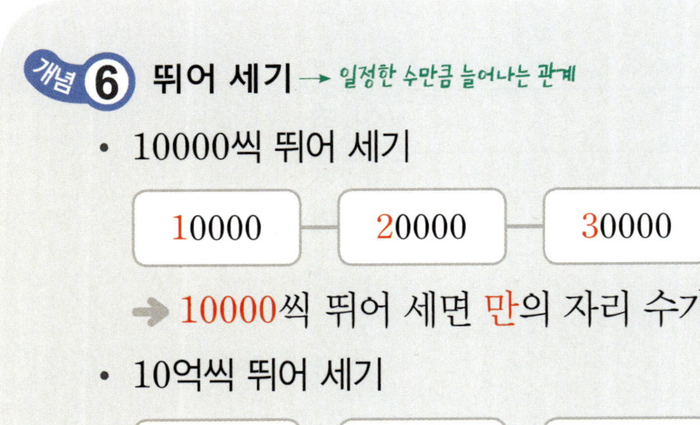

| 10000 | 20000 | 30000 | 40000 | 50000 | 60000 |

➡ 10000씩 뛰어 세면 **만**의 자리 수가 1씩 커집니다.

- 10억씩 뛰어 세기

| 632억 | 642억 | 652억 | 662억 | 672억 | 682억 |

➡ 10억씩 뛰어 세면 **십억**의 자리 수가 1씩 커집니다.

개념 ⑦ 수의 크기를 비교하기

- 자리 수가 다른 경우

  ➡ 자리 수가 많은 쪽이 더 큽니다.

  예 940000 < 2000000

  6자리 수   7자리 수

- 자리 수가 같은 경우

  ➡ 가장 높은 자리의 수부터 차례로 비교합니다.

  예 482600 < 485300

  2 < 5

수의 크기를 비교하는 방법

① 자리 수가 같은지 다른지 비교해 봅니다.

② 자리 수가 다르면 자리 수가 많은 쪽이 더 큽니다.

③ 자리 수가 같으면 가장 높은 자리의 수부터 차례로 비교하여 수가 큰 쪽이 더 큽니다.

개념 O X

수의 크기를 바르게 비교했으면 ○표, 아니면 ×표 하세요.

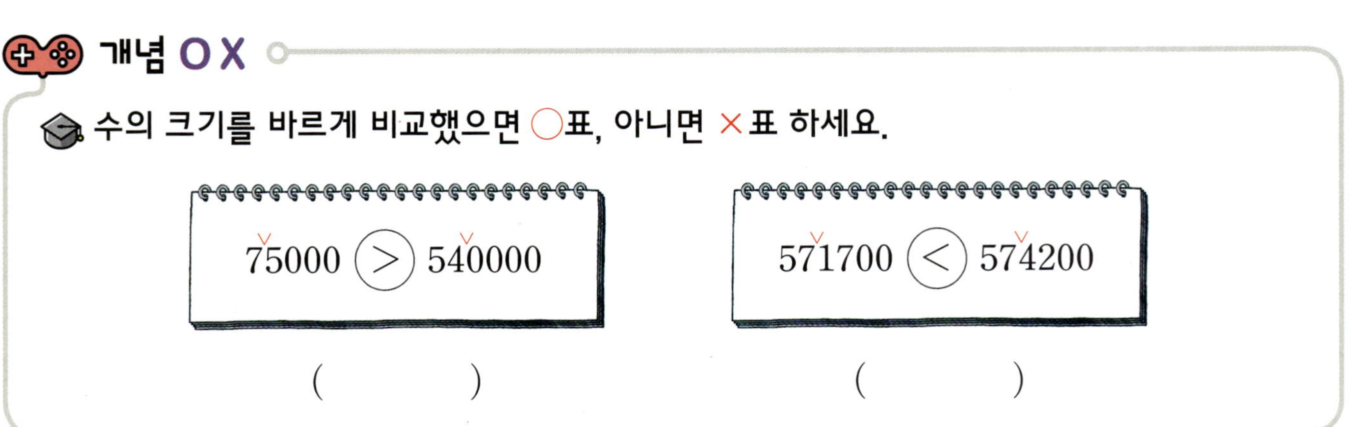

(   )   (   )

1 10000씩 뛰어 세어 보세요.

1 단원

2 얼마씩 뛰어 세었는지 써 보세요.

(   )

3 다음을 보고 수의 크기를 비교하여 ◯ 안에 ＞, ＜를 알맞게 써넣으세요.

	십만	만	천	백	십	일
73900 →		7	3	9	0	0
245100 →	2	4	5	1	0	0

73900 ◯ 245100

4 두 수의 크기를 비교하여 ◯ 안에 ＞, ＜를 알맞게 써넣으세요.

(1) 135억 1473만 4580 ◯ 68억 9175만 9721

(2) 5762386525631 ◯ 5497219634248

마카롱 진열하기

상자에 적혀 있는 수에 맞게 마카롱 붙임딱지를 붙여 진열대를 완성해 보세요.

사만 육천칠백팔십오

칠천오백십구만

이천팔백삼십사만 오천백칠

육백칠십구만 천삼십오

1억이 4개, 1만이 7619개인 수

1억이 32개, 1만이 8165개인 수

집중! 드릴 문제

[1~5] 수를 읽어 보세요.

1
241950000

____

2
39150410000

____

3
458001500000000

____

4
973200000000000

____

5
5010642054300000

____

[6~10] 수로 나타내어 보세요.

6
육억 이천오백칠십이만

____

7
사천오백억 삼천만

____

8
이억 십

____

9
구조 천억

____

10
이십팔조 일억 천만 사

____

[11~14] 뛰어 세기를 하였습니다. 얼마씩 뛰어 세었는지 써 보세요.

11

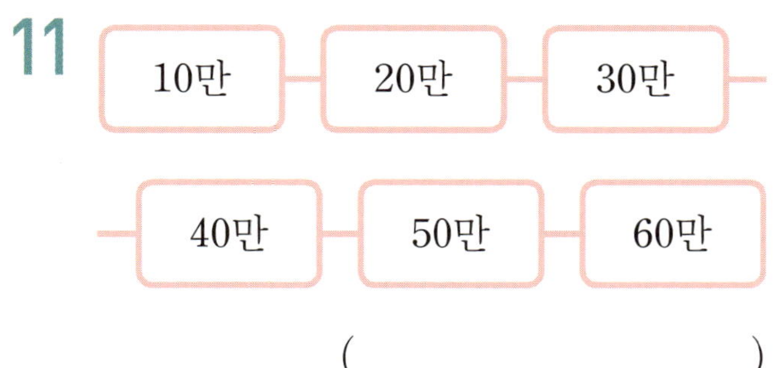

( )

12

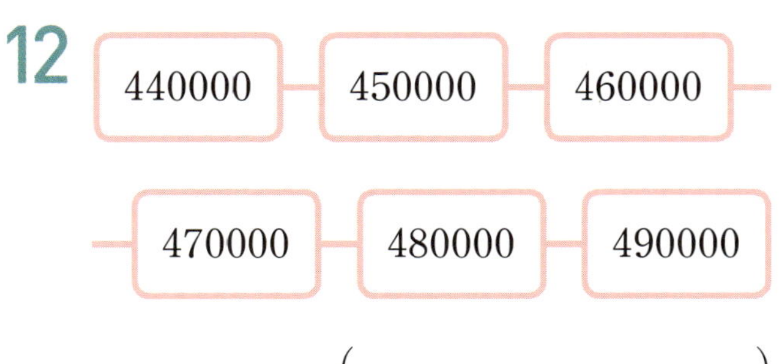

( )

13

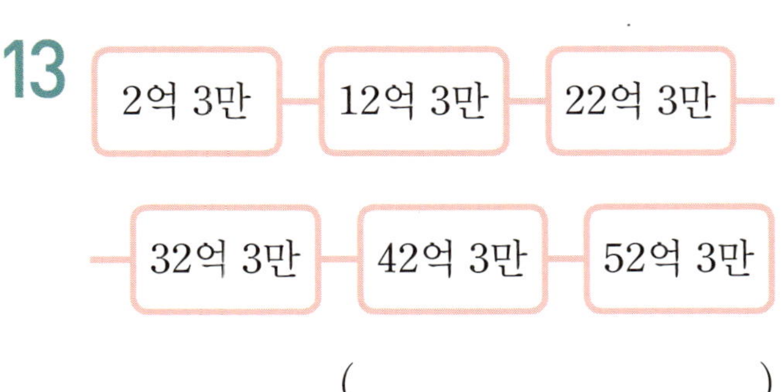

( )

14

604억 12만　604억 14만
604억 16만　604억 18만

( )

[15~19] 두 수의 크기를 비교하여 ○ 안에 >, <를 알맞게 써넣으세요.

15 640143 ◯ 85627

16 1495127 ◯ 14678505

17 40만 5419 ◯ 3819725

18 육천오백억 ◯ 541990000000

19 14100000000000 ◯ 14조 200억

1 □ 안에 알맞은 수를 써넣으세요.

(1) 1억은
- 9990만보다 [   ] 만큼 더 큰 수입니다.
- 9000만보다 [   ] 만큼 더 큰 수입니다.

(2) 1조는
- 9999억보다 [   ] 만큼 더 큰 수입니다.
- 9900억보다 [   ] 만큼 더 큰 수입니다.

2 규칙에 따라 빈칸에 알맞은 수를 써넣으세요.

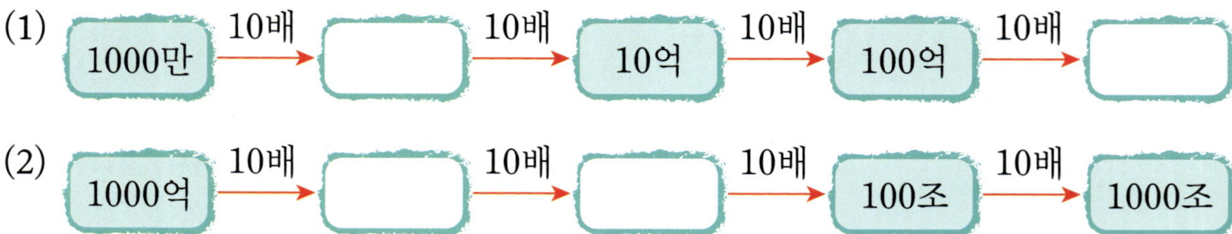

3 74800000000은 억이 몇 개인 수일까요?

(   )

4 □ 안에 알맞은 수를 써넣으세요.

617309400000000은 조가 [   ] 개, 억이 [   ] 개인 수입니다.

5

□ 안에 알맞은 수를 써넣고 읽어 보세요.

								0	0	0	0	0	0	0	0
천	백	십	일	천	백	십	일	천	백	십	일	천	백	십	일
		조				억				만					일

7958361400000000

읽기 ___________________

6

수로 나타내어 보세요.

(1) 삼천오백칠십억 오천팔백십구만

( )

(2) 조가 87개, 억이 106개, 만이 7260개인 수

( )

7

십억의 자리 숫자가 6인 수에 ◯표 하세요.

36274310730   162308148152

( )   ( )

8 100억씩 뛰어 세어 보세요.

9 10만씩 뛰어 세었습니다. ㉠에 알맞은 수를 구해 보세요.

(   )

10 얼마씩 뛰어 세었는지 써 보세요.

(1)

(   )

(2)

(   )

11 뛰어 세어 빈칸에 알맞은 수를 써넣으세요.

12 두 수의 크기를 비교하여 ○ 안에 >, <를 알맞게 써넣으세요.

(1) 11조 3250억 ◯ 11조 3459억

(2) 5496219300000 ◯ 사조 구천팔백삼십억 팔백만

13 수로 나타낼 때 0은 모두 몇 개일까요?

> 이천팔백조 오백삼억 사천이백십만

( )

14 가장 큰 수에 ○표, 가장 작은 수에 △표 하세요.

380425764 ( )
291436809 ( )
1045670418 ( )

15 ㉠이 나타내는 값은 ㉡이 나타내는 값의 몇 배일까요?

623642715
㉠ ㉡

( )

개념 확인평가  1. 큰 수

1 ☐ 안에 알맞은 수를 써넣으세요.

10000은 ┌ 9990보다 ☐ 만큼 더 큰 수입니다.
        └ ☐ 보다 1만큼 더 큰 수입니다.

2 ☐ 안에 알맞은 수를 써넣으세요.

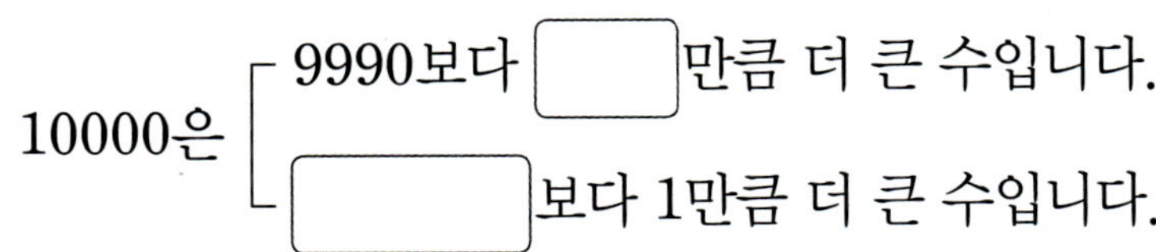

10000이 4개 ┐
1000이 8개 │
100이 3개 │ 인 수는 ☐ 입니다.
10이 2개 │
1이 7개 ┘

3 수를 쓰고 읽어 보세요.

만이 5360개인 수

쓰기 ________________________   읽기 ________________________

4 숫자 3이 나타내는 값은 얼마인지 써 보세요.

(1) 32400   (2) 43585

(   )   (   )

5 1억씩 뛰어 세어 보세요.

6 두 수의 크기를 비교하여 ○ 안에 >, <를 알맞게 써넣으세요.

347억 2921만 ○ 3629171548

7 뛰어 세어 빈칸에 알맞은 수를 써넣으세요.

| 6억 1870만 | 6억 1970만 | | |

8 ㉠과 ㉡을 수로 나타내어 보세요.

Daily news

○○년 ○○월 ○○일　　　　　　　　　　　　　　　　　　○○○○호

지난해 전 세계 e스포츠 시장 관련 산업 규모는 ㉠ 12조 원대였습니다. 전 세계 e스포츠 시청자들은 ㉡ 2억 명에 육박하고, 매해 시장 규모는 빠르게 성장하고 있습니다.

㉠ (　　　　　　　　　　　)

㉡ (　　　　　　　　　　　)

9 빈칸에 알맞은 수를 써넣으세요.

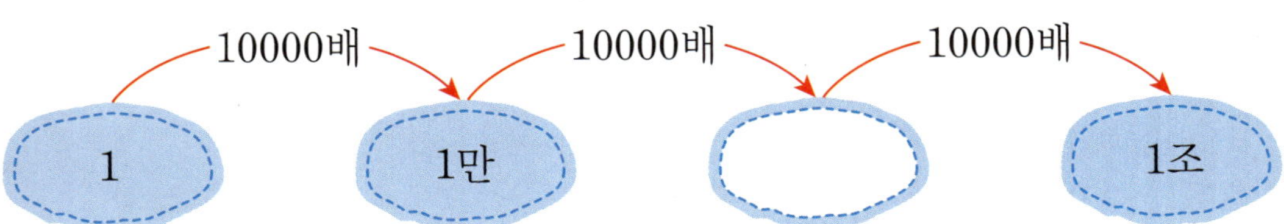

10 한비와 가은이가 저금한 금액입니다. 더 많이 저금한 사람의 이름을 써 보세요.

한비	2359560원
가은	2374200원

(   )

11 큰 수부터 차례로 기호를 써 보세요.

> ㉠ 오십육조 이천억   ㉡ 56조 468억   ㉢ 504752656130000

(   )

12 수 카드를 모두 한 번씩만 사용하여 조건을 만족하는 수를 만들어 보세요.

조건
- 40만보다 큰 짝수입니다.
- 천의 자리 수는 만의 자리 수보다 6만큼 더 큰 수입니다.
- 9가 나타내는 값은 900입니다.

(   )

2 각도

개념 ① 각의 크기 비교하기

각의 크기는 변의 길이와 관계없이 **두 변의 벌어진 정도가 클수록 큰 각**입니다.

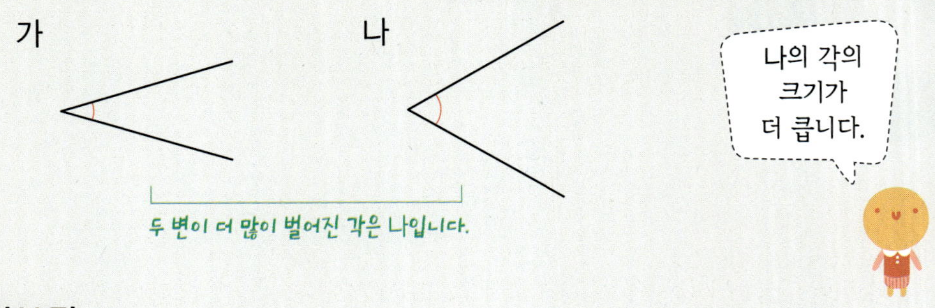

개념 ② 각도 알아보기

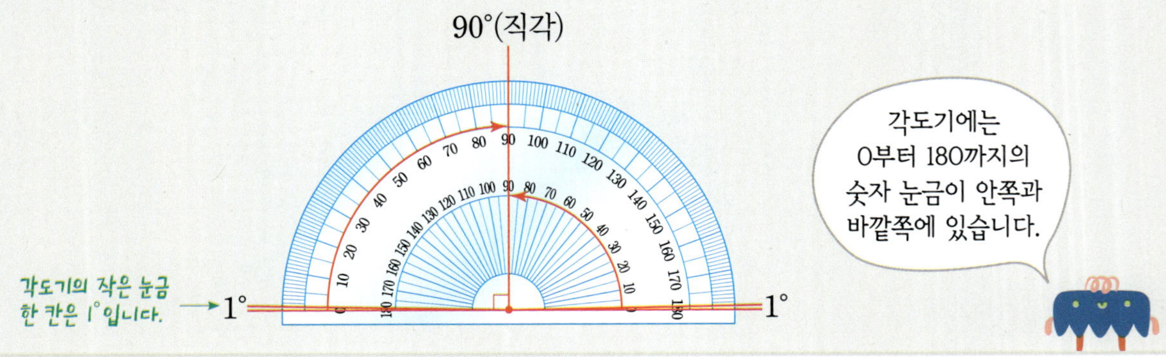

- 각의 크기를 각도라고 합니다.
- 직각을 똑같이 90으로 나눈 것 중 하나를 1도라 하고, 1°라고 씁니다.
- 직각의 크기는 90°입니다.

- 각도기를 이용하여 각도 재기

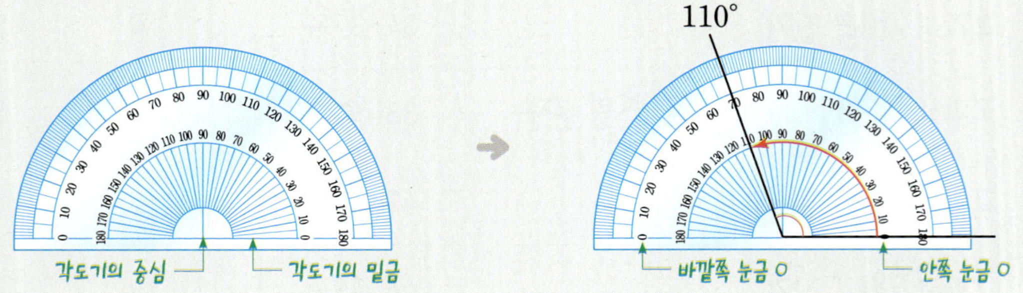

① 각도기의 중심을 각의 꼭짓점에 맞춥니다.
② 각도기의 밑금을 각의 한 변에 맞춥니다.
③ 각의 나머지 변과 만나는 각도기의 눈금을 읽습니다. ➡ 각도는 110°입니다.
주의 각의 한 변이 각도기의 **안쪽 눈금 0**에 맞춰져 있으면 **안쪽 눈금**을, 바깥쪽 눈금 0에 맞춰져 있으면 **바깥쪽 눈금**을 읽습니다.

1 두 각 중에서 더 큰 각의 기호를 써 보세요.

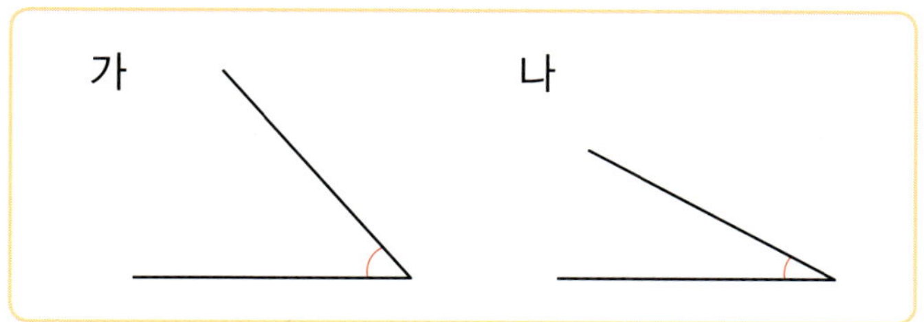

(   )

2 보기 의 각이 ㉮에는 3번, ㉯에는 4번 들어갑니다. 더 큰 각의 기호를 써 보세요.

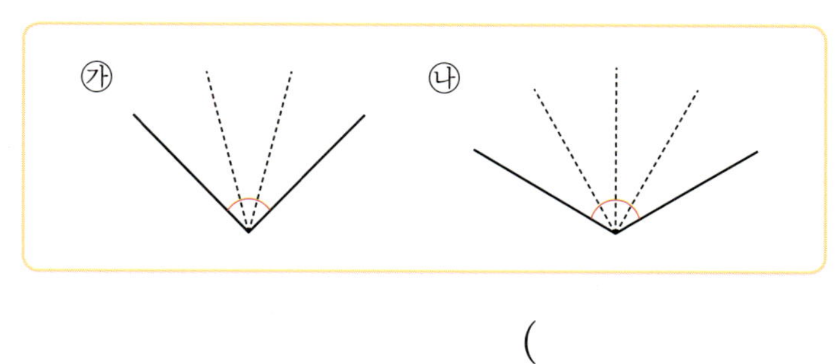

(   )

3 각도기를 이용하여 각도를 재려고 합니다. 바르게 잰 것을 찾아 ◯표 하세요.

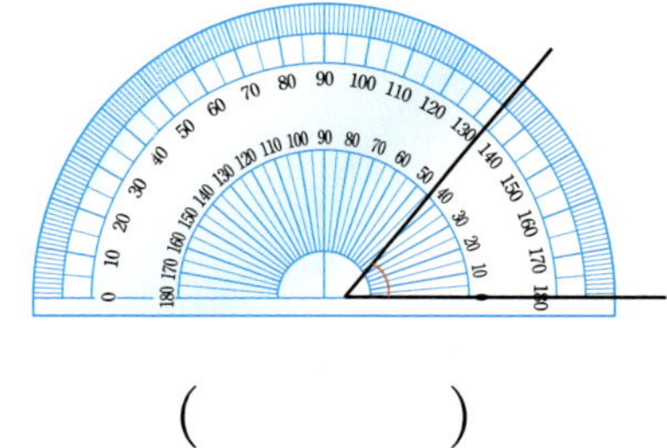

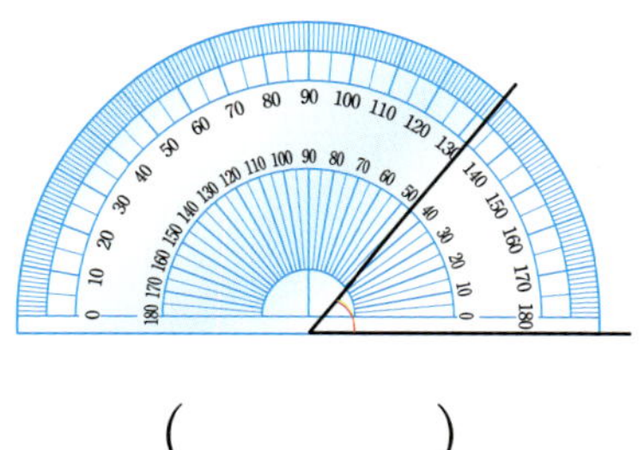

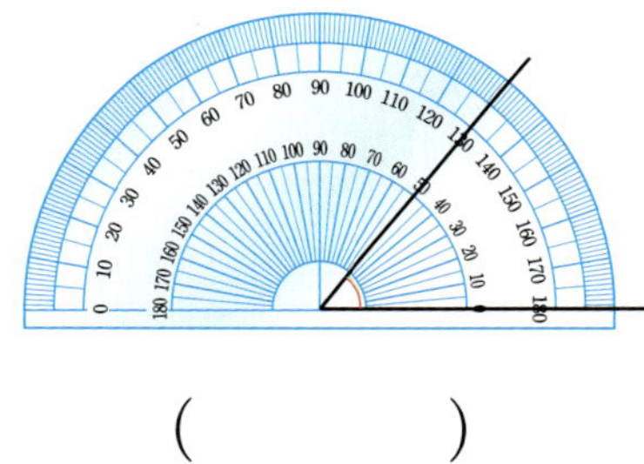

(   )   (   )   (   )

4 각도를 구해 보세요.

(1)
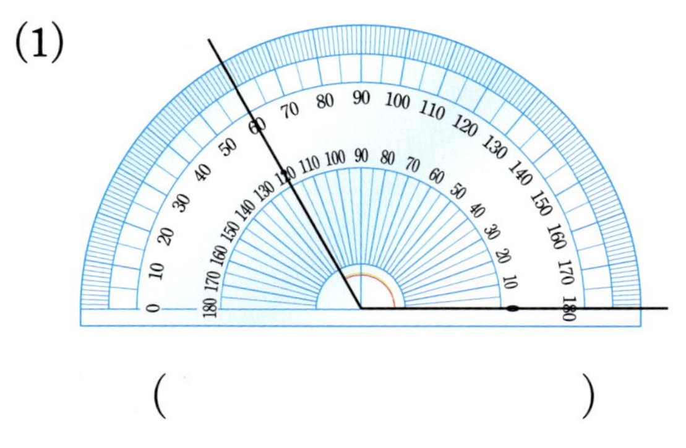

(   )

(2)
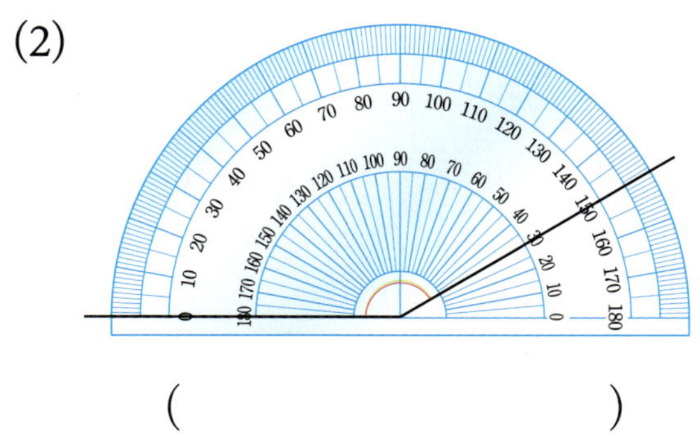

(   )

개념 ③ 예각과 둔각 알아보기

각도가 0°보다 크고 직각보다 작은 각을 예각이라고 합니다.

각도가 직각보다 크고 180°보다 작은 각을 둔각이라고 합니다.

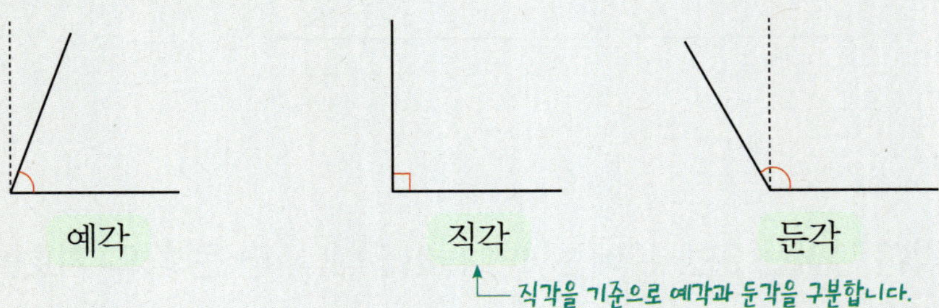

개념 ④ 각 그리기

각도가 90°인 각 ㄱㄴㄷ 그리기

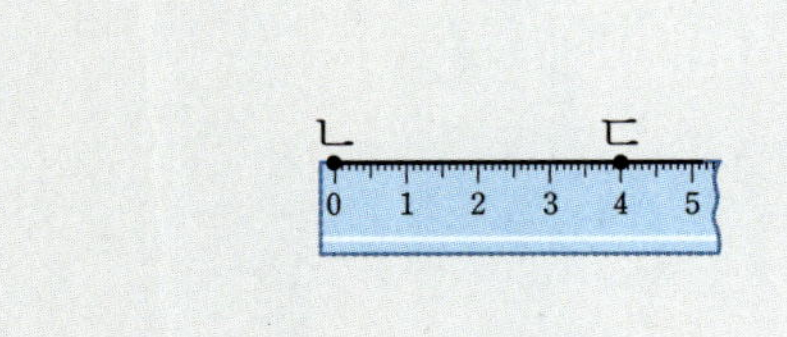

① 자를 이용하여 각의 한 변인 변 ㄴㄷ을 그립니다.

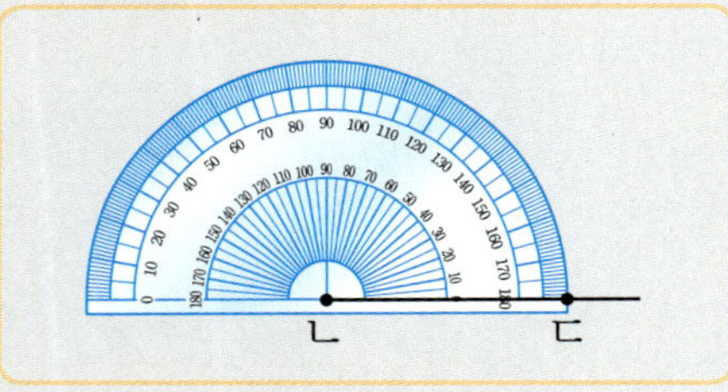

② 각도기의 중심과 점 ㄴ을 맞추고, 각도기의 밑금과 각의 한 변인 변 ㄴㄷ을 맞춥니다.

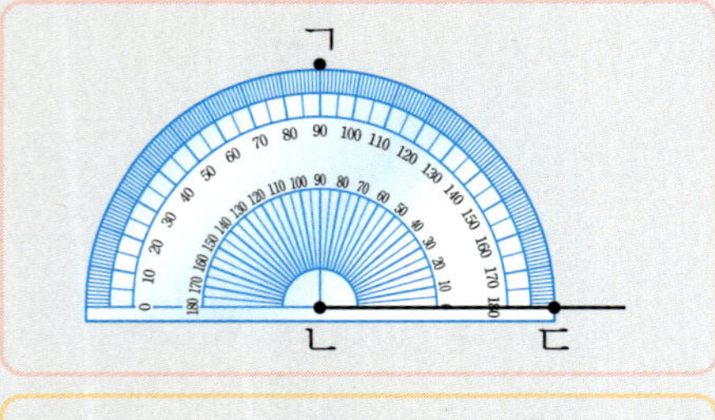

③ 각도기의 밑금에서 시작하여 각도가 90°가 되는 눈금에 점 ㄱ을 표시합니다.

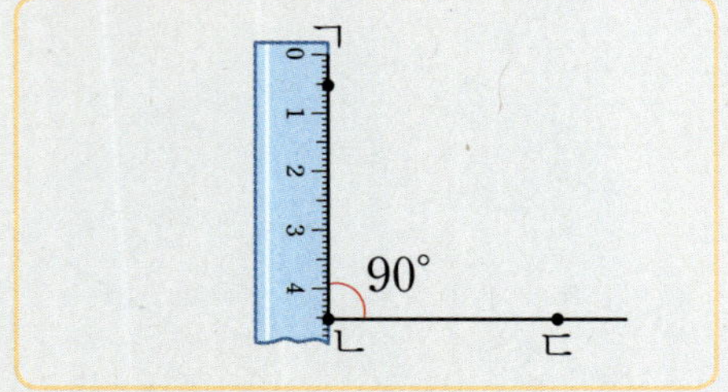

④ 각도기를 떼고, 자를 이용하여 변 ㄱㄴ을 그어 각도가 90°인 각 ㄱㄴㄷ을 완성합니다.

1 각을 보고 예각, 둔각 중 어느 것인지 ☐ 안에 써넣으세요.

(1) 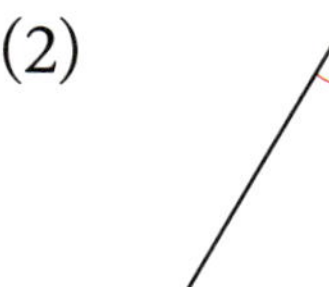

(2) 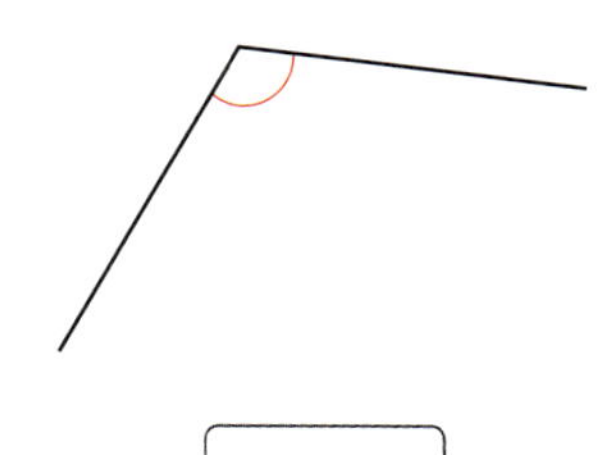

(3) 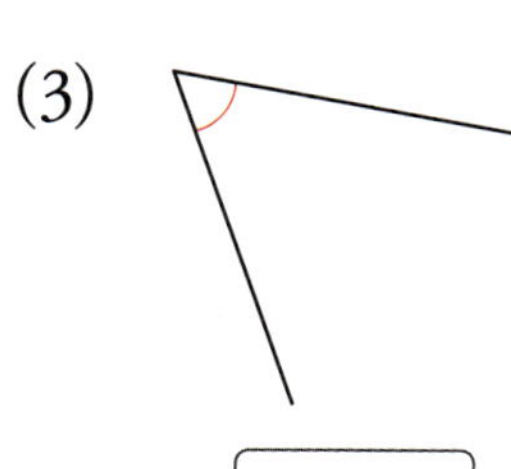

2 130°인 각을 그리려고 합니다. 그리는 과정을 순서대로 써 보세요.

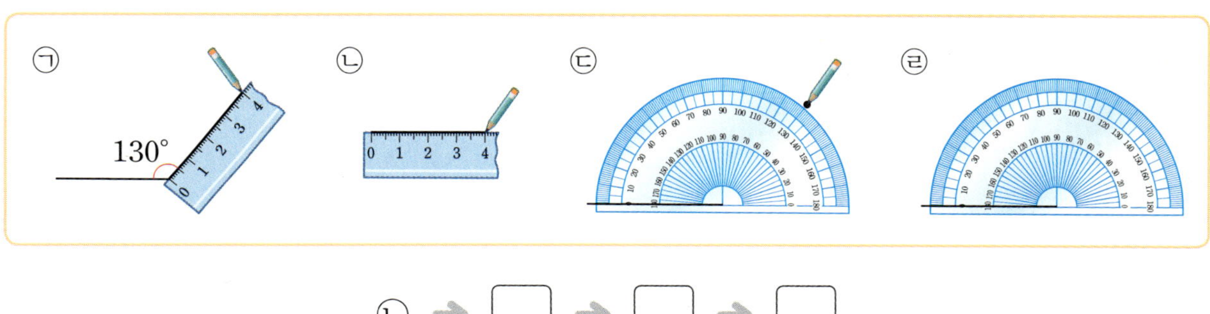

ⓒ → ☐ → ☐ → ☐

3 주어진 각도의 각을 각도기 위에 그려 보세요.

(1)

50°

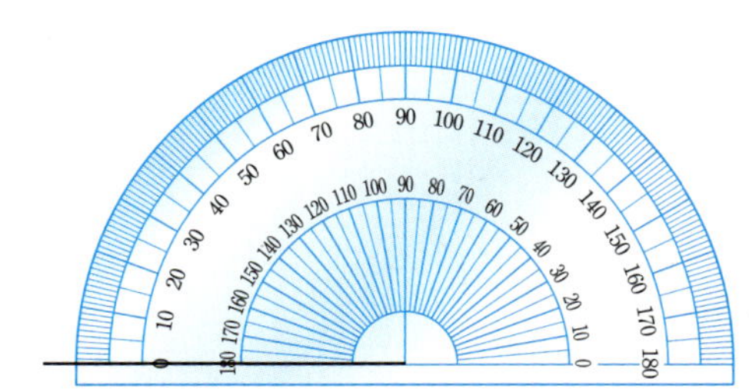

(2)

120°

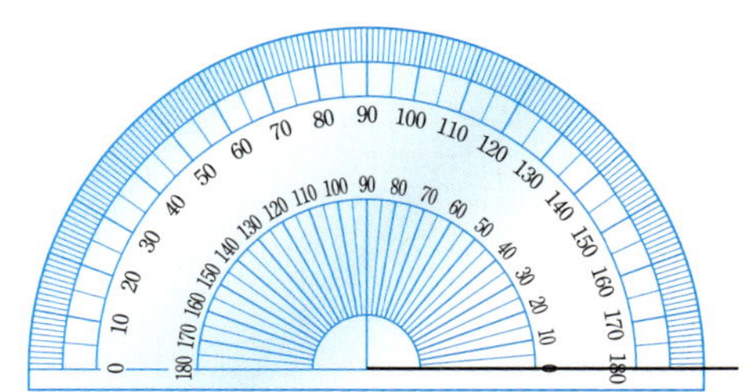

준비물 ◀ 붙임딱지

흥민이네 반 학생들이 지그재그 달리기를 하고 있습니다. 길이 끊겨있는 곳에 알맞은 각도 붙임딱지를 붙이고 지나온 예각, 직각, 둔각의 수를 써 보세요.

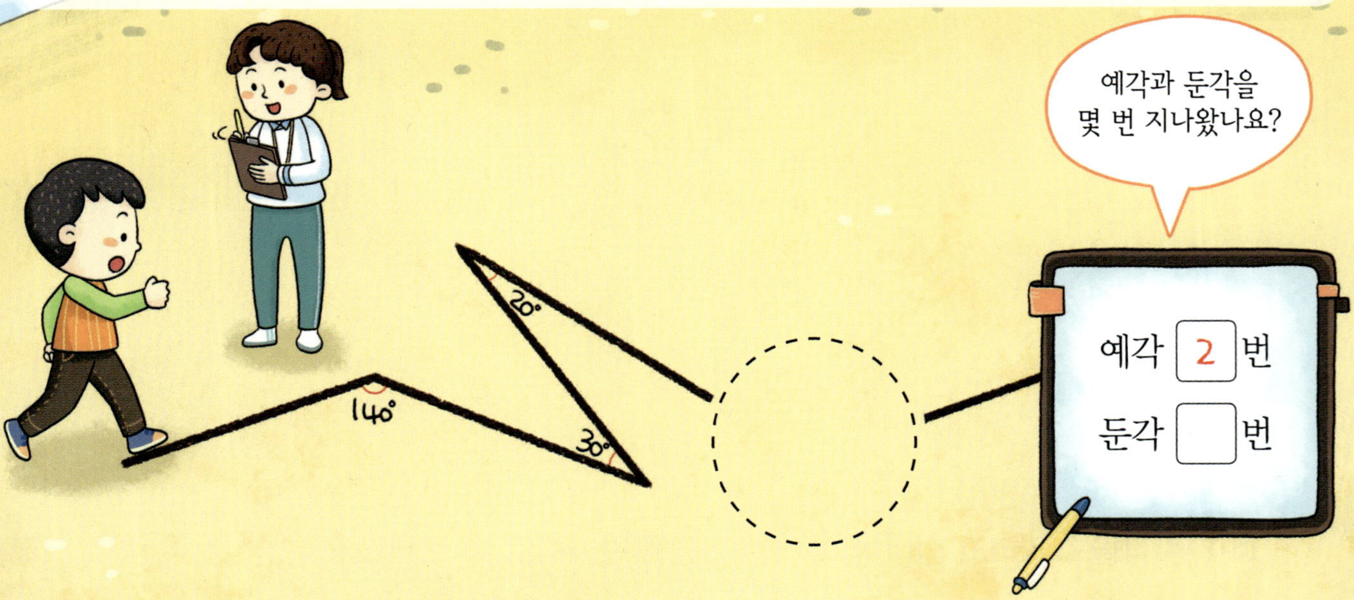

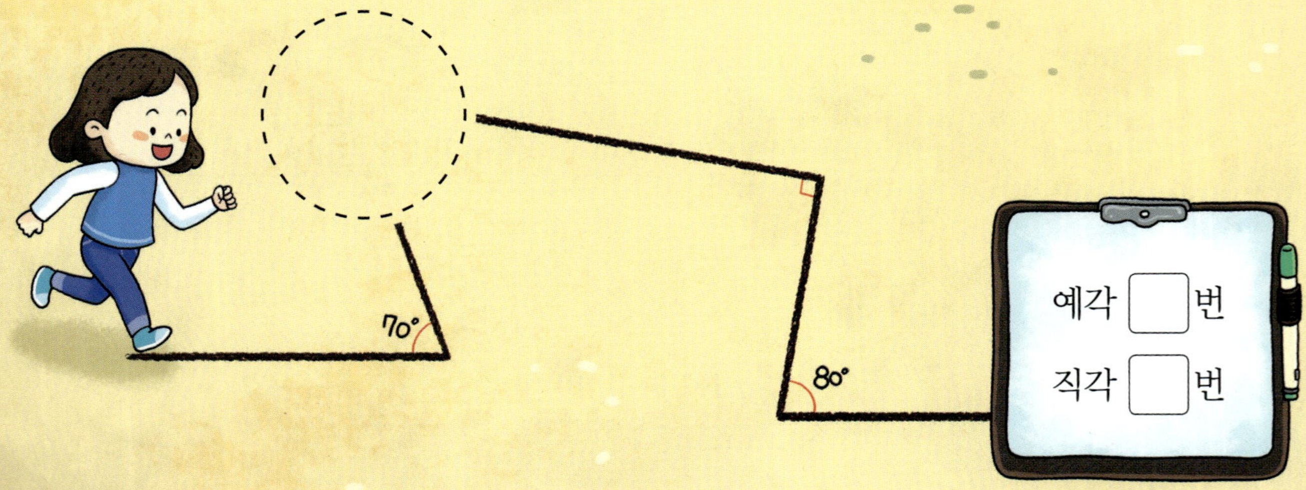

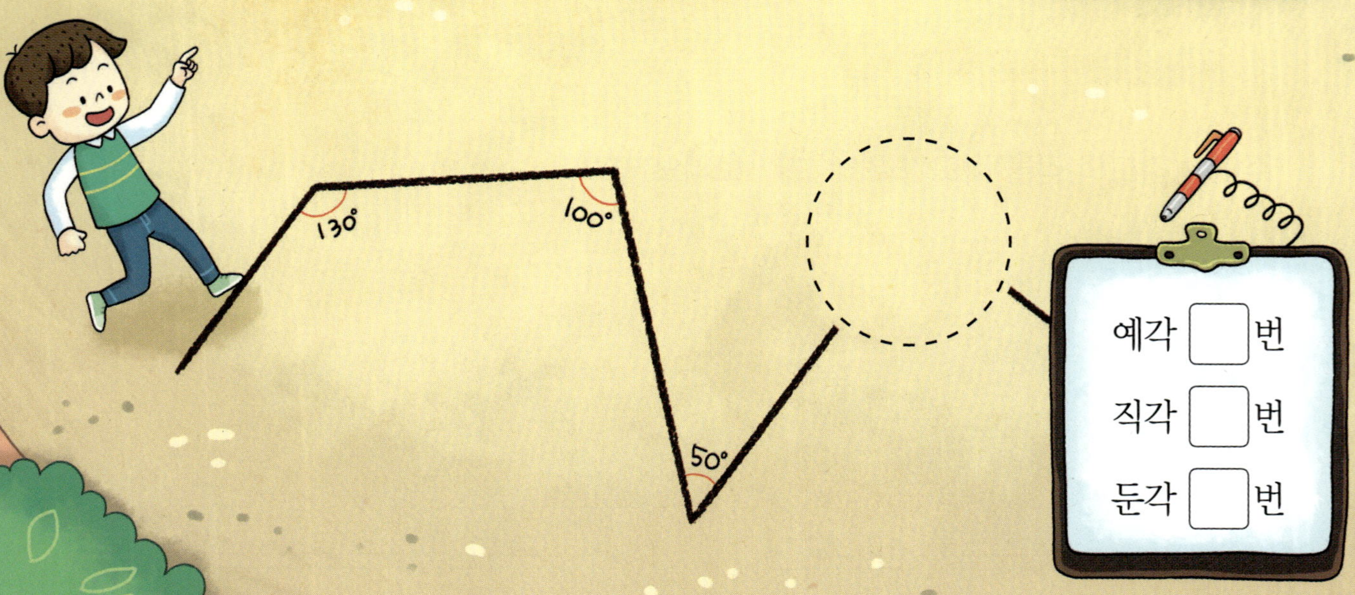

예각 □번
둔각 □번
30°
50°
120°
2
단원
예각 □번
직각 □번
40°
120°
65°
150°
예각 □번
둔각 □번

집중! 드릴 문제

[1~5] 각의 크기가 큰 순서대로 1, 2, 3을 써 보세요.

[6~9] 각도를 구해 보세요.

1

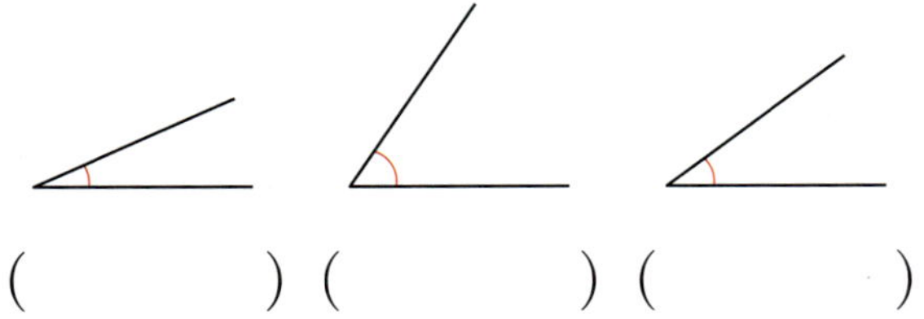

( ) ( ) ( )

2

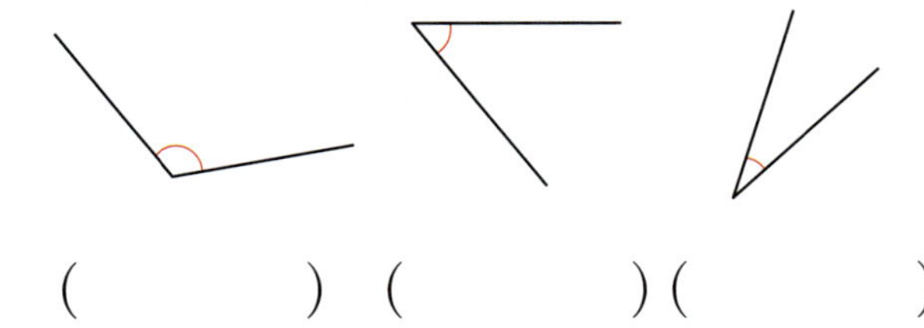

( ) ( ) ( )

3

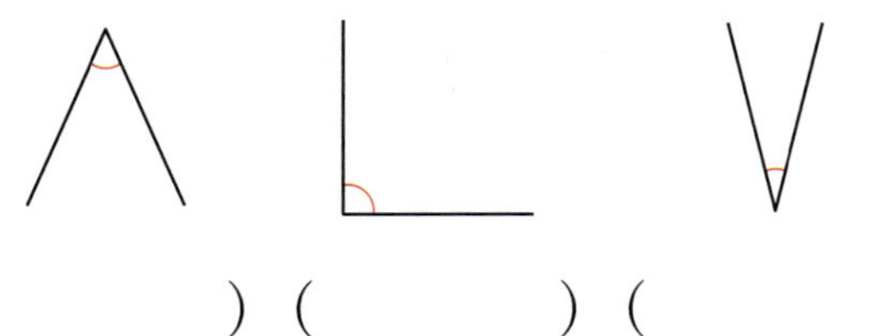

( ) ( ) ( )

4

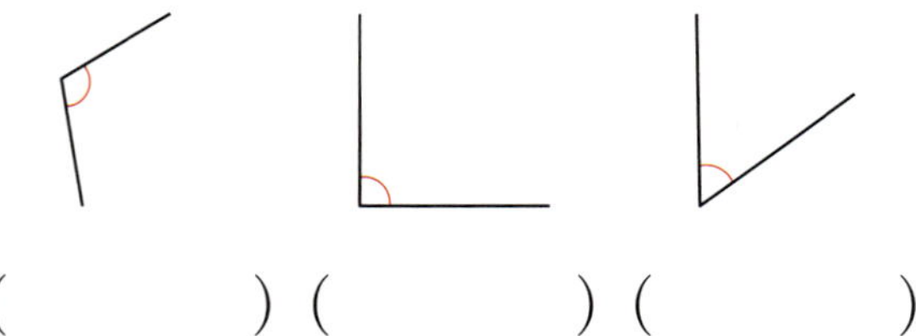

( ) ( ) ( )

5

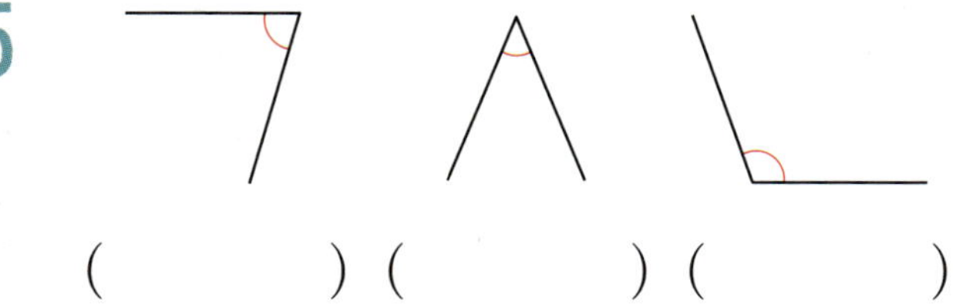

( ) ( ) ( )

6

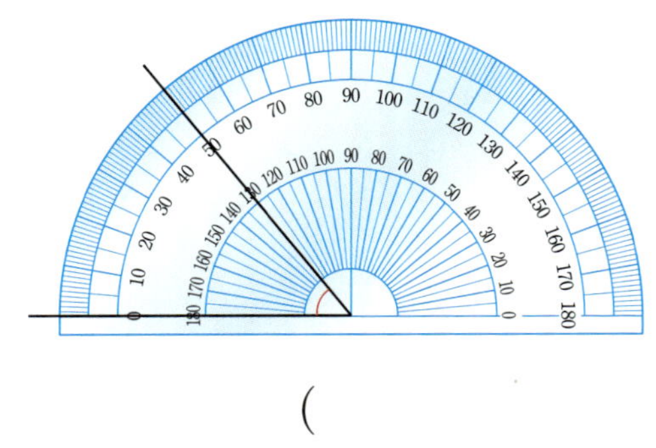

( )

7

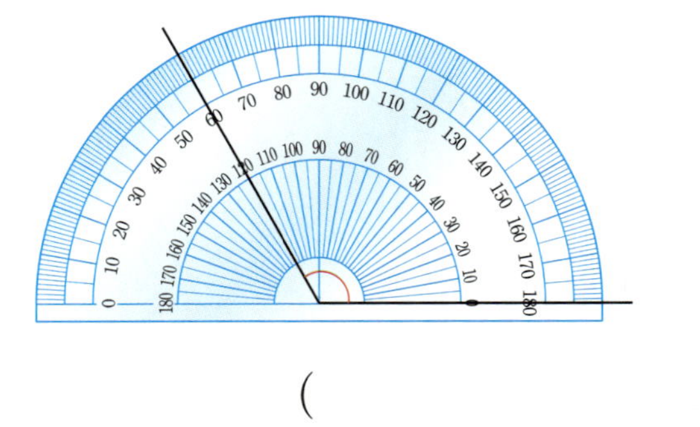

( )

8

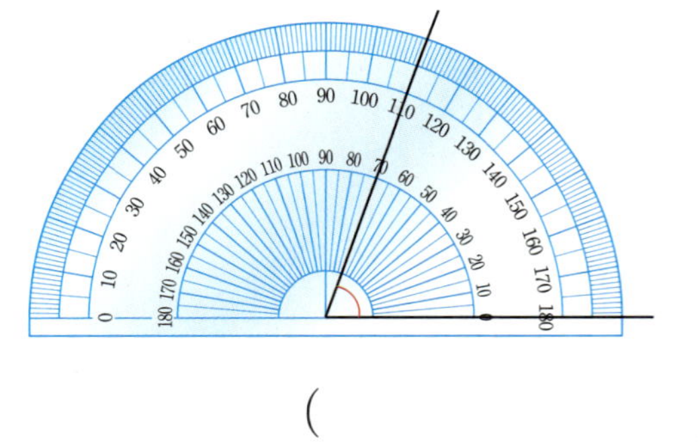

( )

9

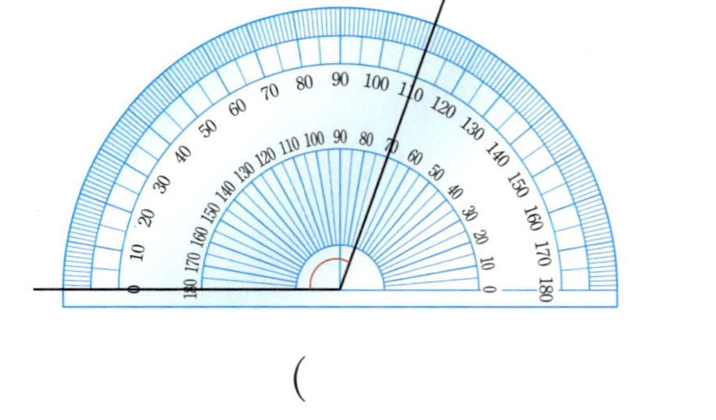

( )

[10~13] 예각이면 '예', 둔각이면 '둔'이라고 써 보세요.

10

(   )

11

(   )

12

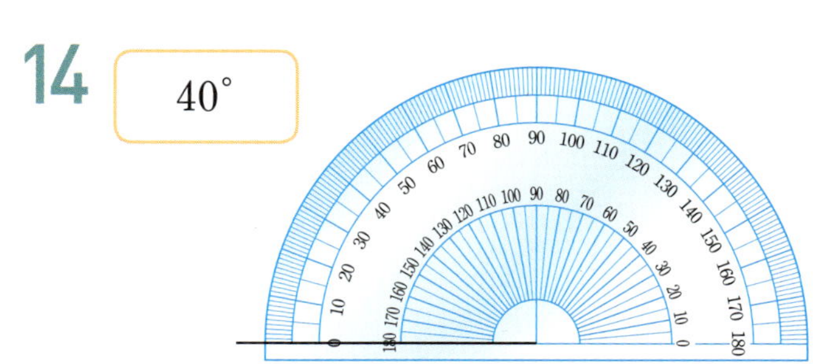

(   )

13

(   )

[14~17] 주어진 각도의 각을 각도기 위에 그려 보세요.

14 40°

15 130°

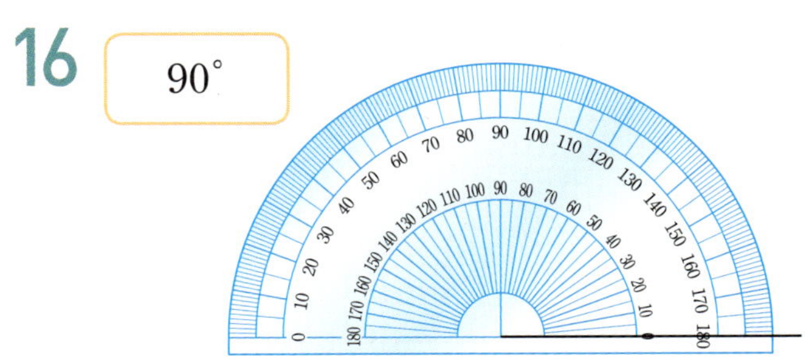

16 90°

17 170°

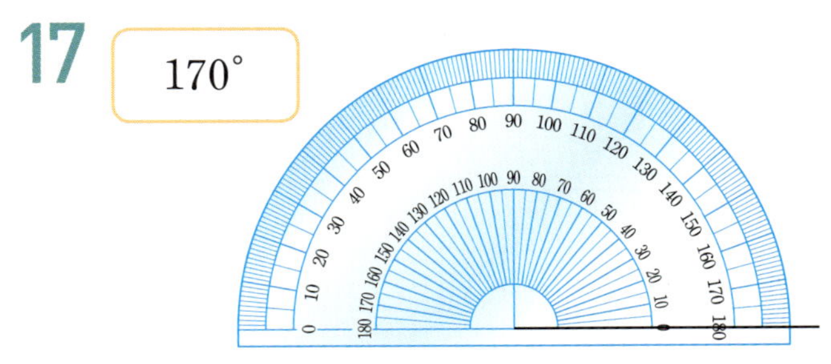

1 두 각 중에서 더 작은 각을 찾아 기호를 써 보세요.

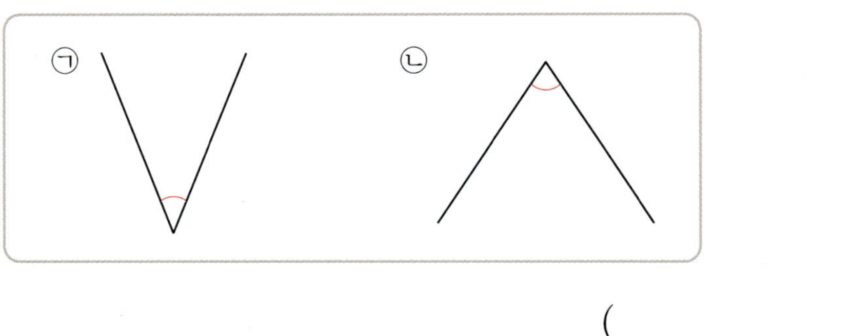

(   )

2 각도를 바르게 잰 것을 찾아 기호를 써 보세요.

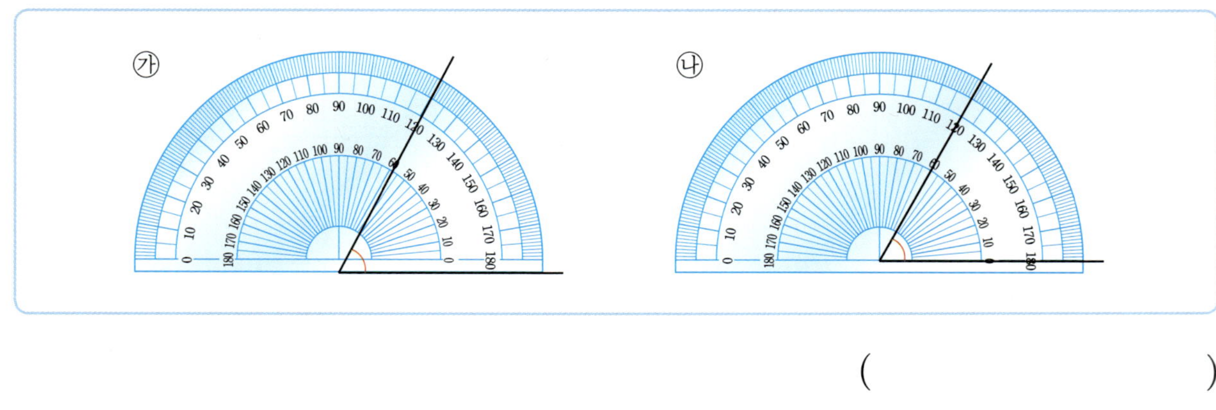

(   )

3 부채의 부챗살이 이루는 각의 크기는 일정합니다. 가장 크게 벌어진 부채를 찾아 ○표 하세요.

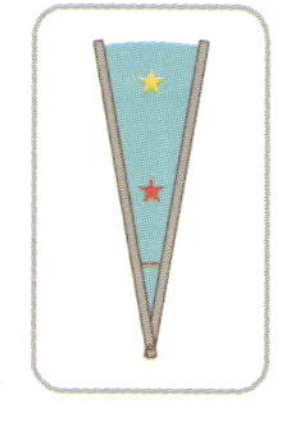         

(   )   (   )   (   )

4 각도기의 작은 눈금 한 칸은 몇 도를 나타낼까요?

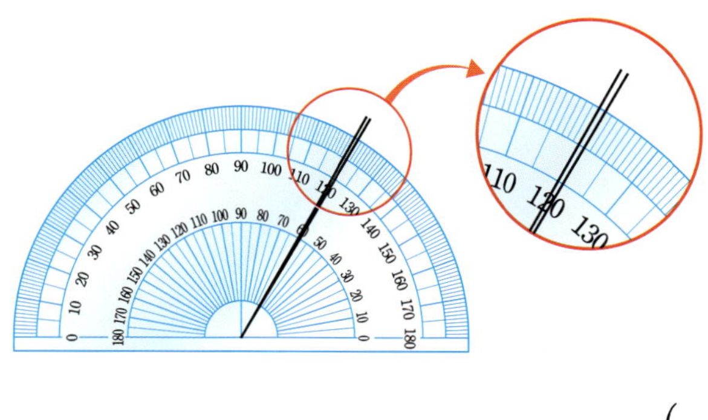

(   )

5 각도기를 이용하여 각도를 재어 보세요.

(1)

(   )

(2)

(   )

6 각도기를 이용하여 도형의 각도를 재어 ☐ 안에 알맞은 수를 써넣으세요.

(1)

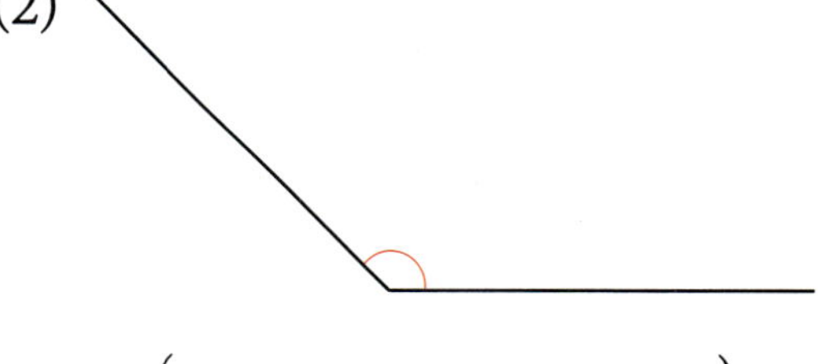

(2)

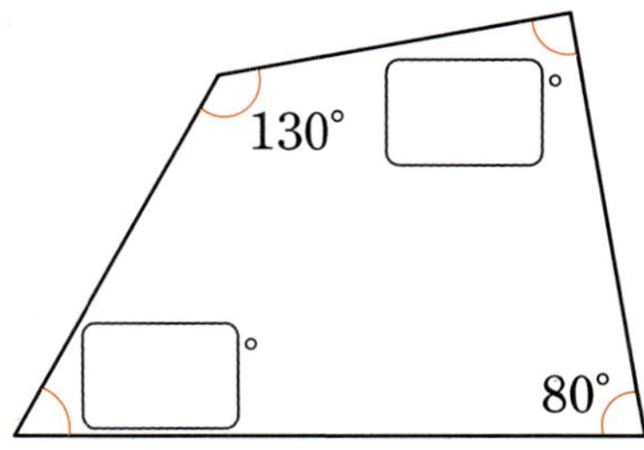

7 각도기와 자를 이용하여 주어진 각도의 각을 그려 보세요.

(1) 55°

(2) 120°

8 각도를 바르게 읽은 사람은 누구일까요?

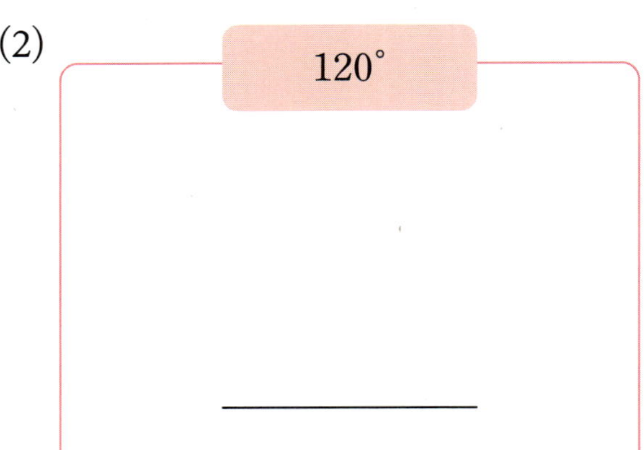

(   )

9 주어진 각이 예각, 직각, 둔각 중 어느 것인지 ☐ 안에 써넣으세요.

(1)

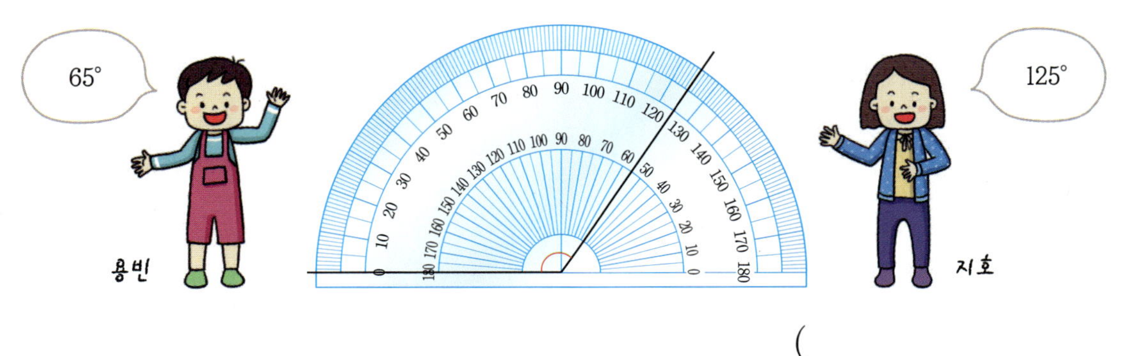

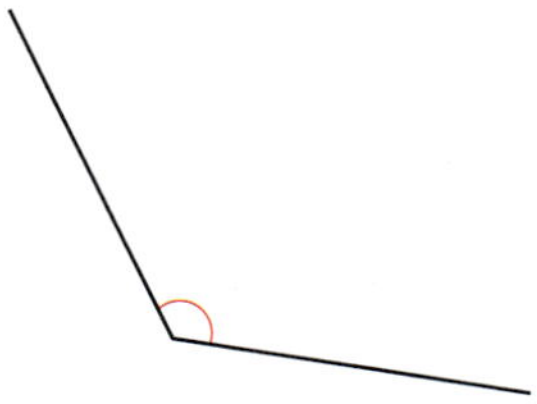

(2)

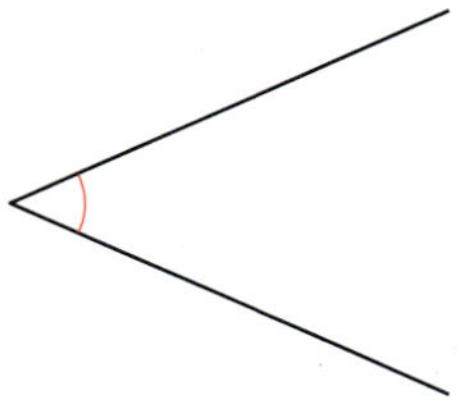

(3)

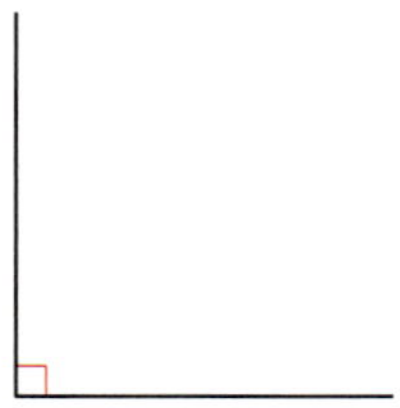

10 각도기를 이용하여 크기가 130°인 각 ㄱㄴㄷ을 그리려고 합니다. 점 ㄱ을 어디에 찍어야 하는지 기호를 써 보세요.

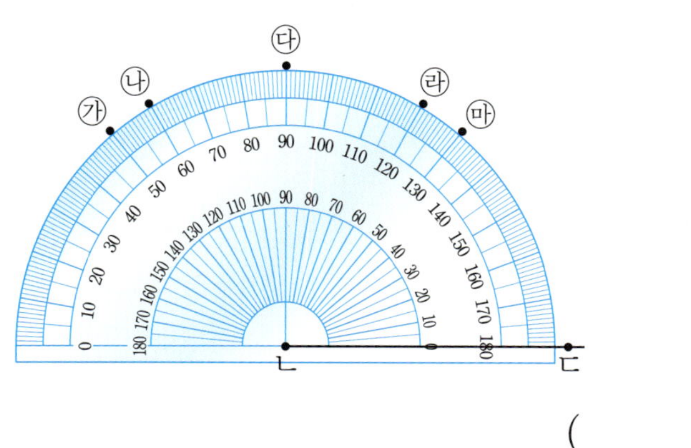

(   )

11 예각은 '예', 둔각은 '둔'이라고 □ 안에 써넣으세요.

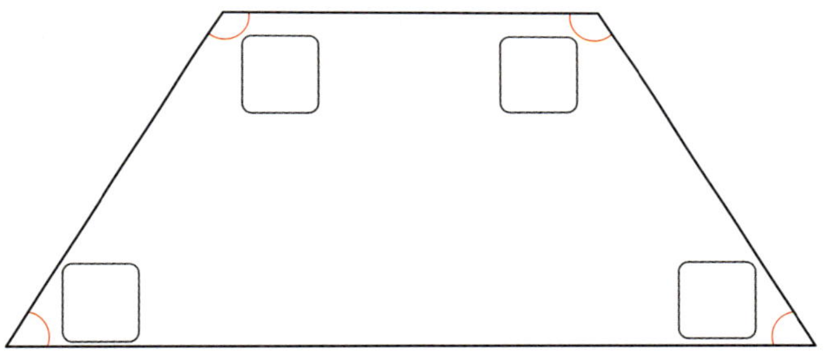

12 다음 중 둔각은 모두 몇 개일까요?

(   )

개념 **5** 각도 어림하기

① 직각 삼각자의 각과 비교하여 각도를 어림할 수 있습니다.

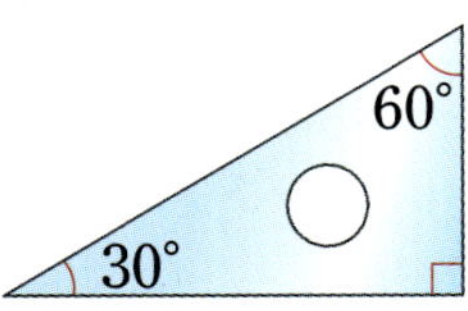 → 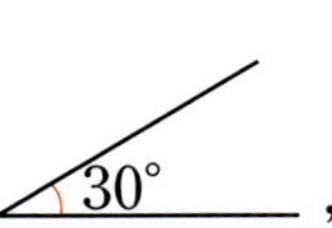 , 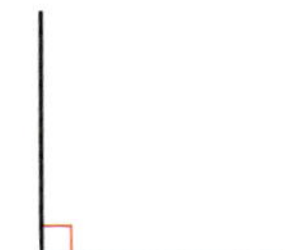 ,

② 직각의 반인 45°를 이용하여 각도를 어림할 수 있습니다.

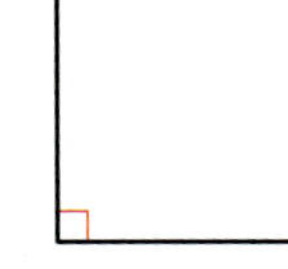 → 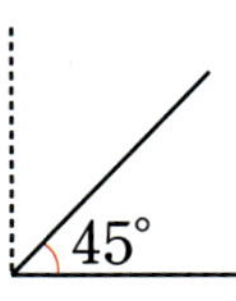

예 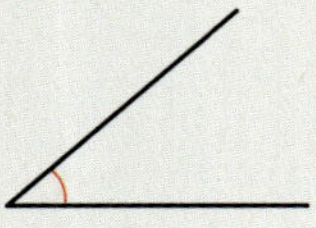 →
어림한 각도: 약 45°
각도기로 잰 각도: 40°

개념 **6** 각도의 합과 차 구하기

각도의 합 구하기

각도의 합은 자연수의 덧셈과 같은 방법으로 계산합니다.

자연수의 덧셈 $50+30=80$ → 각도의 합 $50°+30°=80°$

 + 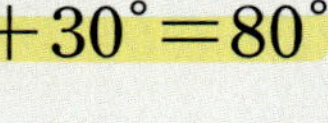 → 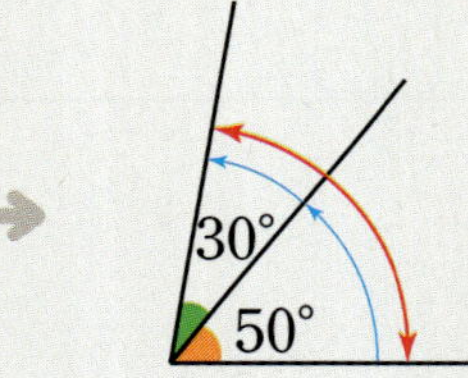

각도의 차 구하기

각도의 차는 자연수의 뺄셈과 같은 방법으로 계산합니다.

자연수의 뺄셈 $110-40=70$ → 각도의 차 $110°-40°=70°$

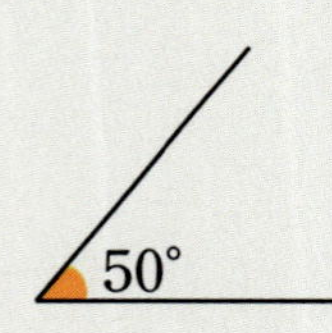 − 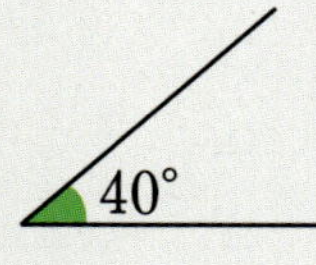 → 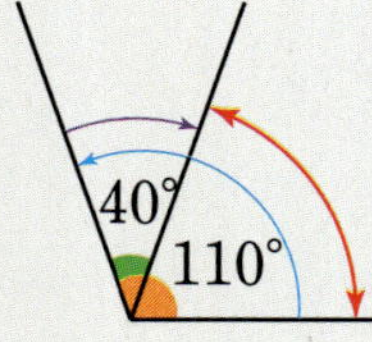

1 각도를 어림하고 각도기로 재어 확인해 보세요.

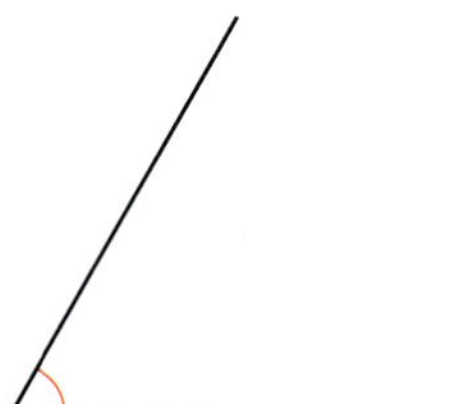

어림한 각도 약 [　] °

각도기로 잰 각도 [　] °

2 시곗바늘이 이루는 작은 쪽의 각을 어림하고, 각도기로 재어 확인해 보세요.

어림한 각도 약 [　] °

각도기로 잰 각도 [　] °

3 각도기를 이용하여 각도를 각각 재어 보고, 두 각도의 합을 구해 보세요.

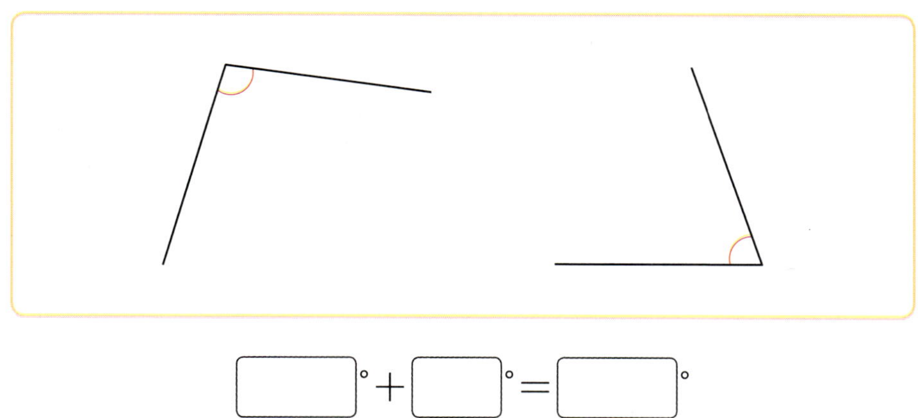

[　] ° + [　] ° = [　] °

4 각도의 합과 차를 구해 보세요.

(1) $45° + 90°$

(2) $35° + 25°$

(3) $150° - 60°$

(4) $90° - 15°$

개념 **7** 삼각형의 세 각의 크기의 합

방법1 각도기로 재어서 삼각형의 세 각의 크기의 합 구하기

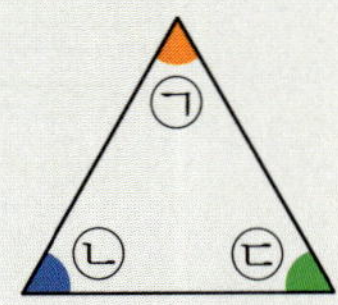

	㉠	㉡	㉢
각도	60°	60°	60°

→ (삼각형의 세 각의 크기의 합)
$= 60° + 60° + 60° = 180°$

방법2 삼각형을 세 조각으로 잘라서 삼각형의 세 각의 크기의 합 구하기

(삼각형의 세 각의 크기의 합)
$=$(직선이 이루는 각도)$= 180°$

삼각형의 세 각의 크기의 합은 항상 180°입니다.

개념 **8** 사각형의 네 각의 크기의 합

방법1 사각형을 네 조각으로 잘라서 사각형의 네 각의 크기의 합 구하기

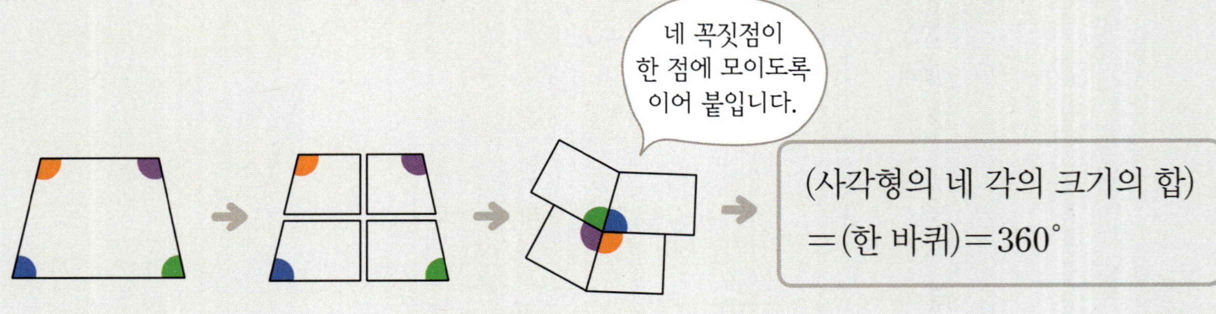

(사각형의 네 각의 크기의 합)
$=$(한 바퀴)$= 360°$

방법2 사각형을 삼각형 2개로 나누어 사각형의 네 각의 크기의 합 구하기

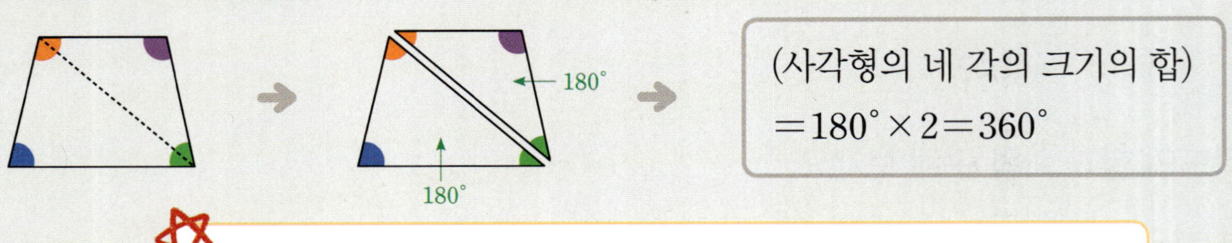

(사각형의 네 각의 크기의 합)
$= 180° \times 2 = 360°$

사각형의 네 각의 크기의 합은 항상 360°입니다.

1 삼각형의 세 각의 크기를 각도기로 각각 재어 빈칸에 알맞은 각도를 써넣고 ㉠, ㉡, ㉢
의 각도의 합을 구해 보세요.

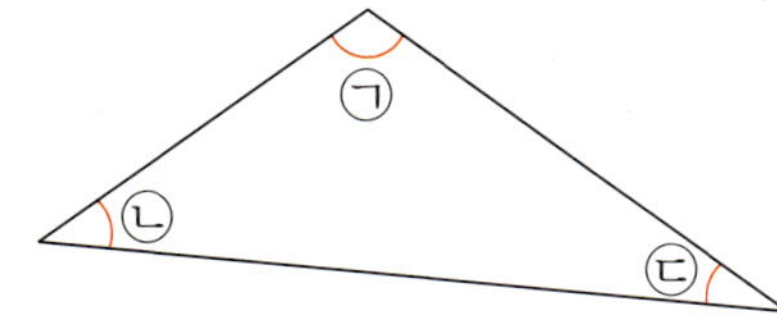

	㉠	㉡	㉢
각도	110°		

$$㉠+㉡+㉢=110°+\boxed{}°+\boxed{}°=\boxed{}°$$

2 ☐ 안에 알맞은 수를 써넣으세요.

(1)
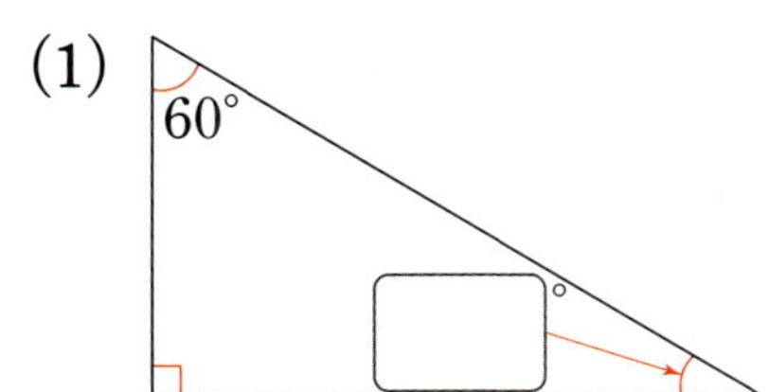

(2)
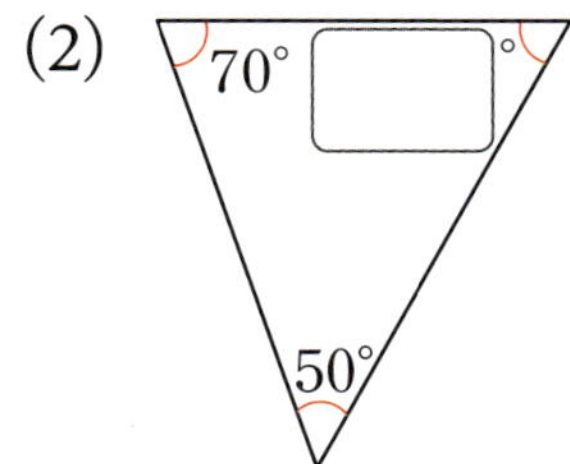

3 다음 사각형의 네 각의 크기의 합을 구해 보세요.

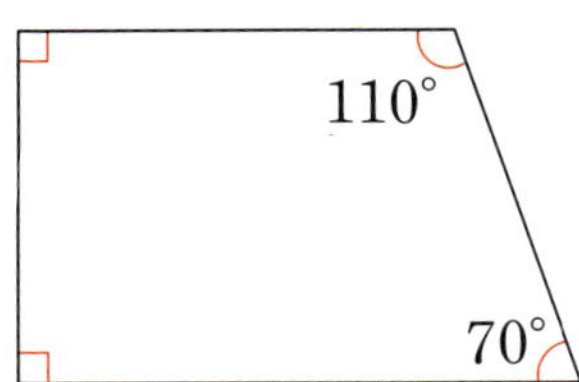

(사각형의 네 각의 크기의 합)
$$=90°+90°+70°+\boxed{}°=\boxed{}°$$

4 ☐ 안에 알맞은 수를 써넣으세요.

(1)
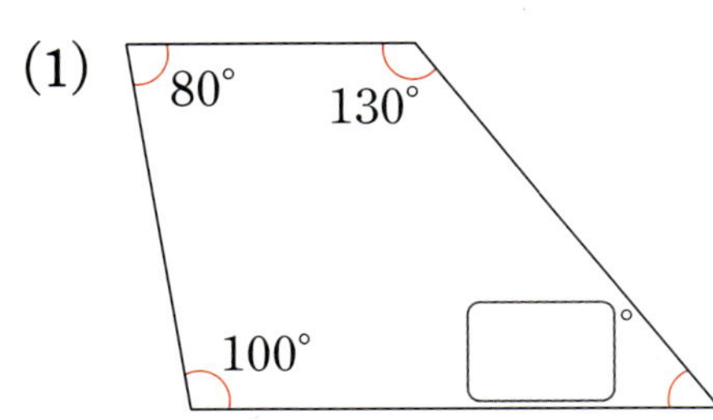

(2)
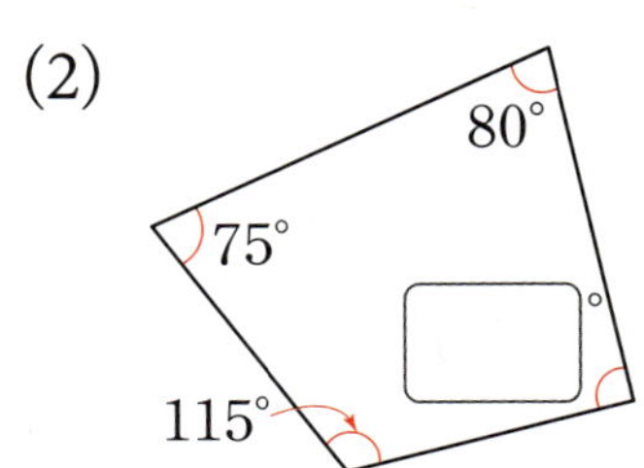

알맞은 각도 알아보기

준비물 붙임딱지

삼각형을 세 조각으로 잘라서 오른쪽에 세 꼭짓점이 한 점에 모이도록 붙임딱지를 붙여 보세요. 그리고 □ 안에 알맞은 수를 써넣으세요.

따라서 삼각형의 세 각의 크기의 합은 [   ]˚입니다.

각도의 합과 차를 계산한 값이 □ 안의 각도와 같은 것끼리 이어 보세요.

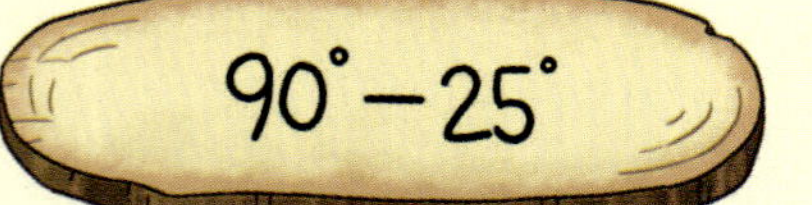

75˚＋50˚

175˚－105˚

30˚＋100˚

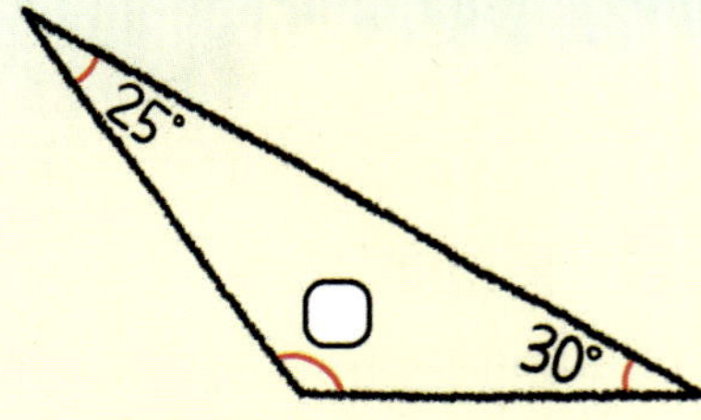

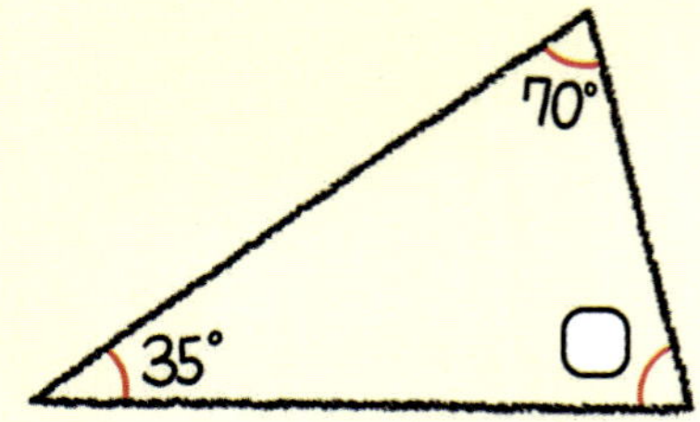

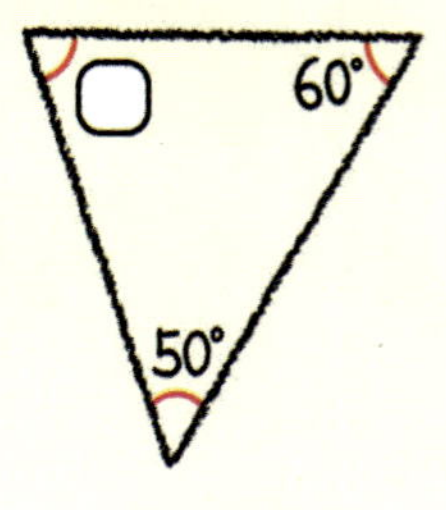

사각형을 네 조각으로 잘라서 오른쪽에 네 꼭짓점이 한 점에 모이도록 붙임딱지를 붙여 보세요. 그리고 □ 안에 알맞은 수를 써넣으세요.

따라서 사각형의 네 각의 크기의 합은 □ 입니다.

각도의 합과 차를 계산한 값이 □ 안의 각도와 같은 것끼리 이어 보세요.

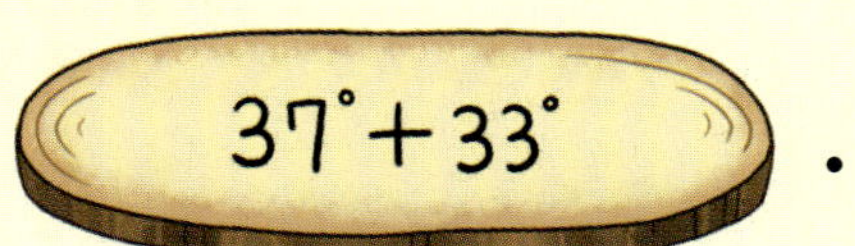

$37° + 33°$

$50° + 55°$

$180° - 65°$

$42° + 38°$

$100° - 25°$

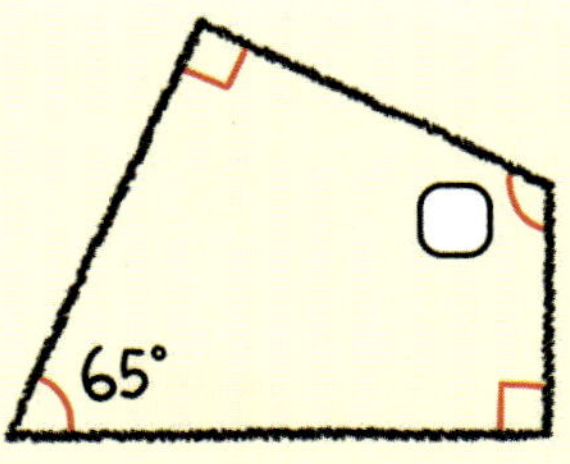

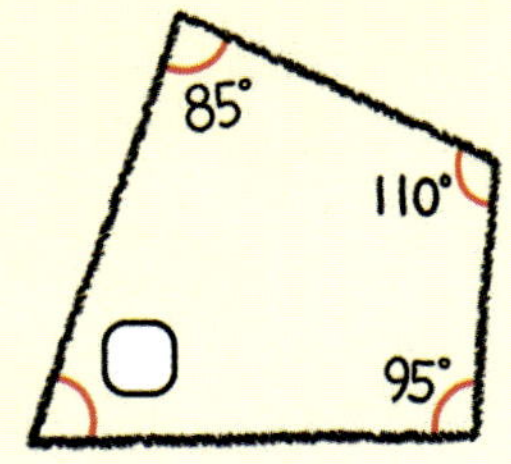

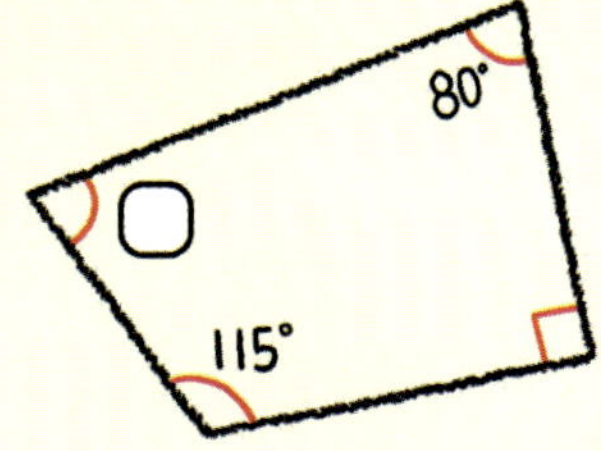

집중! 드릴 문제

[1~3] 각도를 어림하고 각도기로 재어 확인해 보세요.

1

어림한 각도　약 [　]°

각도기로 잰 각도 [　]°

2

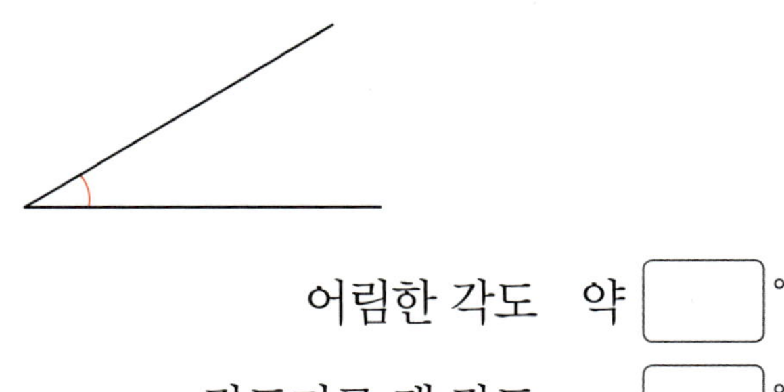

어림한 각도　약 [　]°

각도기로 잰 각도 [　]°

3

어림한 각도　약 [　]°

각도기로 잰 각도 [　]°

[4~9] 각도의 합과 차를 구해 보세요.

4　$90°+20°$

5　$30°+45°$

6　$120°+55°$

7　$160°-10°$

8　$55°-35°$

9　$180°-125°$

[10~13] ☐ 안에 알맞은 수를 써넣으세요.

10

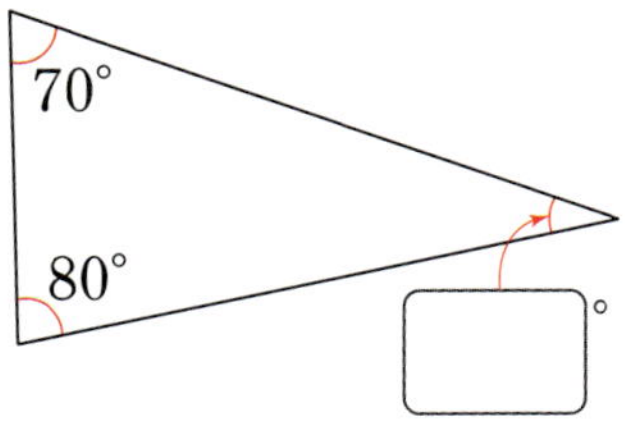

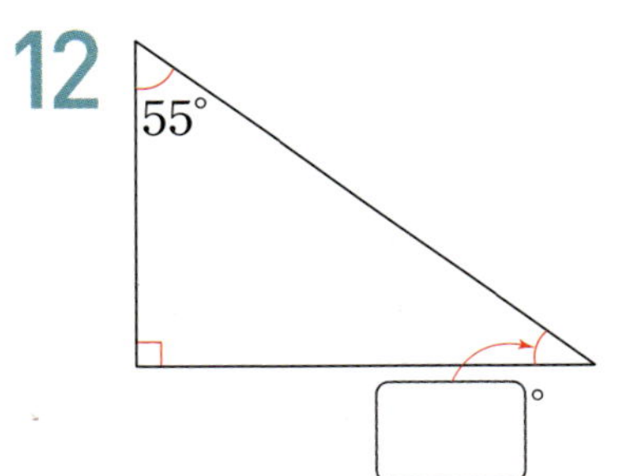

70°
80°
☐°

11

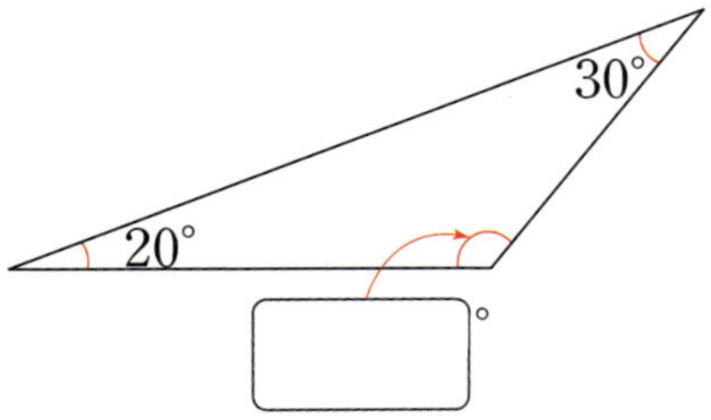

30°
20°
☐°

12

55°
☐°

13

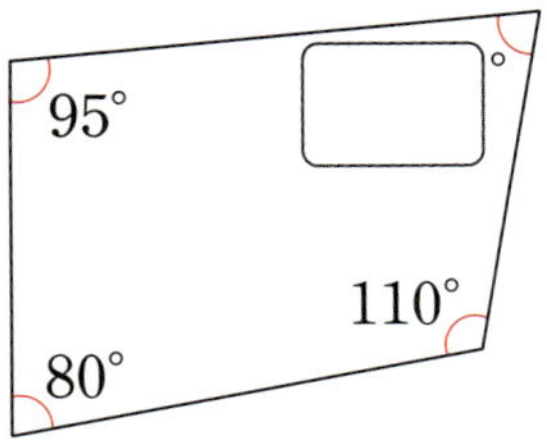

95°
☐
80°
110°

[14~17] ㉠과 ㉡의 각도의 합을 구해 보세요.

14

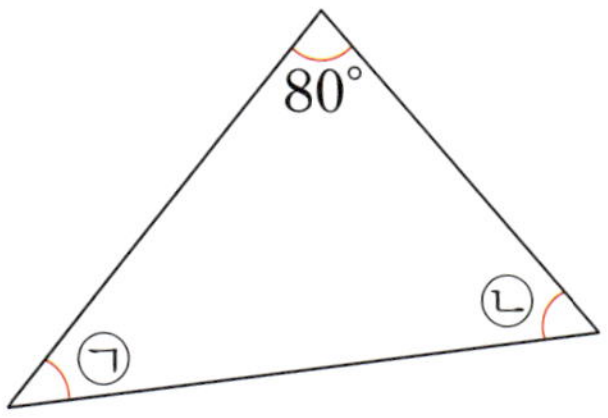

80°
㉠
㉡

(   )

15

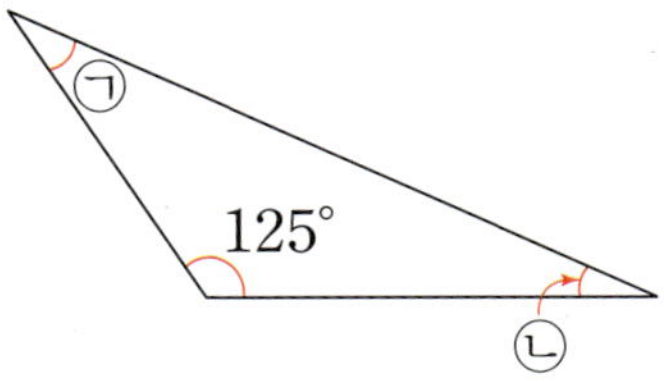

㉠
125°
㉡

(   )

16

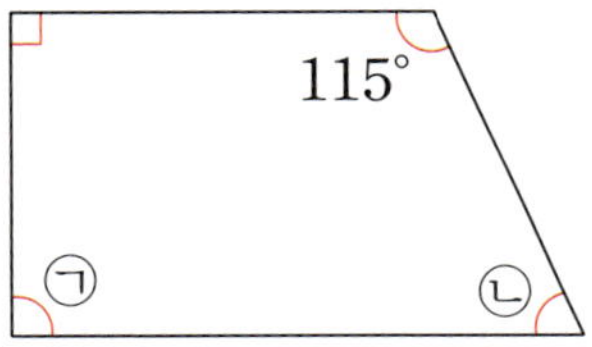

115°
㉠
㉡

(   )

17

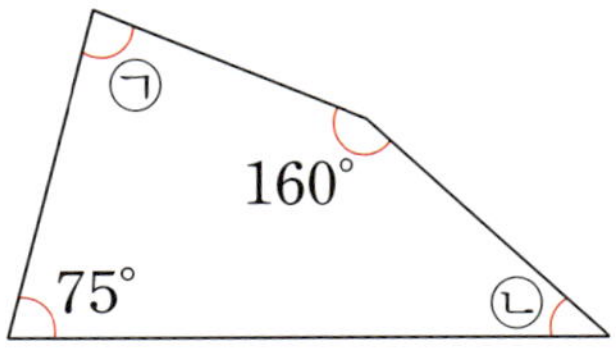

㉠
160°
75°
㉡

(   )

1 ㉠의 각을 어림하려고 합니다. 알맞은 것에 ◯표 하세요.

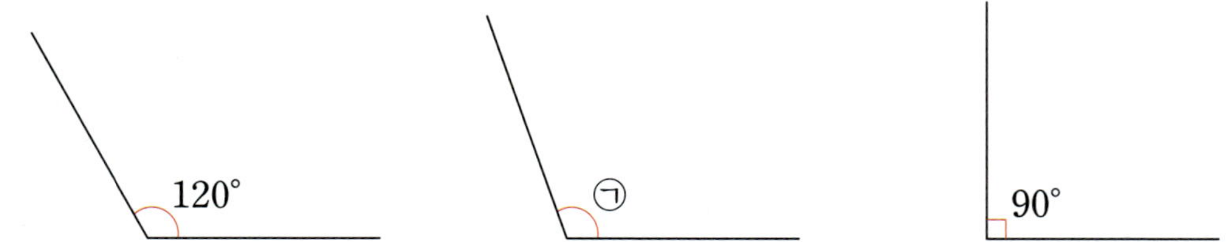

㉠의 각도는 90°보다 (크고 , 작고) 120°보다 작으므로 (80° , 110° , 130°)로 어림할 수 있습니다.

2 보기 의 각을 이용하여 오른쪽 각의 크기를 어림하고, 각도기로 재어 확인해 보세요.

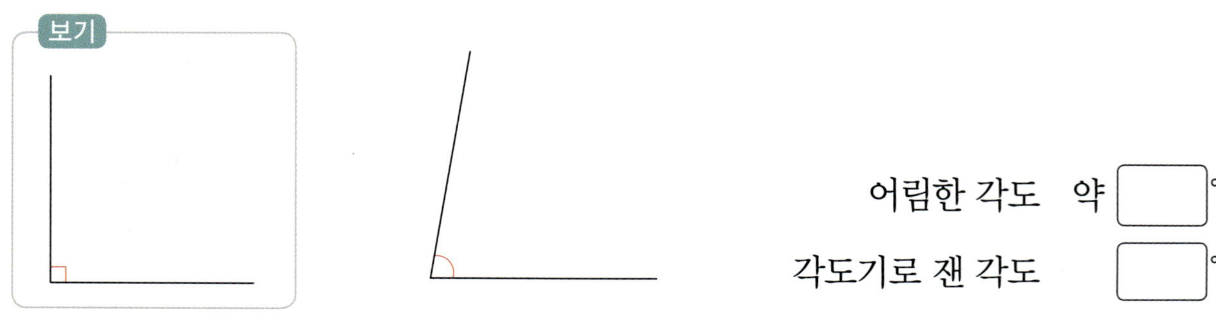

어림한 각도   약 ☐°

각도기로 잰 각도   ☐°

3 주어진 각도의 각을 어림하여 그려 보세요.

(1)   95°

(2)   45°

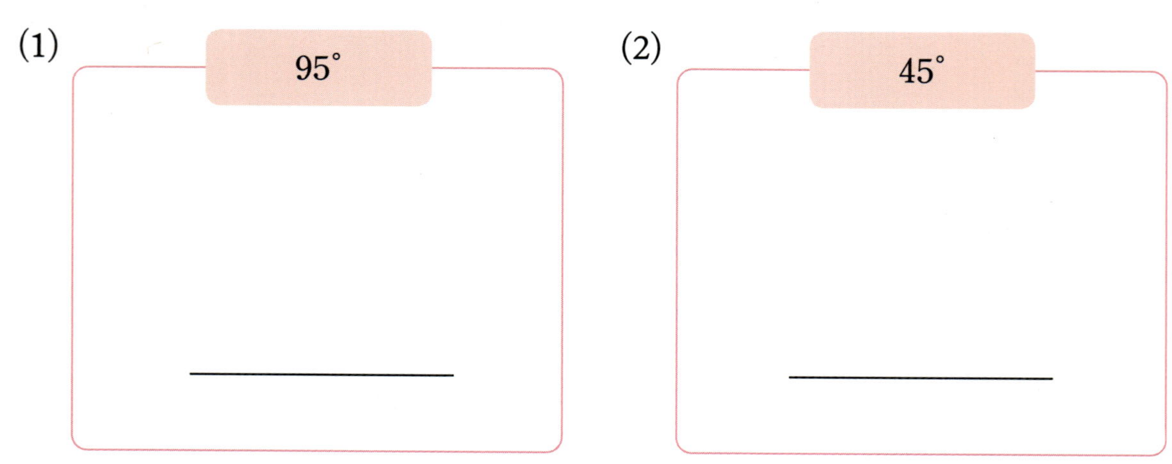

4

□ 안에 알맞은 수를 써넣으세요.

(1)

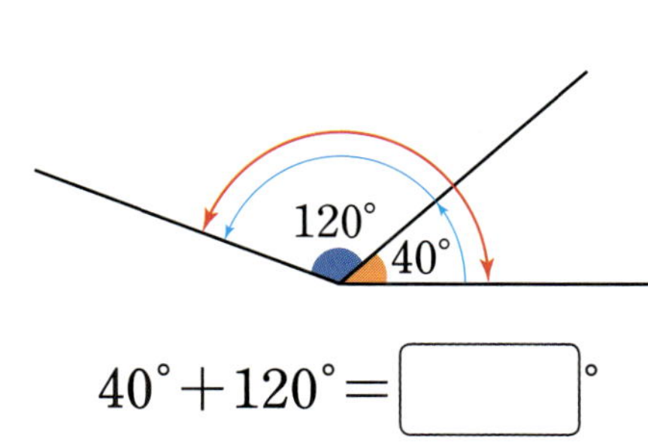

$$40° + 120° = \boxed{}°$$

(2)

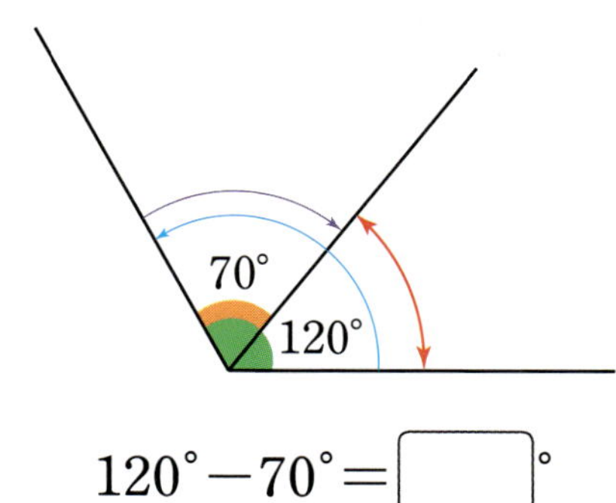

$$120° - 70° = \boxed{}°$$

5

두 각도의 합과 차를 구해 보세요.

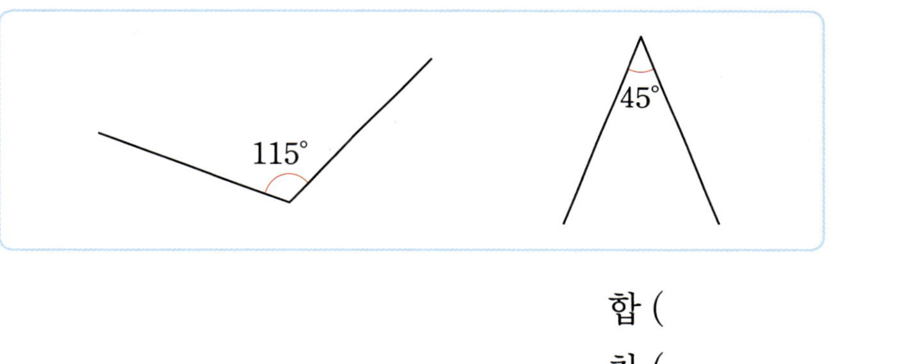

합 (　　　　　　　　　　)

차 (　　　　　　　　　　)

6

각도의 합과 차를 구해 보세요.

(1) $30° + 95°$

(2) $155° - 80°$

(3) $74° + 97°$

(4) $250° - 105°$

7 각도기로 재어 ☐ 안에 알맞은 각도를 써넣으세요.

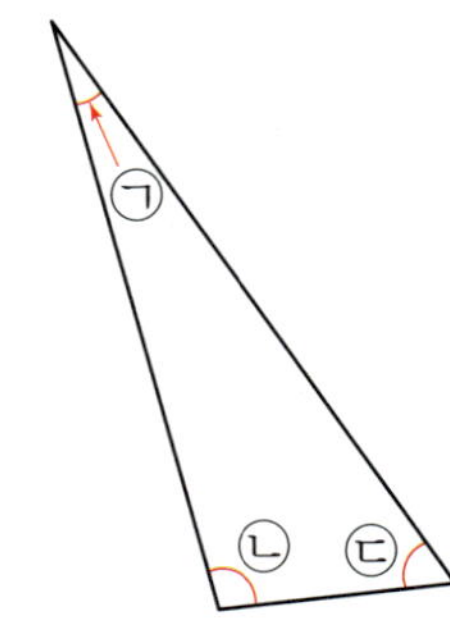

$$\bigcirc + \bigcirc + \bigcirc$$
$$= \boxed{}° + \boxed{}° + \boxed{}° = \boxed{}°$$

8 ☐ 안에 알맞은 수를 써넣으세요.

(1)

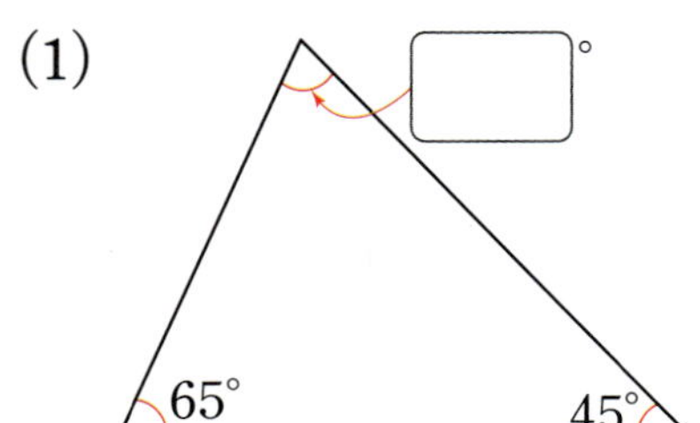

(2)

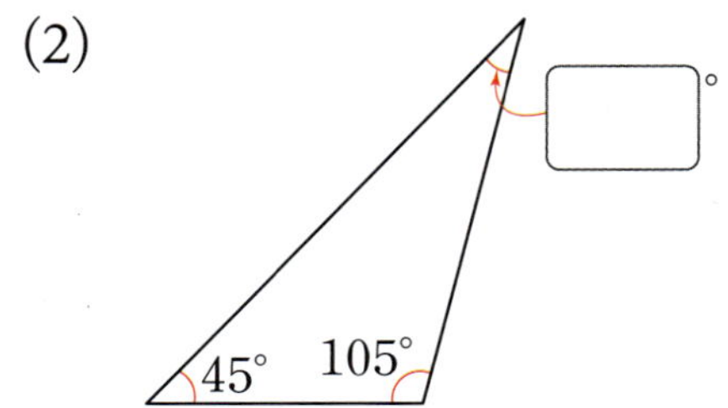

9 ☐ 안에 알맞은 수를 써넣으세요.

(1)

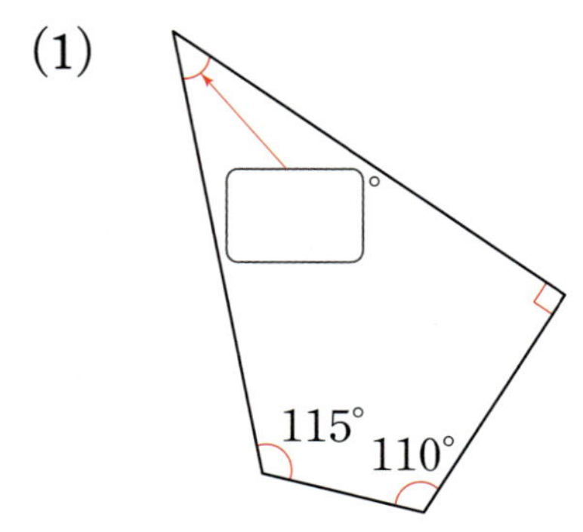

(2)

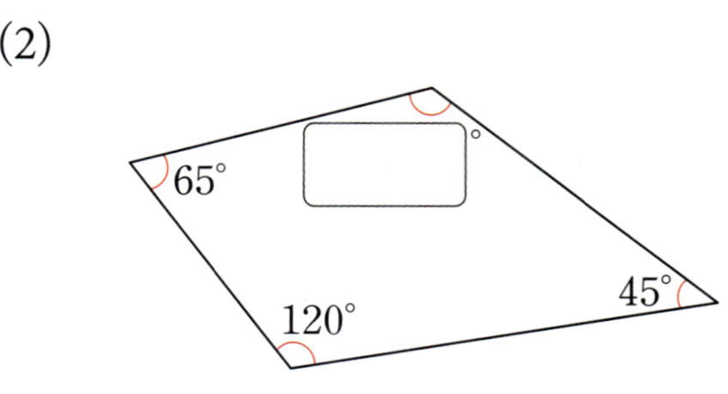

10 ㉠과 ㉡의 각도의 합을 구해 보세요.

(1)

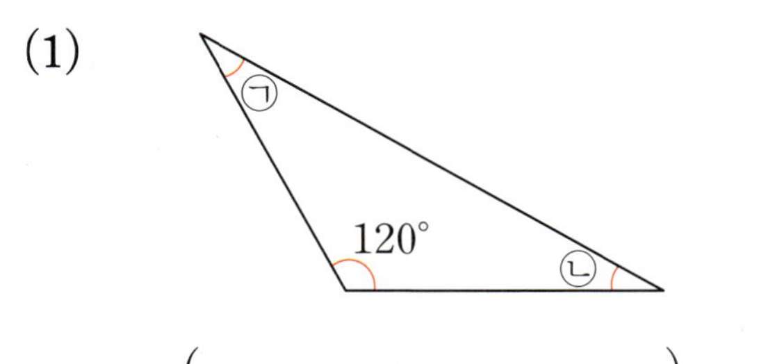

(　　　　　　　　　)

(2)

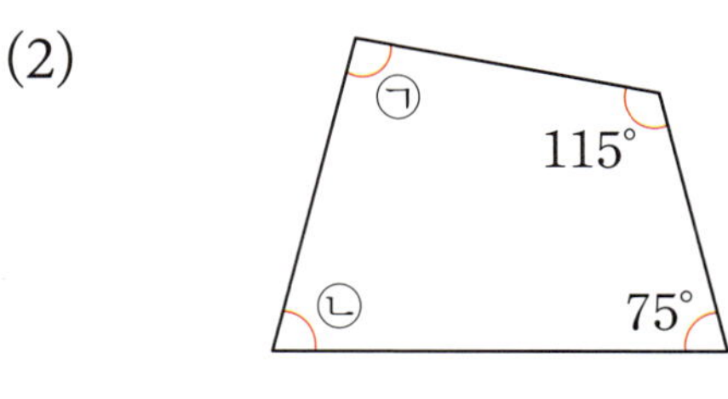

(　　　　　　　　　)

11 사각형을 잘라서 네 꼭짓점이 한 점에 모이도록 겹치지 않게 이어 붙였습니다. ㉠의 각도를 구해 보세요.

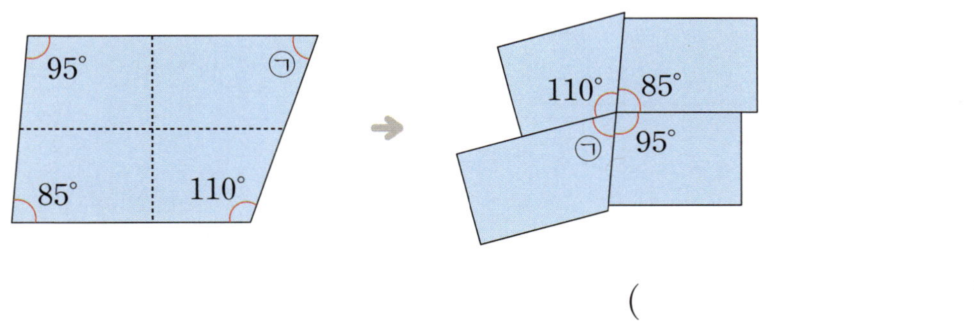

(　　　　　　　　　)

12 ㉠의 각도를 구해 보세요.

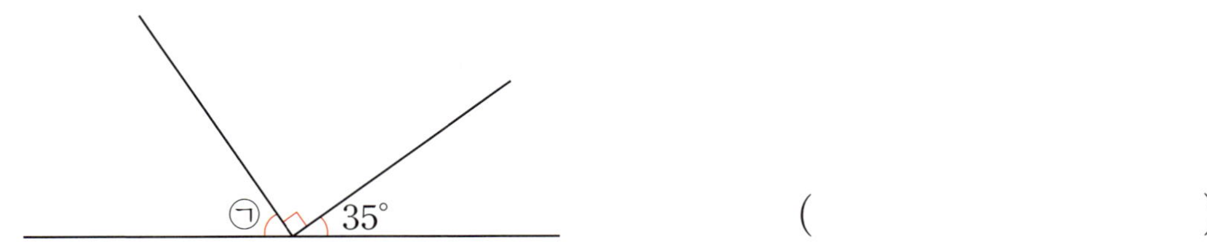

(　　　　　　　　　)

개념 확인평가 2. 각도

맞은 개수

1 각의 크기가 작은 것부터 순서대로 기호를 써 보세요.

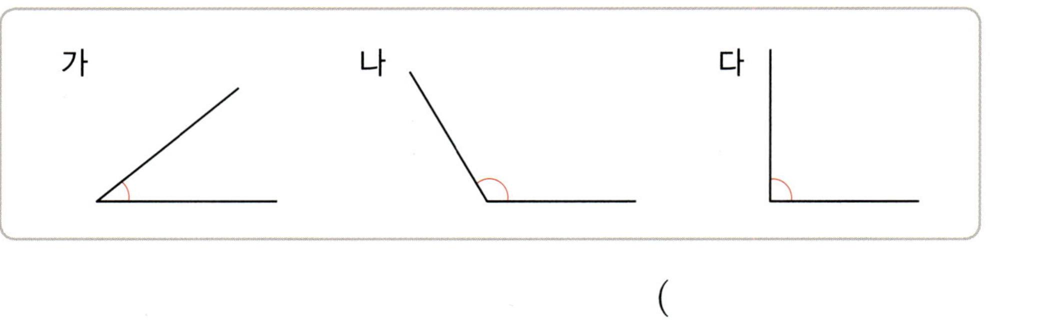

(　　　　　　　　　)

2 각 ㄱㄴㄷ의 각도를 구해 보세요.

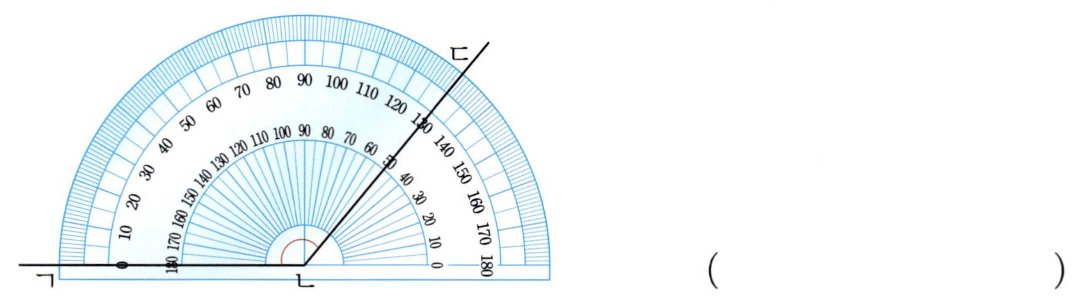

(　　　　　　　　　)

3 주어진 각도의 각을 각도기 위에 그려 보세요.

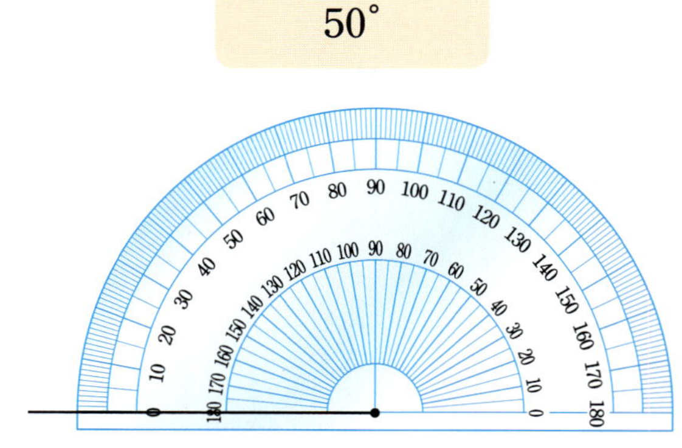

4 각도의 합과 차를 구해 보세요.

(1) $66° + 85°$ 　　　　　　　　　 (2) $90° - 47°$

5 주어진 각을 어림해 보고, 각도기로 재어 확인해 보세요.

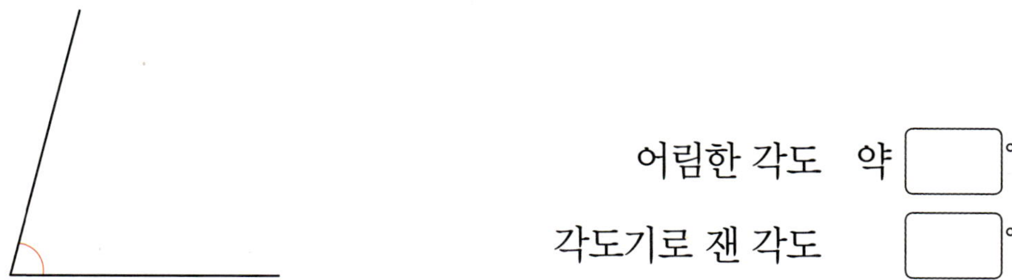

어림한 각도   약 [　] °

각도기로 잰 각도 [　] °

6 왼쪽 그림은 이탈리아에 있는 피사의 사탑입니다. 표시한 각보다 큰 각을 보기 에서 모두 찾아 기호를 써 보세요.

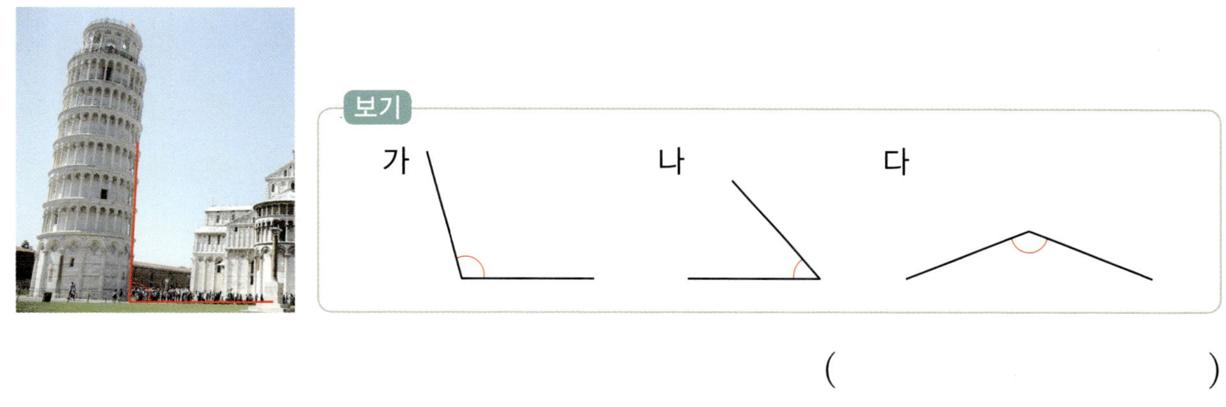

(　　　　　　　　　)

7 다음 중 둔각으로만 이루어진 모양을 찾아 기호를 써 보세요.

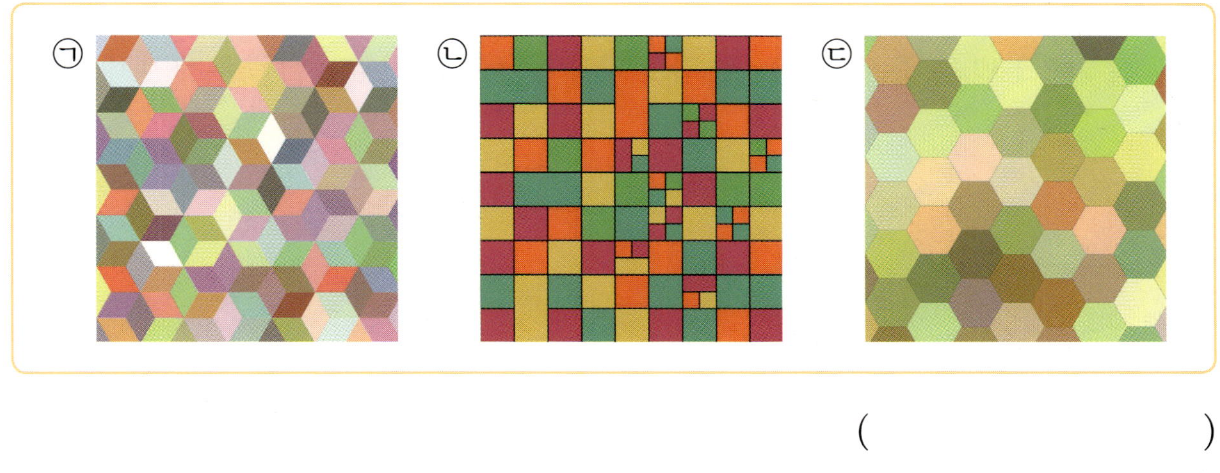

(　　　　　　　　　)

8 ㉠과 ㉡의 각도의 합을 구해 보세요.

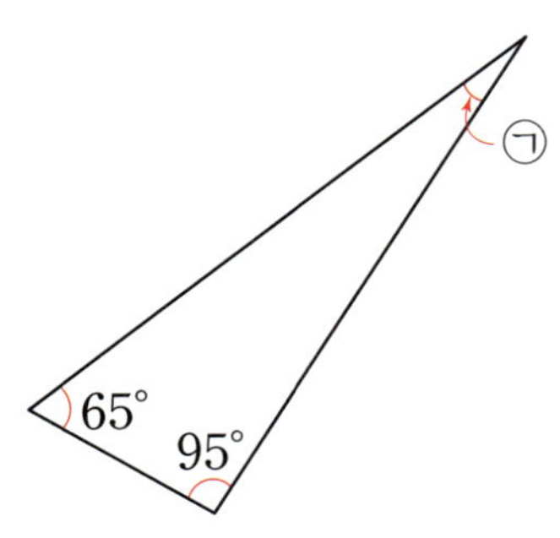

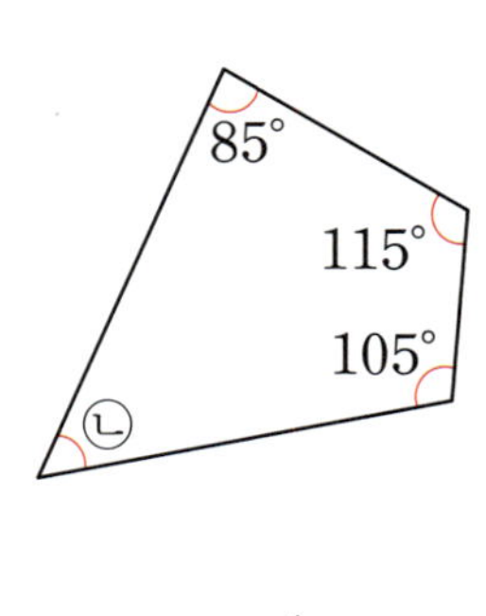

(   )

9 도형에 표시한 각 중에서 둔각을 모두 찾아 기호를 써 보세요.

(   )

10 삼각형의 세 각 중에서 가장 큰 각과 가장 작은 각의 각도의 합을 구해 보세요.

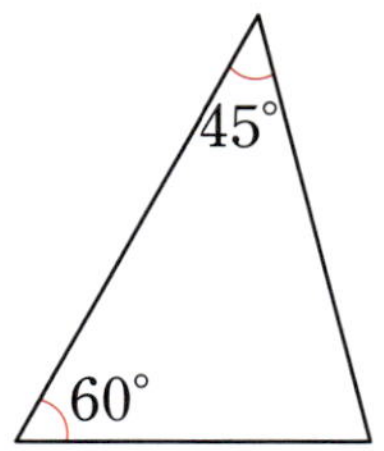

(   )

3 곱셈과 나눗셈

교과서 **개념** 잡기

개념 **1** (세 자리 수)×(몇십)의 계산

• 134×20의 계산 원리 이해하기

134	134	134	134	134	134	134	134	134	134
134	134	134	134	134	134	134	134	134	134

10배

$$134 \times 2 = \underline{268} \quad \Rightarrow \quad 134 \times 20 = \underline{2680}$$

10배

> (세 자리 수)×(몇십)은 (세 자리 수)×(몇)의 값의 <u>10배</u>입니다.

• 134×20의 계산

$$134 \times 2 = 268$$
10배
$$134 \times 20 = 2680$$

$$
\begin{array}{r}
1\ 3\ 4 \\
\times \quad\ 2 \\
\hline
2\ 6\ 8
\end{array}
\quad \Rightarrow \quad
\begin{array}{r}
1\ 3\ 4 \\
\times \quad 2\ 0 \\
\hline
2\ 6\ 8\ 0
\end{array}
$$

134×2의 계산 결과에 0을 붙입니다.

• (몇백)×(몇십)의 계산

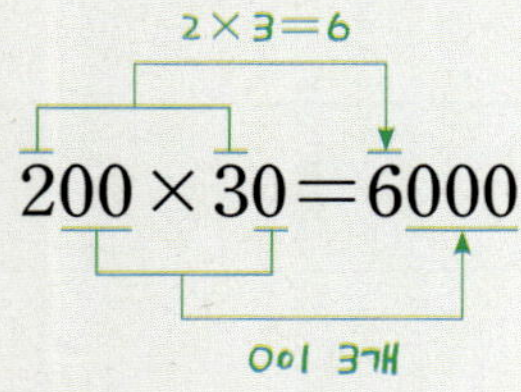

$$2 \times 3 = 6$$
$$200 \times 30 = 6000$$
0이 3개

> (몇백)×(몇십)은 (몇)×(몇)의 값에
> 곱하는 두 수의 0의 개수만큼 0을 붙입니다.

개념 O X

🎓 213×30을 바르게 계산한 사람에게 ◯표 하세요.

1 주어진 식을 이용하여 ☐ 안에 알맞은 수를 써넣으세요.

(1) $300 \times 3 = 900$

☐ 배

$300 \times 30 = $ ☐

(2) $367 \times 4 = 1468$

☐ 배

$367 \times 40 = $ ☐

2 보기 와 같이 계산해 보세요.

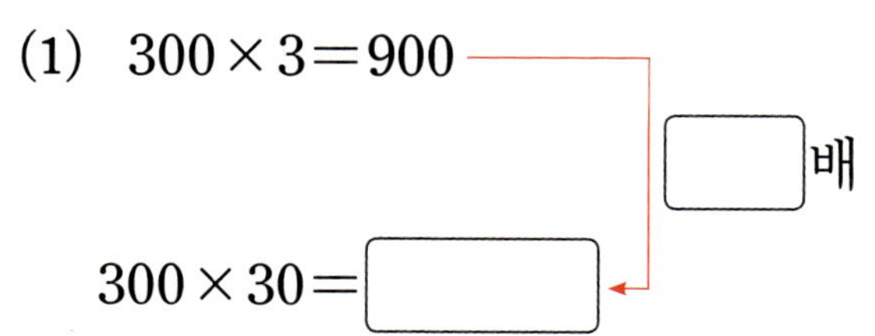

$184 \times 6 = 1104$ → $184 \times 60 = $ ☐

3
단원

3 계산해 보세요.

(1)
```
    3 0 0
  ×   4 0
```

(2)
```
    1 4 8
  ×   6 0
```

(3)
```
    3 1 9
  ×   3 0
```

4 빈칸에 알맞은 수를 써넣으세요.

(1) 

(2) 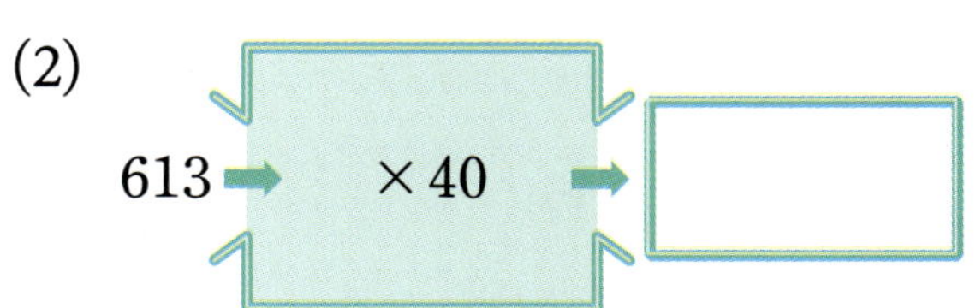

개념 **2** (세 자리 수) × (두 자리 수)의 계산

• 341 × 24의 계산 원리 알아보기

341의 24배는 341의 20배와 341의 4배를 더한 값과 같습니다.

341 341 341 341 341 341 341 341 341 341   341 341
341 341 341 341 341 341 341 341 341 341   341 341

341 × 20 = 6820   341 × 4 = 1364

341 × 20   341 × 4

➡ 341 × 24 = 6820 + 1364 = 8184

341 × 24의 계산

$$
\begin{array}{r} 3\ 4\ 1 \\ \times\quad 2\ 0 \\ \hline 6\ 8\ 2\ 0 \end{array}
\qquad
\begin{array}{r} 3\ 4\ 1 \\ \times\quad\ 4 \\ \hline 1\ 3\ 6\ 4 \end{array}
\qquad\Rightarrow\qquad
\begin{array}{r} 3\ 4\ 1 \\ \times\quad 2\ 4 \\ \hline 1\ 3\ 6\ 4 \\ 6\ 8\ 2 \\ \hline 8\ 1\ 8\ 4 \end{array}
$$

← 20 + 4
← 341 × 4
← 341 × 20

계산상 편리함을 위해 일의 자리 수 0의 표시는 생략합니다.

개념 **3** 곱셈을 이용하여 실생활 문제 해결하기

예 민지는 하루에 500원씩 저금통에 저금을 하였습니다.
30일 동안 저금한 돈은 모두 얼마일까요?

① 주어진 조건 찾기

➡ 하루에 500원씩 30일 동안 저금하기

② 곱셈식을 세워 문제 해결하기

➡ (30일 동안 저금한 돈) = (하루에 저금한 돈) × (저금한 일수)
= 500 × 30 = 15000(원)

③ 답 구하기

➡ 15000원

1 다음 식에서 ㉠이 실제로 나타내는 값에 ◯표 하세요.

$$\begin{array}{r} 6\,8\,4 \\ \times\ \ 7\,3 \\ \hline 2\,0\,5\,2 \\ 4\,7\,8\,8 \quad \leftarrow ㉠ \\ \hline 4\,9\,9\,3\,2 \end{array}$$

4788	47880
(　　　)	(　　　)

2 □ 안에 알맞은 수를 써넣어 667×29를 계산해 보세요.

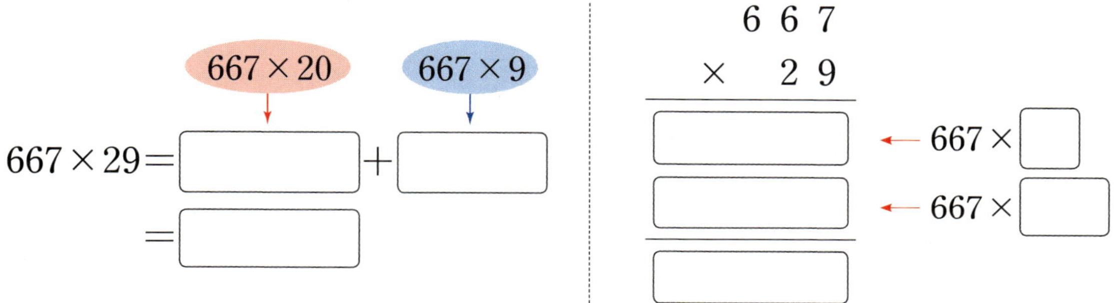

667×20　　667×9

$667 \times 29 = \boxed{} + \boxed{}$

$= \boxed{}$

$$\begin{array}{r} 6\,6\,7 \\ \times\ \ 2\,9 \\ \hline \end{array}$$

$\leftarrow 667 \times \boxed{\ }$

$\leftarrow 667 \times \boxed{\ }$

3 떡볶이 1인분의 열량은 304 킬로칼로리입니다. 떡볶이 20인분의 열량은 모두 몇 킬로칼로리인지 구해 보세요.

(　　　　　　　　)

4 음료수를 컵 한 개에 150 mL씩 담았습니다. 컵 15개에 담은 음료수의 양은 모두 몇 mL인지 구해 보세요.

(　　　　　　　　)

교과서 개념 play

식물 키우기

준비물 붙임딱지

식물의 잎과 깨진 화분 속에 적혀있는 곱셈식을 계산하여 알맞은 계산 결과가 적힌 잎 붙임딱지와 화분 붙임딱지를 붙여 보세요.

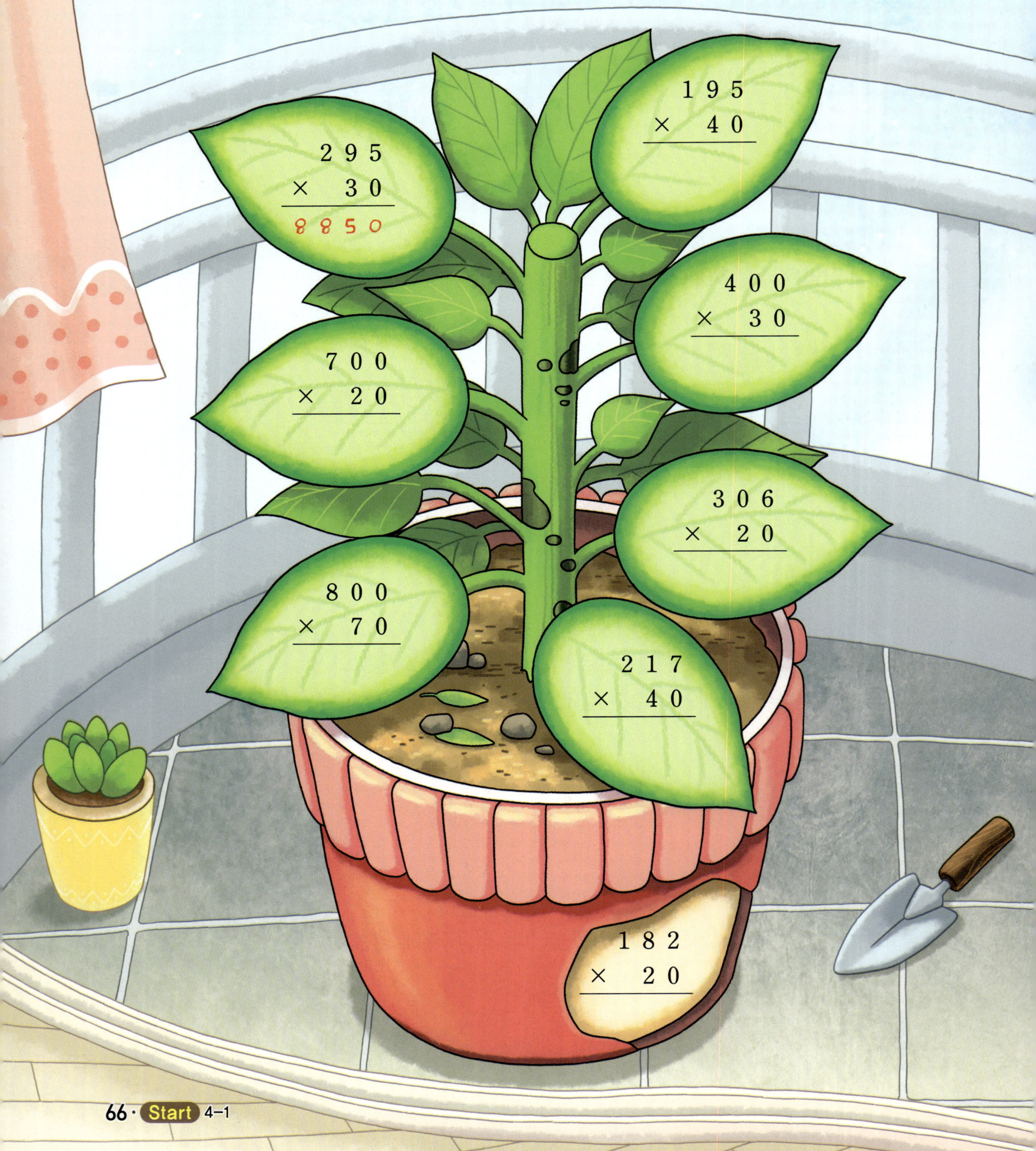

5 1 7
× 3 6

4 8 7
× 5 8

2 9 6
× 6 2

8 0 7
× 3 1

2 5 3
× 3 8

3 2 6
× 5 3

2 1 8
× 4 9

6 3 7
× 1 5

1 6 2
× 2 0

[1~5] 계산해 보세요.

1
$$
\begin{array}{r}
5\,0\,0 \\
\times\ \ 3\,0 \\
\hline
\end{array}
$$

2
$$
\begin{array}{r}
7\,0\,0 \\
\times\ \ 9\,0 \\
\hline
\end{array}
$$

3
$$
\begin{array}{r}
1\,7\,3 \\
\times\ \ 9\,0 \\
\hline
\end{array}
$$

4
$$
\begin{array}{r}
5\,0\,3 \\
\times\ \ 4\,0 \\
\hline
\end{array}
$$

5
$$
\begin{array}{r}
9\,2\,8 \\
\times\ \ 6\,0 \\
\hline
\end{array}
$$

[6~9] ☐ 안에 알맞은 수를 써넣으세요.

6
$$
\begin{array}{r}
4\,3\,1 \\
\times\ \ 2\,9 \\
\hline
\end{array}
$$

7
$$
\begin{array}{r}
3\,5\,2 \\
\times\ \ 1\,7 \\
\hline
\end{array}
$$

8
$$
\begin{array}{r}
6\,0\,8 \\
\times\ \ 3\,4 \\
\hline
\end{array}
$$

9
$$
\begin{array}{r}
8\,6\,2 \\
\times\ \ 1\,9 \\
\hline
\end{array}
$$

[10~13] 계산해 보세요.

10
$$\begin{array}{r} 8\ 2\ 9 \\ \times\quad 1\ 3 \\ \hline \end{array}$$

11
$$\begin{array}{r} 6\ 6\ 3 \\ \times\quad 2\ 7 \\ \hline \end{array}$$

12
$$\begin{array}{r} 6\ 0\ 4 \\ \times\quad 3\ 7 \\ \hline \end{array}$$

13
$$\begin{array}{r} 5\ 8\ 7 \\ \times\quad 4\ 6 \\ \hline \end{array}$$

[14~18] 계산 결과를 비교하여 ◯ 안에 $>$, $=$, $<$를 알맞게 써넣으세요.

14 300×70 ◯ 400×50

15 510×40 ◯ 286×90

16 198×45 ◯ 360×27

17 915×38 ◯ 742×46

18 620×91 ◯ 898×57

1 다음 표를 완성하여 253×20의 값을 구해 보세요.

	천의 자리	백의 자리	십의 자리	일의 자리		결과
253×2					➡	
253×20					➡	

2 ☐ 안에 알맞은 수를 써넣으세요.

(1) $126 \times 8 =$ ☐

$126 \times 80 =$ ☐

$$\begin{array}{r} 1\ 2\ 6 \\ \times\quad 8\ 0 \\ \hline \end{array}$$

(2) $738 \times 4 =$ ☐

$738 \times 40 =$ ☐

$$\begin{array}{r} 7\ 3\ 8 \\ \times\quad 4\ 0 \\ \hline \end{array}$$

3 계산 결과에 맞게 선으로 이어 보세요.

500×60 •		• 12000
70×800 •		• 30000
400×30 •		• 56000

4 700×40을 계산하려고 합니다. 7×4=28에서 8을 써야 하는 자리를 찾아 기호를 써 보세요.

$$
\begin{array}{r}
7\,0\,0 \\
\times \quad 4\,0 \\
\hline
㉠\,㉡\,㉢\,㉣\,㉤
\end{array}
$$

(   )

5 ☐ 안에 알맞은 수를 써넣으세요.

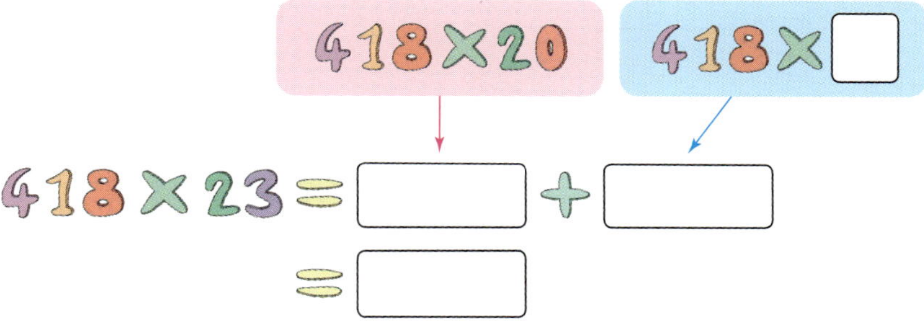

6 계산해 보세요.

(1)
$$
\begin{array}{r}
7\,3\,9 \\
\times \quad 8\,7 \\
\hline
\end{array}
$$

(2)
$$
\begin{array}{r}
3\,5\,7 \\
\times \quad 2\,4 \\
\hline
\end{array}
$$

(3)
$$
\begin{array}{r}
9\,0\,8 \\
\times \quad 6\,1 \\
\hline
\end{array}
$$

7 계산 결과에 맞게 선으로 이어 보세요.

838×50	•		•	19630
755×26	•		•	41900
296×62	•		•	18352

8 빈 곳에 알맞은 수를 써넣으세요.

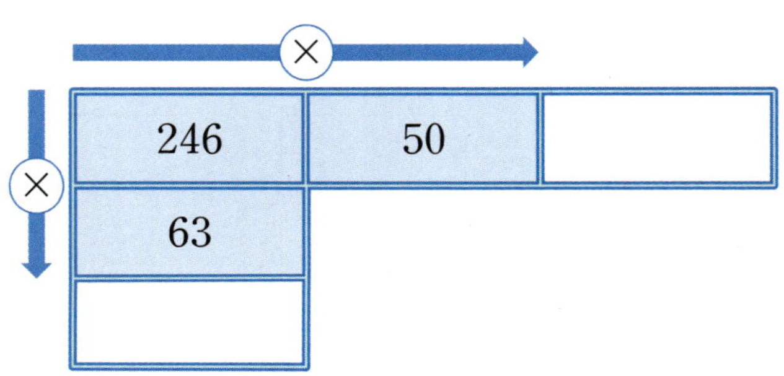

9 가장 큰 수와 가장 작은 수의 곱을 구해 보세요.

| 32 | 28 | 409 | 514 |

(   )

10 <u>잘못</u> 계산한 곳을 찾아 ○표 한 후 바르게 계산해 보세요.

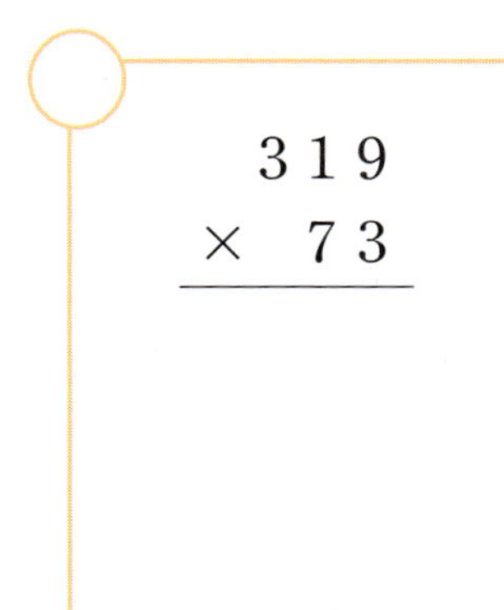

$$
\begin{array}{r}
4\ 0\ 9 \\
\times\quad 3\ 6 \\
\hline
2\ 4\ 5\ 4 \\
1\ 2\ 2\ 7 \\
\hline
3\ 6\ 8\ 1
\end{array}
$$

➡

$$
\begin{array}{r}
4\ 0\ 9 \\
\times\quad 3\ 6 \\
\hline
\end{array}
$$

11 곱이 큰 것부터 순서대로 ○ 안에 1, 2, 3을 써넣으세요.

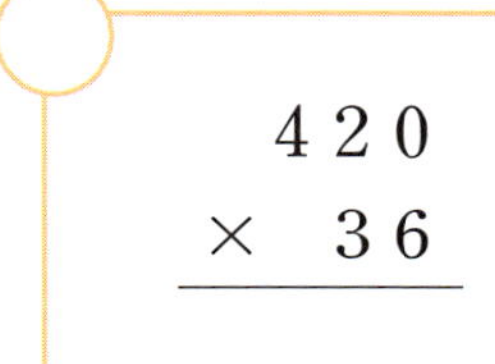

$$
\begin{array}{r}
3\ 1\ 9 \\
\times\quad 7\ 3 \\
\hline
\end{array}
$$

$$
\begin{array}{r}
4\ 2\ 0 \\
\times\quad 3\ 6 \\
\hline
\end{array}
$$

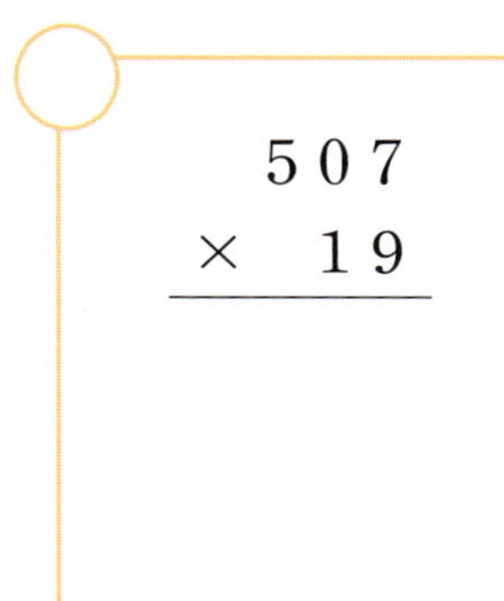

$$
\begin{array}{r}
5\ 0\ 7 \\
\times\quad 1\ 9 \\
\hline
\end{array}
$$

12 1년을 365일로 계산할 때, 28년은 모두 며칠인지 구해 보세요.

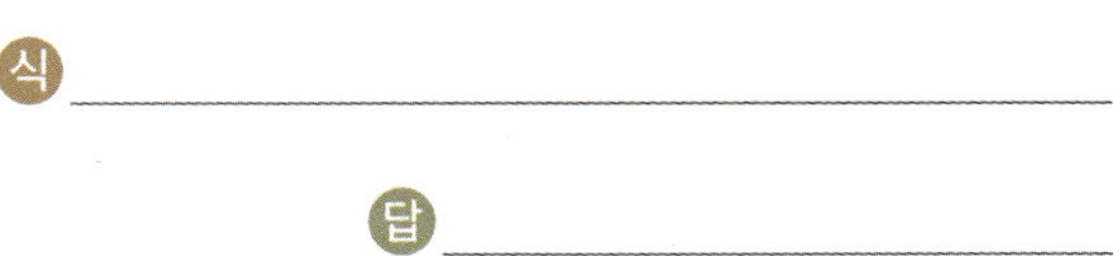

식 ____________________________________

답 ____________________________

개념 ④ (세 자리 수)÷(몇십)의 계산

• 150÷50의 계산

50에 곱해서 150이 되는 수를 찾습니다.

$$50 \times 2 = 100$$
$$50 \times 3 = 150$$
$$50 \times 4 = 200$$

$$50\overline{)150}$$
$$\underline{150} \leftarrow 50 \times 3$$
$$0$$

➡ $150 \div 50 = 3$

• 293÷50의 계산

50의 곱셈식에서 293이 어느 곱셈식 결과의 사이에 있는지 찾습니다.

$$50 \times 4 = 200$$
$$50 \times 5 = 250$$
$$50 \times 6 = 300$$

$$50\overline{)293}$$
$$\underline{250} \leftarrow 50 \times 5$$
$$43$$

➡ $293 \div 50 = 5 \cdots 43$

개념 ⑤ (두 자리 수)÷(두 자리 수), (세 자리 수)÷(두 자리 수)의 계산

• 69÷17의 계산

나눗셈의 계산 과정에서 **뺄 수 없을 때**에는 몫을 작게 합니다.

(몫을 1만큼 더 작게 합니다.)

$$17\overline{)69} \quad 5$$
$$\underline{85}$$
→ 뺄 수 없습니다.

$$17\overline{)69} \quad 4$$
$$\underline{68}$$
$$1$$

➡ $69 \div 17 = 4 \cdots 1$

• 104÷17의 계산

나눗셈의 계산 과정에서 **나머지가 나누는 수보다 크면** 몫을 크게 합니다.

(몫을 1만큼 더 크게 합니다.)

$$17\overline{)104} \quad 5$$
$$\underline{85}$$
$$19$$
→ 나머지가 나누는 수 17보다 큽니다.

$$17\overline{)104} \quad 6$$
$$\underline{102}$$
$$2$$

➡ $104 \div 17 = 6 \cdots 2$

1 180÷30을 계산하려고 합니다. 물음에 답하세요.

(1) 180개의 수 모형을 30개씩 묶어 보고 몇 묶음인지 구해 보세요.

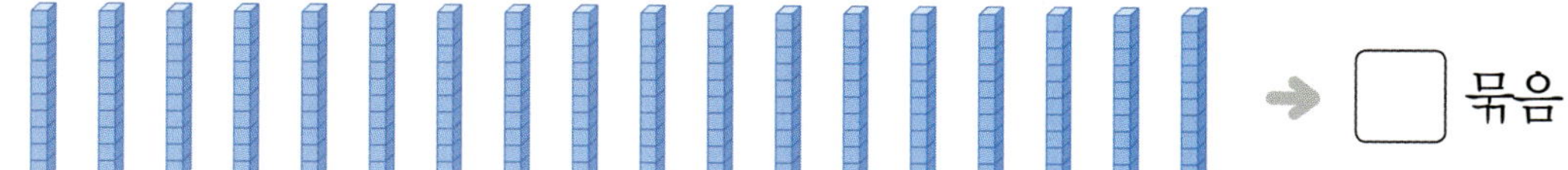

→ ☐ 묶음

(2) 180÷30의 몫을 구해 보세요.

$$180 \div 30 = \boxed{}$$

2 빈칸에 알맞은 수를 써넣고 480÷80의 몫을 구해 보세요.

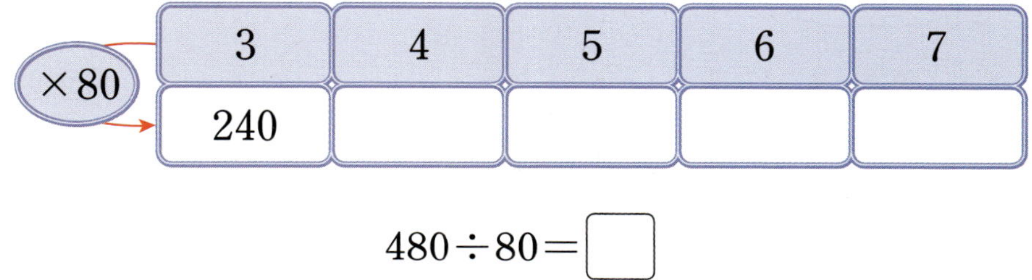

$$480 \div 80 = \boxed{}$$

3 다음은 나눗셈을 잘못 계산한 것입니다. 알맞은 말에 ○표 하고 바르게 계산해 보세요.

몫을 1만큼 더 (크게 , 작게) 합니다.

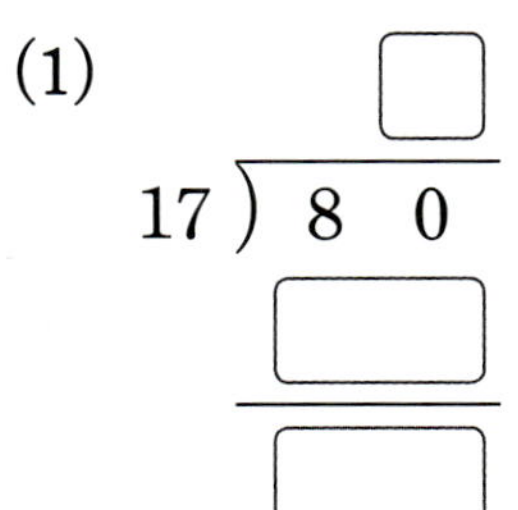

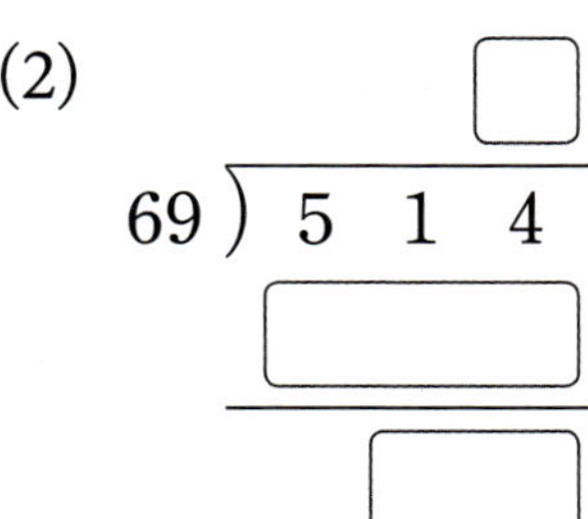

4 ☐ 안에 알맞은 수를 써넣으세요.

(1)

$$17 \overline{)\,8\ \ 0}$$

(2)

$$69 \overline{)\,5\ \ 1\ \ 4}$$

개념 6 나누어떨어지는 (세 자리 수)÷(두 자리 수)의 계산

- $252 \div 14$의 계산

14에 곱해서 252가 되는 수를 찾습니다.

몫의 십의 자리 수

$14 \times 10 = 140$
$14 \times 20 = 280$

몫의 일의 자리 수

$14 \times 7 = 98$
$14 \times 8 = 112$
$14 \times 9 = 126$

$$\begin{array}{r} 18 \\ 14\overline{)252} \\ 140 \quad \leftarrow 14 \times 10 \\ \hline 112 \\ 112 \quad \leftarrow 14 \times 8 \\ \hline 0 \end{array}$$

$$\Rightarrow \quad \begin{array}{r} 18 \\ 14\overline{)252} \\ 14 \\ \hline 112 \\ 112 \\ \hline 0 \end{array}$$

$\Rightarrow \quad 252 \div 14 = 18$

계산한 결과가 맞는지 확인하기

나누는 수에 몫을 곱해서 나누어지는 수가 되는지 확인합니다. $\Rightarrow 14 \times 18 = 252$

개념 7 나머지가 있는 (세 자리 수)÷(두 자리 수)의 계산

- $327 \div 14$의 계산

14의 곱셈식에서 327이 어느 곱셈식 결과의 사이에 있는지 찾습니다.

몫의 십의 자리 수

$14 \times 20 = 280$
$14 \times 30 = 420$

몫의 일의 자리 수

$14 \times 3 = 42$
$14 \times 4 = 56$

$$\begin{array}{r} 23 \\ 14\overline{)327} \\ 280 \quad \leftarrow 14 \times 20 \\ \hline 47 \\ 42 \quad \leftarrow 14 \times 3 \\ \hline 5 \end{array}$$

$$\Rightarrow \quad \begin{array}{r} 23 \\ 14\overline{)327} \\ 28 \\ \hline 47 \\ 42 \\ \hline 5 \end{array}$$

$\Rightarrow \quad 327 \div 14 = 23 \cdots 5$

계산한 결과가 맞는지 확인하기

나누는 수에 몫을 곱하고 나머지를 더해서 나누어지는 수가 되는지 확인합니다.
$\Rightarrow 14 \times 23 = 322,\ 322 + 5 = 327$

1 $726 \div 22$의 몫을 구하는 데 필요한 곱셈식에 ◯표 하고, ☐ 안에 알맞은 수를 써넣으세요.

$22 \times 10 = 220$	$22 \times 1 = 22$
$22 \times 20 = 440$	$22 \times 2 = 44$
$22 \times 30 = 660$	$22 \times 3 = 66$
$22 \times 40 = 880$	$22 \times 4 = 88$

$$22 \overline{)\,7\ 2\ 6}$$

$\leftarrow 22 \times$ ☐

$\leftarrow 22 \times$ ☐

2 표를 완성하고 $784 \div 23$을 계산해 보세요.

$\times$	23
10	230
20	
30	
40	

$\times$	23
2	46
3	
4	
5	

$$23 \overline{)\,7\ 8\ 4}$$

$\leftarrow 23 \times$ ☐

$\leftarrow 23 \times$ ☐

3 ☐ 안에 알맞은 수를 써넣으세요.

(1)
$$12 \overline{)\,3\ 3\ 6}$$

(2)
$$27 \overline{)\,4\ 1\ 0}$$

준비물 붙임딱지

부서진 벽돌을 새 벽돌로 바꾸려고 합니다.
나눗셈을 계산하여 계산 결과가 적혀 있는 벽돌 붙임딱지를 부서진 벽돌 위에 붙여 보세요.

508÷26
296÷34
389÷48
380÷21
451÷63
463÷19
286÷17
3
단원

[1~4] □ 안에 알맞은 수를 써넣으세요.

1

$$60 \overline{)\ 2\ 4\ 0}$$

2

$$20 \overline{)\ 1\ 8\ 5}$$

3

$$50 \overline{)\ 3\ 5\ 3}$$

4

$$90 \overline{)\ 2\ 8\ 4}$$

[5~8] 잘못 계산한 곳을 찾아 바르게 계산해 보세요.

5

$$21 \overline{)\ 8\ 0} \quad \begin{matrix} 4 \\ 8\ 4 \end{matrix} \quad \rightarrow \quad 21 \overline{)\ 8\ 0}$$

6

$$16 \overline{)\ 1\ 5\ 1} \quad \begin{matrix} 8 \\ 1\ 2\ 8 \\ \hline 2\ 3 \end{matrix} \quad \rightarrow \quad 16 \overline{)\ 1\ 5\ 1}$$

7

$$48 \overline{)\ 2\ 7\ 9} \quad \begin{matrix} 6 \\ 2\ 8\ 8 \end{matrix} \quad \rightarrow \quad 48 \overline{)\ 2\ 7\ 9}$$

8

$$19 \overline{)\ 1\ 5\ 4} \quad \begin{matrix} 7 \\ 1\ 3\ 3 \\ \hline 2\ 1 \end{matrix} \quad \rightarrow \quad 19 \overline{)\ 1\ 5\ 4}$$

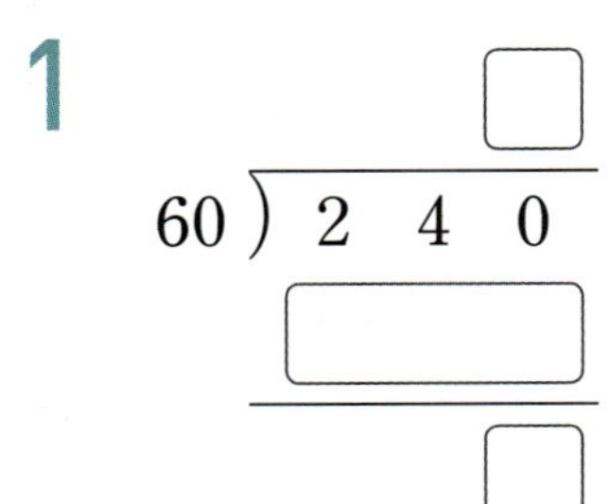

[9~12] 계산해 보세요.

9

$$25 \overline{)350}$$

몫 ______________

나머지 ______________

10

$$42 \overline{)672}$$

몫 ______________

나머지 ______________

11

$$17 \overline{)989}$$

몫 ______________

나머지 ______________

12

$$28 \overline{)887}$$

몫 ______________

나머지 ______________

[13~15] 계산을 하고 결과를 확인해 보세요.

13

$$51 \overline{)867}$$

확인하기 $\quad 51 \times \boxed{} = \boxed{}$ ______________

14

$$25 \overline{)975}$$

확인하기 ______________

15

$$18 \overline{)637}$$

확인하기 ______________

1 빈칸에 알맞은 수를 써넣고 $540 \div 90$의 몫을 구해 보세요.

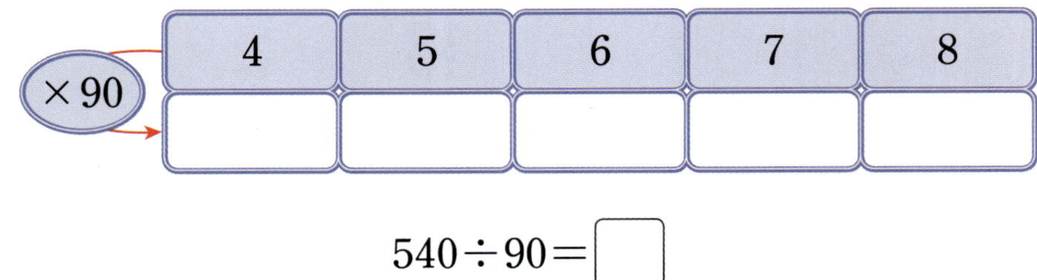

$$540 \div 90 = \boxed{}$$

2 ☐ 안에 알맞은 수를 써넣으세요.

(1) $160 \div 20 = \boxed{}$

(2) $300 \div 60 = \boxed{}$

(3)

$$70 \,)\,\overline{4\ 2\ 0}$$

(4)

$$50 \,)\,\overline{3\ 5\ 0}$$

3 나눗셈의 결과가 맞는지 확인하려고 합니다. ☐ 안에 알맞은 수를 써넣으세요.

(1)
$$638 \div 36 = 17 \cdots 26$$

확인하기 $36 \times \boxed{} = \boxed{}$, $\boxed{} + \boxed{} = \boxed{}$

(2)
$$950 \div 21 = 45 \cdots 5$$

확인하기 $21 \times \boxed{} = \boxed{}$, $\boxed{} + \boxed{} = \boxed{}$

4 나눗셈의 몫을 구하는 데 필요한 곱셈식에 ◯표 하고, ☐ 안에 알맞은 수를 써넣으세요.

$42 \times 6 = 252$
$42 \times 7 = 294$
$42 \times 8 = 336$
$42 \times 9 = 378$

$$42 \overline{)\ 3\ 1\ 7\ }$$

→ $317 \div 42 = \boxed{} \cdots \boxed{}$

5 선생님은 사탕 281개를 30명의 학생들에게 똑같이 나누어 주려고 합니다. 한 사람에게 몇 개씩 나누어 줄 수 있고, 몇 개가 남는지 차례로 써 보세요.

(   ), (   )

6 어떤 수를 37로 나눌 때 나올 수 <u>없는</u> 나머지에 ×표 하세요.

35	2	0	39	20

7 몫이 가장 큰 것에 ◯표 하세요.

$276 \div 14$	$638 \div 35$	$748 \div 41$
( )	( )	( )

8 772÷16을 계산하려고 합니다. 물음에 답하세요.

(1) 빈칸에 알맞은 수를 써넣으세요.

×16	10	20	30	40	50

×16	5	6	7	8	9

(2) 위 (1)을 이용하여 772÷16을 계산해 보세요.

$$16 \overline{)\,7\ 7\ 2\,}$$

← 16×☐

← 16×☐

1 2 8

→ 772÷16 = ☐ … ☐

9 계산해 보세요.

(1)
$$63 \overline{)\,3\,1\,5\,}$$

(2)
$$14 \overline{)\,2\,6\,8\,}$$

(3) 682÷62

(4) 488÷16

10 몫이 두 자리 수인 나눗셈을 모두 찾아 ◯표 하세요.

$$569 \div 36 \qquad 288 \div 45 \qquad 191 \div 25 \qquad 360 \div 17$$

11 나눗셈을 계산하여 ☐ 안에는 몫을, ◯ 안에는 나머지를 써넣으세요.

(1)

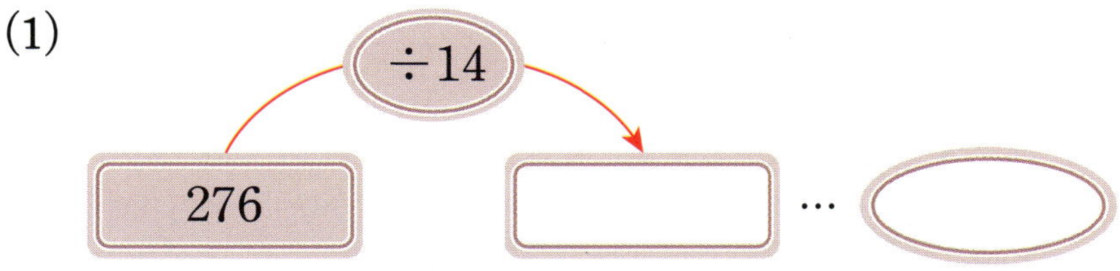

(2)

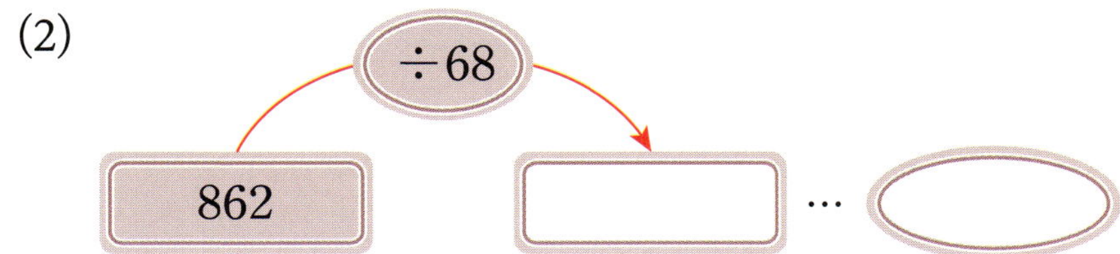

12 리본 하나를 만드는 데 끈 56 cm가 필요합니다. 끈 831 cm로 리본을 몇 개까지 만들 수 있고, 남는 끈의 길이는 몇 cm인지 차례로 써 보세요.

(,   )

13 학생 408명이 35인승 버스에 타려고 합니다. 모든 학생이 타려면 버스는 몇 대가 필요할까요?

(   )

개념 확인평가

3. 곱셈과 나눗셈

1 □ 안에 알맞은 수를 써넣으세요.

$$6 \times 2 = \boxed{}$$

$$600 \times 20 = \boxed{}$$

0이 $\boxed{}$개

2 빈칸에 알맞은 수를 써넣고 $145 \div 20$을 계산해 보세요.

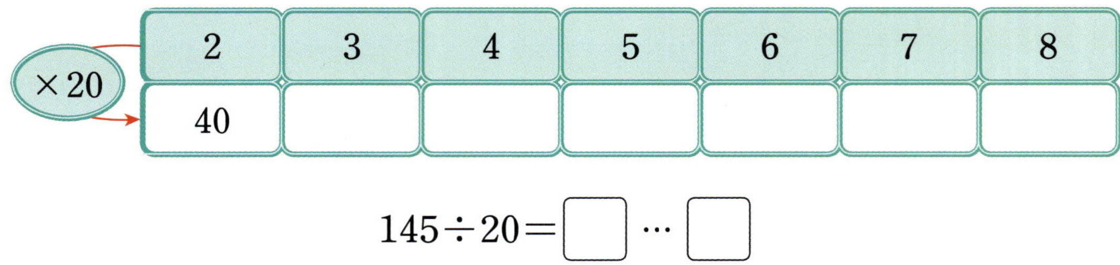

×20	2	3	4	5	6	7	8
	40						

$$145 \div 20 = \boxed{} \cdots \boxed{}$$

3 어떤 수를 16으로 나누었을 때 나머지가 될 수 <u>없는</u> 수는 어느 것일까요? ···· (　　　)

① 0　　　　② 1　　　　③ 5　　　　④ 15　　　　⑤ 16

4 곱셈을 해 보세요.

(1)　　3 4 8　　　　　(2)　　1 9 6　　　　　(3)　　4 7 2
　　×　2 0　　　　　　　×　5 8　　　　　　　×　3 1

5 잘못 계산한 곳을 찾아 ◯표 한 후 바르게 계산해 보세요.

$$
\begin{array}{r}
143 \\
\times\ \ 28 \\
\hline
1144 \\
286\ \ \\
\hline
1430
\end{array}
$$

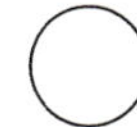

$$
\begin{array}{r}
143 \\
\times\ \ 28 \\
\hline
\end{array}
$$

6 계산 결과를 비교하여 ◯ 안에 >, =, <를 알맞게 써넣으세요.

$$271 \times 59 \qquad \bigcirc \qquad 384 \times 40$$

7 나눗셈을 해 보세요.

(1)
$$25 \overline{)839}$$

몫 __________

나머지 __________

(2)
$$24 \overline{)791}$$

몫 __________

나머지 __________

(3)
$$37 \overline{)975}$$

몫 __________

나머지 __________

8 몫을 잘못 구한 것을 찾아 기호를 쓰고, 몫을 바르게 구해 보세요.

$$⊙ \ 960 ÷ 16 = 51 \qquad ⓒ \ 240 ÷ 12 = 20$$

(   ), 몫 (   )

9 길이가 339 cm인 철사가 있습니다. 이 철사를 26 cm씩 자르면 몇 도막이 되고 몇 cm가 남는지 차례로 써 보세요.

(   ), (   )

10 나머지가 큰 것부터 차례로 기호를 써 보세요.

$$⊙ \ 133 ÷ 21 \qquad ⓒ \ 125 ÷ 16 \qquad ⓔ \ 135 ÷ 25$$

(   )

11 주희는 500원짜리 동전 15개, 100원짜리 동전 20개를 가지고 있습니다. 주희가 가지고 있는 돈은 모두 얼마일까요?

(   )

4 평면도형의 이동

개념 **1** 점 이동하기

• 선을 따라 점을 이동하기

① 점 ㄱ을 위쪽으로 3 cm, 왼쪽으로 7 cm 이동한 곳은 점 ㄴ입니다.

② 점 ㄱ을 오른쪽으로 9 cm, 아래쪽으로 4 cm 이동한 곳은 점 ㄹ입니다.

③ 점 ㄱ이 점 ㄷ에 도착하려면 왼쪽으로 10 cm, 아래쪽으로 2 cm 이동해야 합니다.

개념 **2** 평면도형 밀기

• 모양 조각을 여러 방향으로 밀기

① 모양 조각을 여러 방향으로 밀어도 모양과 크기는 변하지 않습니다.

② 미는 방향에 따라 모양 조각의 위치만 변합니다.

1 그림을 보고 □ 안에 알맞은 기호나 수를 써넣으세요.

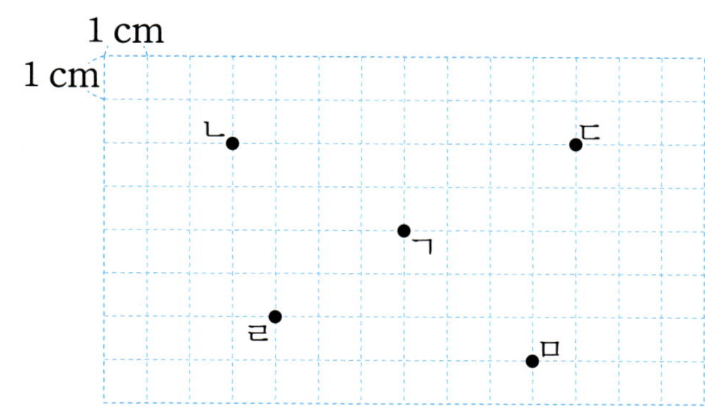

(1) 점 ㄱ을 왼쪽으로 4 cm, 위쪽으로 2 cm 이동하면 점 □ 에 도착합니다.

(2) 점 ㄱ이 점 ㅁ에 도착하려면 아래쪽으로 □ cm, 오른쪽으로 □ cm 이동해야 합니다.

2 모양 조각을 오른쪽으로 밀었을 때의 모양을 찾아 ○표 하세요.

(   )   (   )

3 도형을 주어진 방향으로 밀었을 때의 도형을 각각 완성해 보세요.

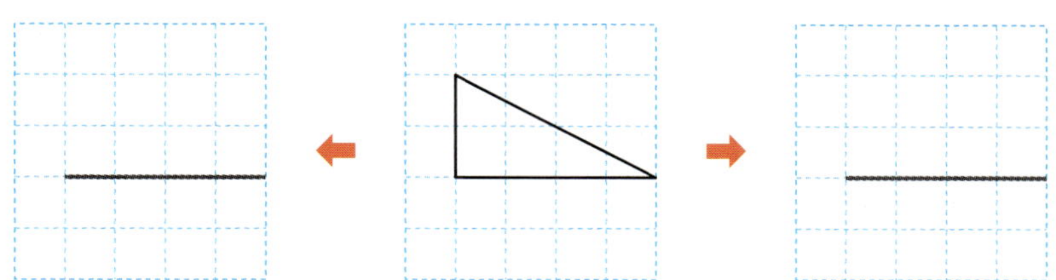

4 도형을 왼쪽으로 7 cm 밀었을 때의 도형을 완성해 보세요.

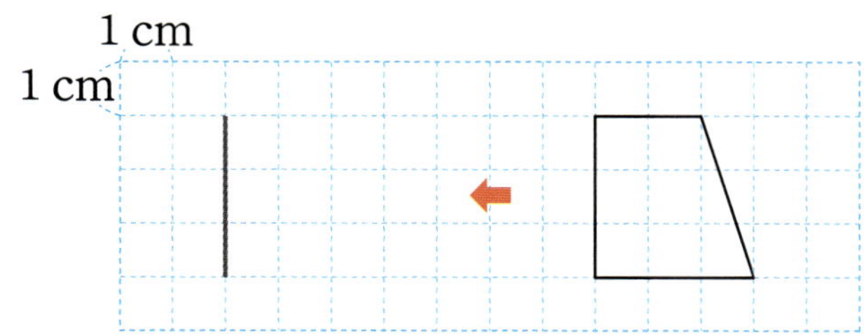

개념 **3** 평면도형 뒤집기

• 모양 조각을 여러 방향으로 뒤집기

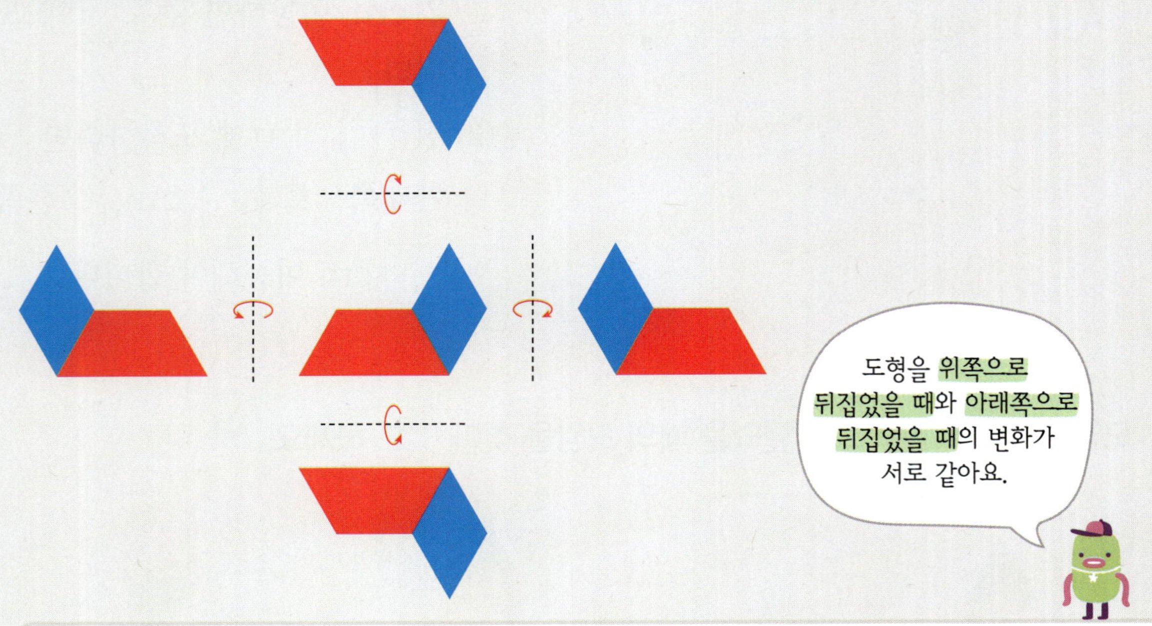

① 모양 조각을 위쪽이나 아래쪽으로 뒤집으면 위쪽과 아래쪽이 서로 바뀝니다.

② 모양 조각을 왼쪽이나 오른쪽으로 뒤집으면 왼쪽과 오른쪽이 서로 바뀝니다.

• 도형을 뒤집었을 때의 도형 알아보기

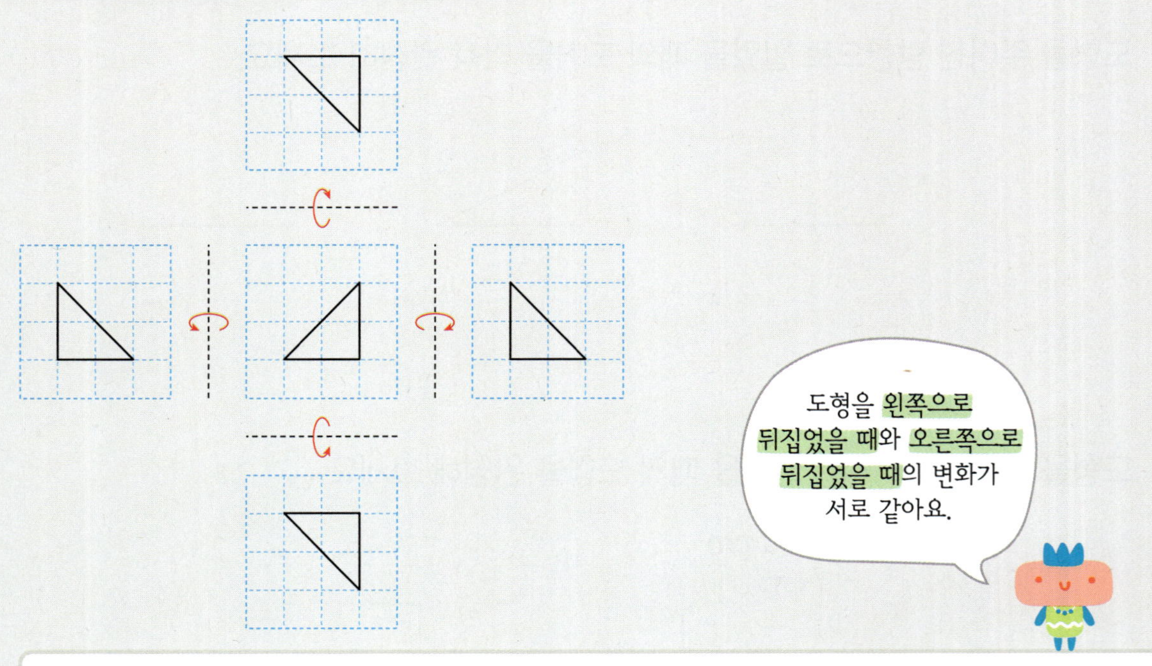

① 도형을 뒤집으면 모양과 크기는 변하지 않습니다.

② 뒤집는 방향에 따라 도형의 방향은 반대가 됩니다.

1 모양 조각을 오른쪽으로 뒤집었을 때의 모양을 찾아 ○표 하세요.

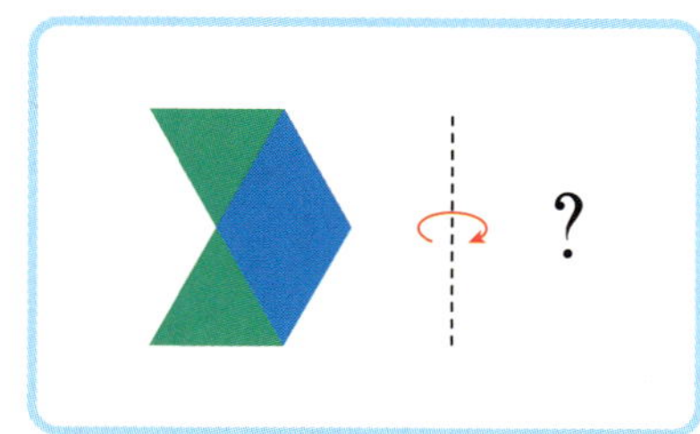

(   )

(   )

2 왼쪽 도형을 위쪽으로 뒤집었을 때의 도형을 찾아 ○표 하세요.

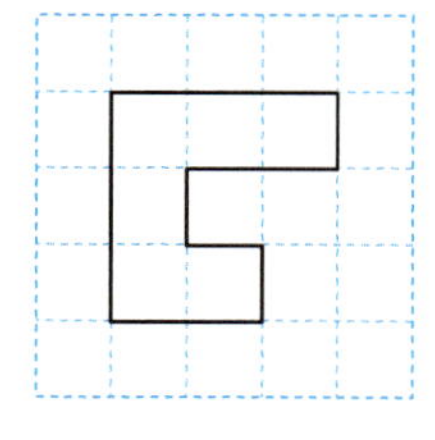

(   )

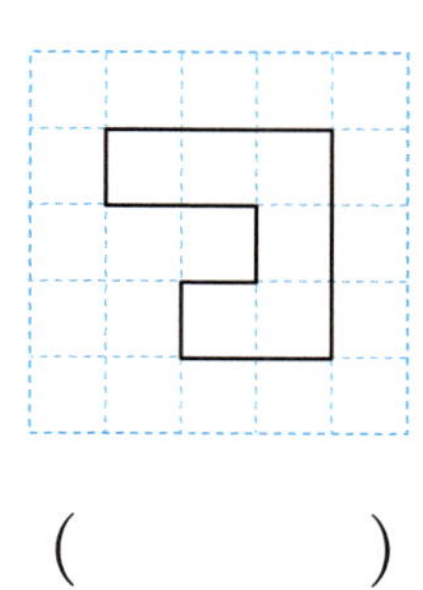

(   )

3 도형을 주어진 방향으로 뒤집었을 때의 도형을 각각 완성해 보세요.

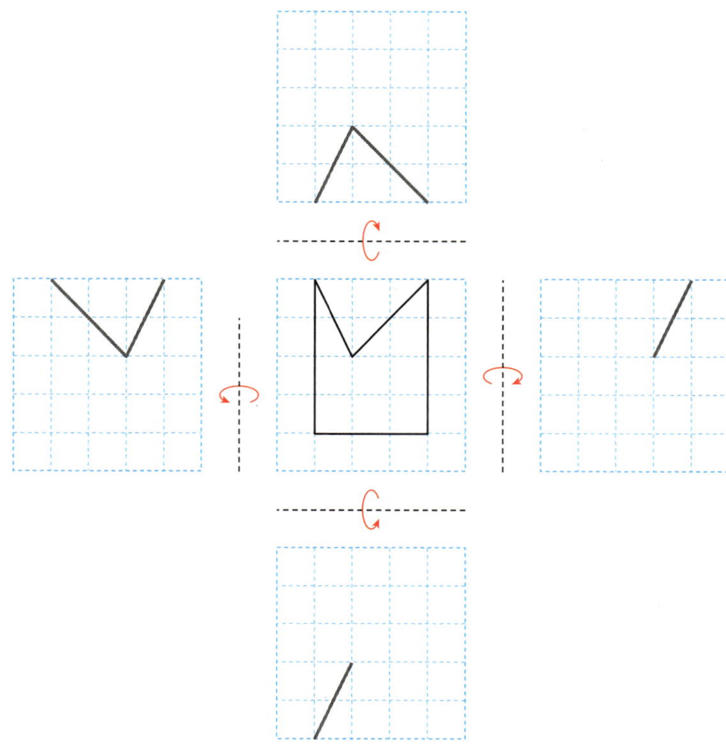

준비물 ◀ 붙임딱지

스테인드글라스 유리창을 꾸미려고 합니다.
도형을 주어진 방향으로 밀었을 때의 도형 붙임딱지를 붙여 보세요.

도형을 주어진 방향으로 뒤집었을 때의 도형 붙임딱지를 붙여 보세요.

집중! 드릴 문제

[1~4] 점 ㄱ을 주어진 방향으로 이동했을 때의 위치에 점 ㄴ으로 표시해 보세요.

1 오른쪽으로 4 cm

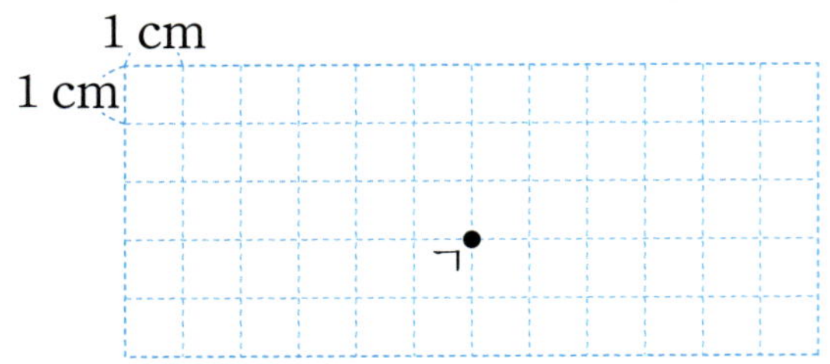

2 왼쪽으로 3 cm

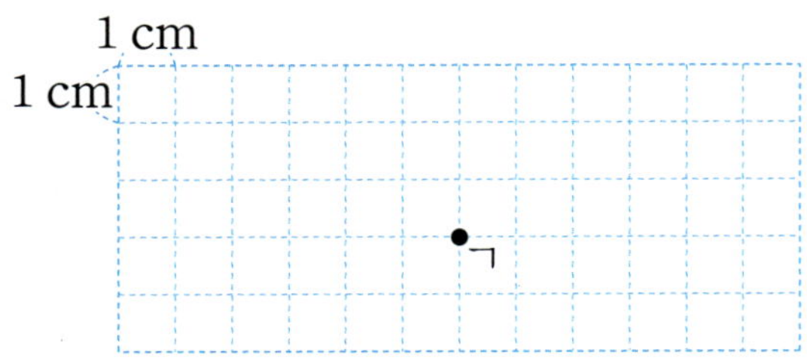

3 위쪽으로 2 cm, 오른쪽으로 5 cm

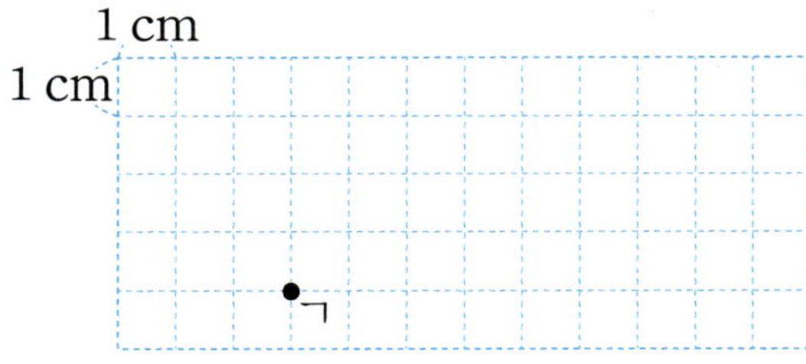

4 왼쪽으로 4 cm, 아래쪽으로 3 cm

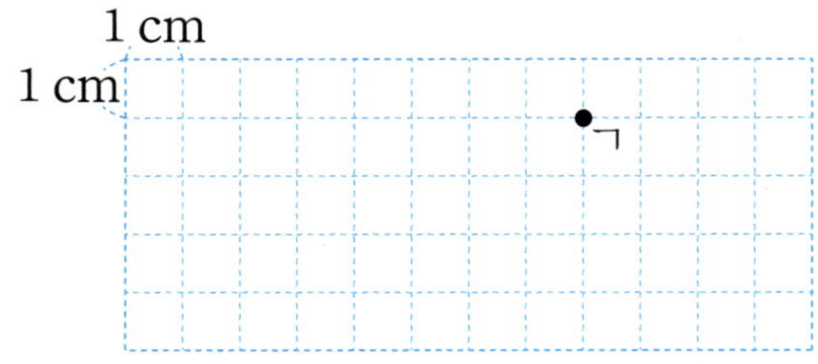

[5~9] 도형을 주어진 방향으로 6 cm 밀었을 때의 도형을 그려 보세요.

5

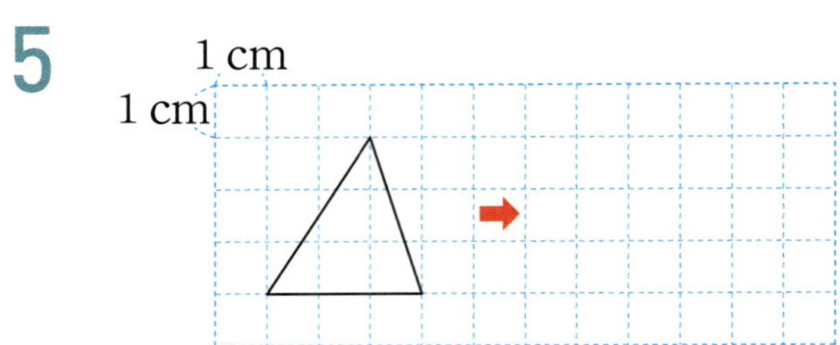

6

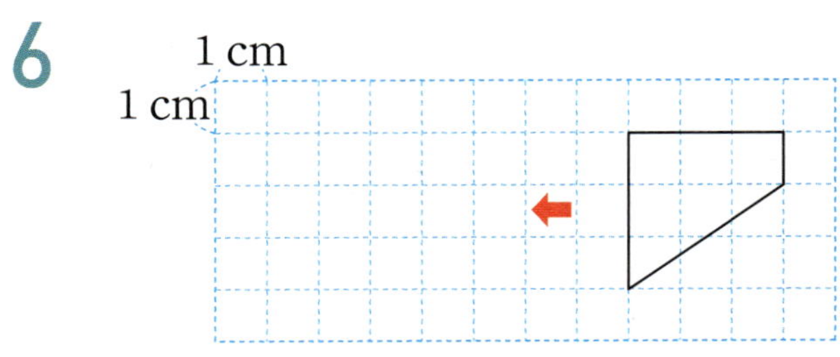

7

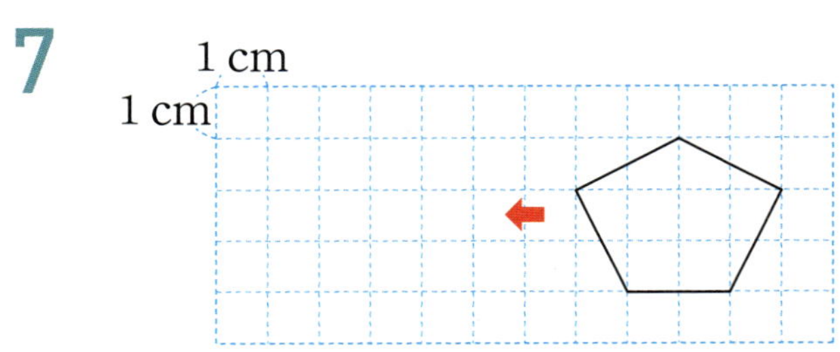

8　　　　**9**

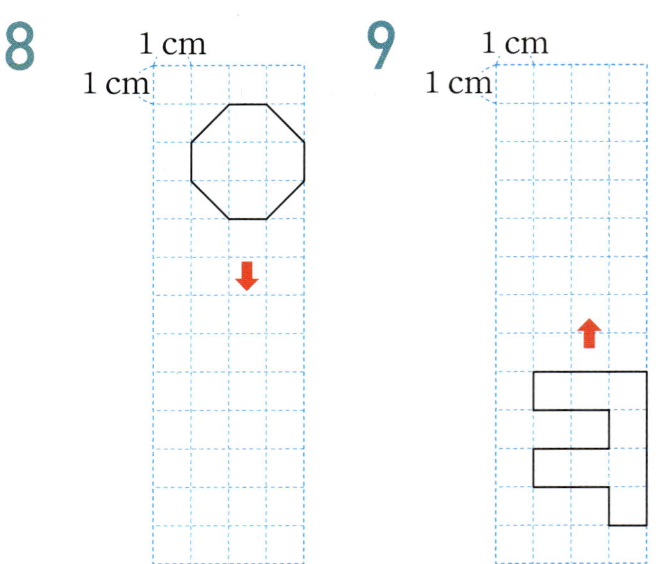

[10~13] 모양 조각을 뒤집은 방향으로 알맞은 것에 ◯표 하세요.

10

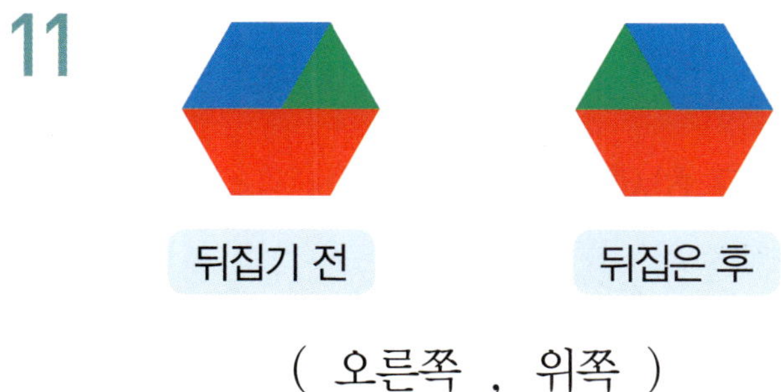

뒤집기 전 　　　 뒤집은 후

(오른쪽 , 위쪽)

11

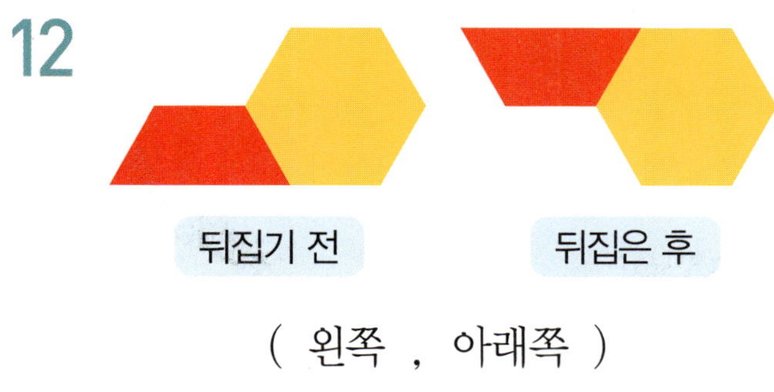

뒤집기 전 　　　 뒤집은 후

(오른쪽 , 위쪽)

12

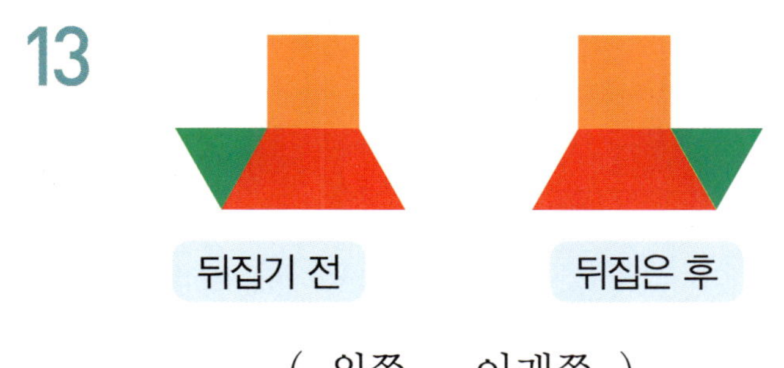

뒤집기 전 　　　 뒤집은 후

(왼쪽 , 아래쪽)

13

뒤집기 전 　　　 뒤집은 후

(왼쪽 , 아래쪽)

[14~18] 도형을 주어진 방향으로 뒤집었을 때의 도형을 그려 보세요.

14

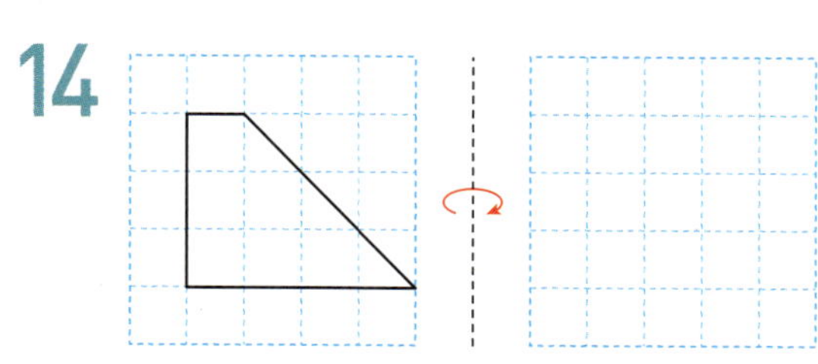

15

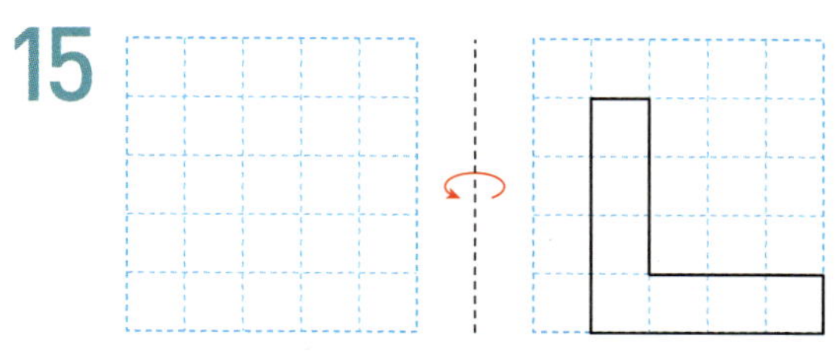

16

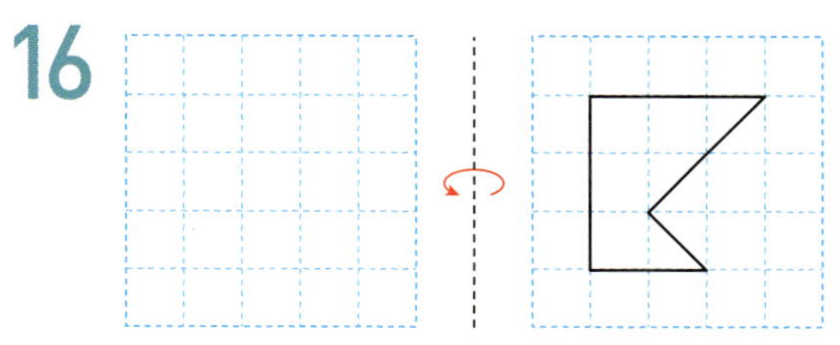

17 **18**

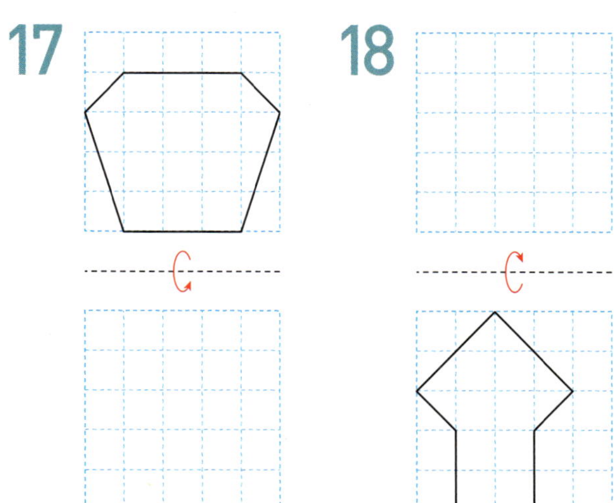

4 단원

1 점을 어떻게 이동했는지 바르게 설명한 것의 기호를 찾아 써 보세요.

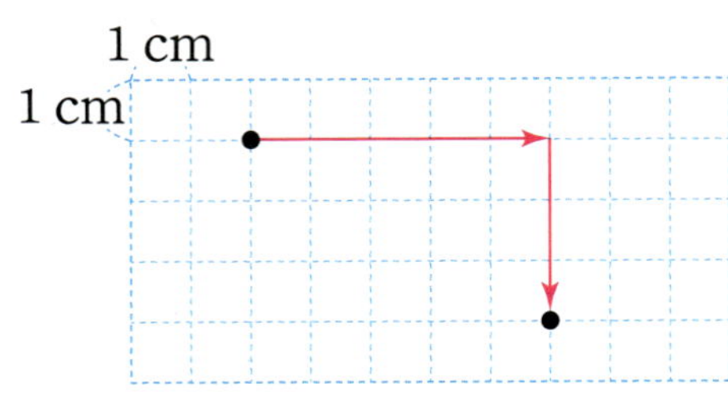

1 cm
1 cm

㉠ 점을 왼쪽으로 5 cm, 아래쪽으로 3 cm 이동했습니다.

㉡ 점을 오른쪽으로 5 cm, 아래쪽으로 3 cm 이동했습니다.

(　　　　　　)

2 모양 조각을 왼쪽으로 밀었을 때의 모양을 찾아 ◯표 하세요.

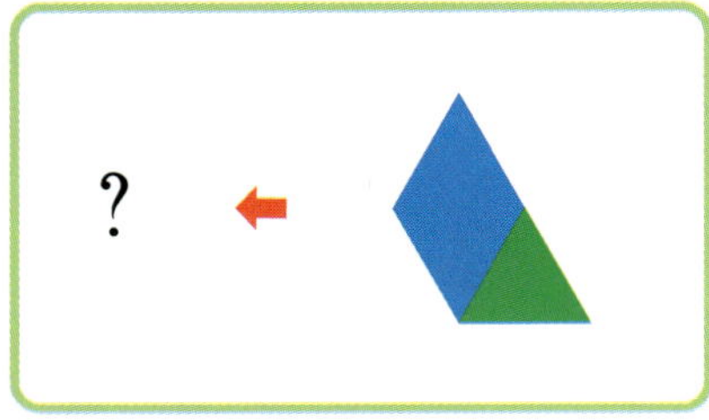

(　　　) 　(　　　) 　(　　　)

3 도형을 오른쪽으로 8 cm 밀었을 때의 도형을 그려 보세요.

1 cm
1 cm

4 수 카드를 주어진 방향으로 밀었을 때의 수를 보고 바르게 설명한 것을 찾아 기호를 써
보세요.

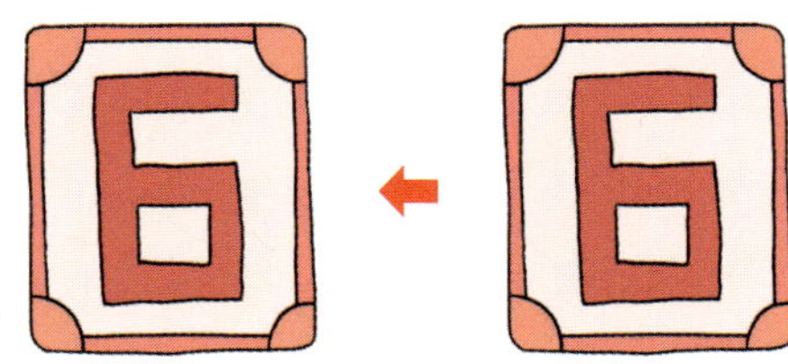

> ㉠ 수 카드를 왼쪽으로 밀면 모양과 위치가 모두 변합니다.
> ㉡ 수 카드를 왼쪽으로 밀면 모양은 변하지 않고 위치만 변합니다.

(   )

5 도형의 이동 방법을 설명해 보세요.

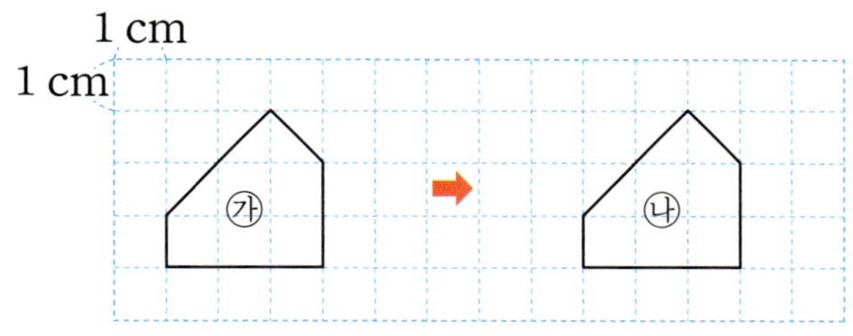

㉯ 도형은 ㉮ 도형을 오른쪽으로 ☐ cm 밀어서 이동한 도형입니다.

6 도형을 왼쪽으로 8 cm 밀고 위쪽으로 2 cm 밀었을 때의 도형을 그려 보세요.

7 보기 의 도형을 위쪽으로 뒤집은 도형을 찾아 ◯표 하세요.

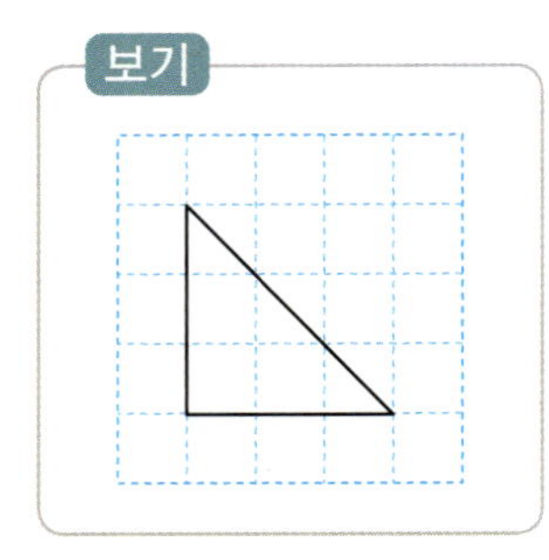

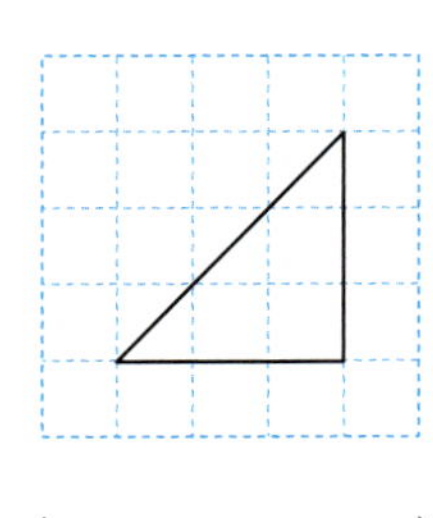　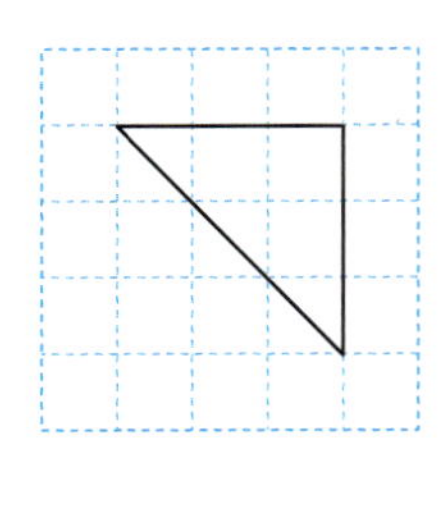　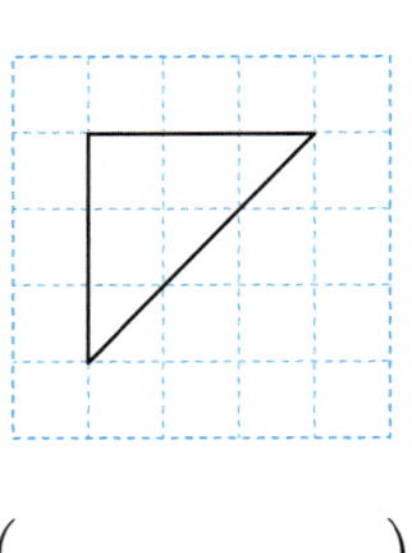

(　　　)　(　　　)　(　　　)

8 도형을 왼쪽이나 오른쪽으로 뒤집었을 때의 도형을 그려 보세요.

(1) 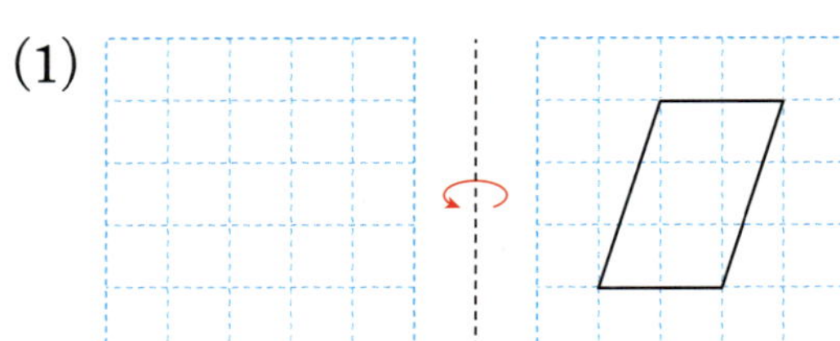

(2) 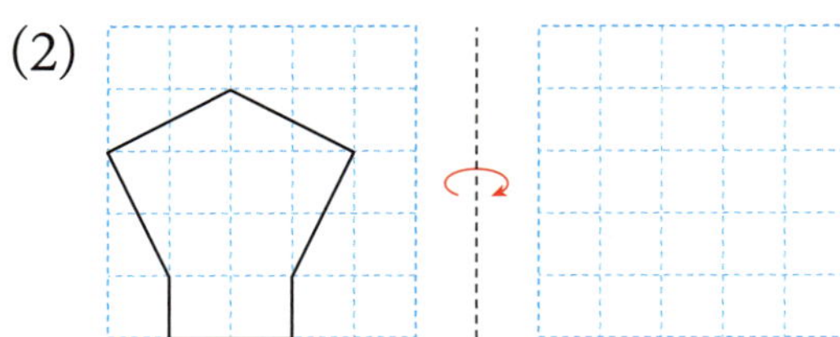

9 도형을 위쪽이나 아래쪽으로 뒤집었을 때의 도형을 그려 보세요.

(1) 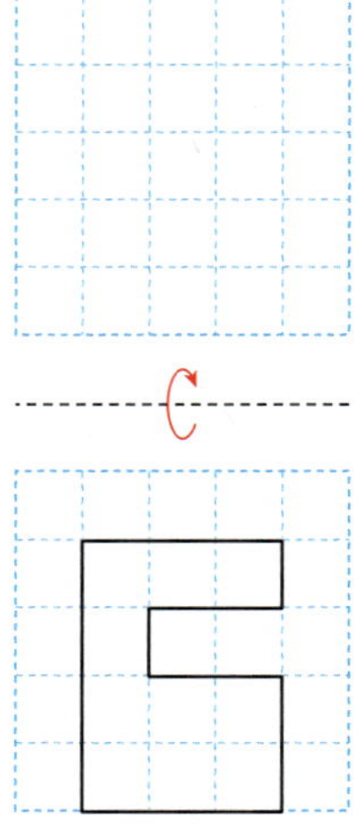

(2) 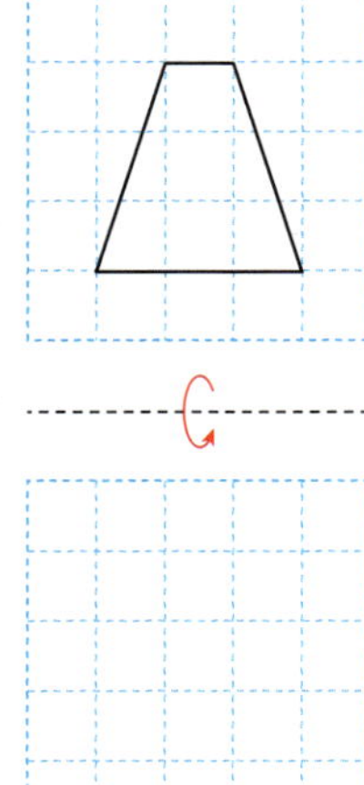

(3) 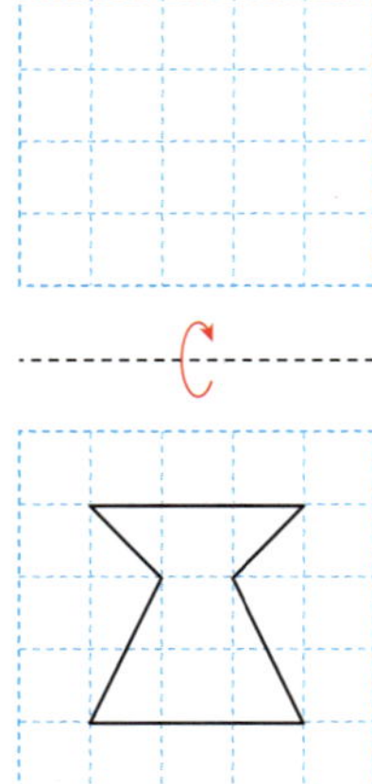

10 수 카드를 왼쪽으로 뒤집었을 때의 수를 써 보세요.

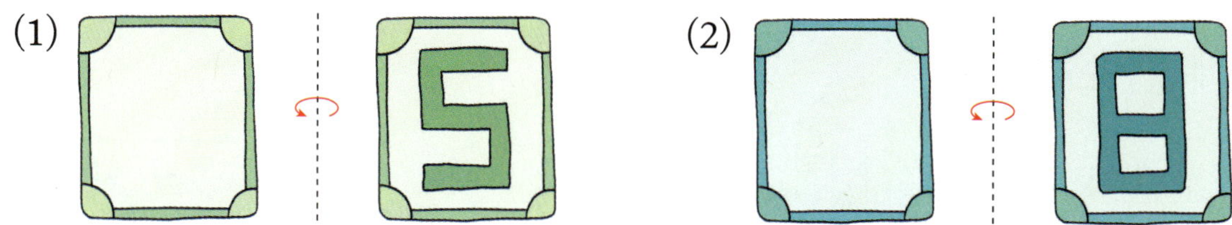

(1) (2)

11 도형을 왼쪽과 오른쪽으로 뒤집었을 때의 모양을 보고 <u>잘못</u> 설명한 것을 찾아 기호를 써 보세요.

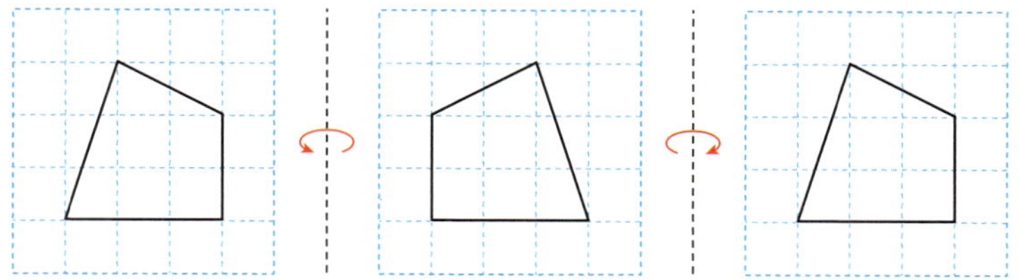

> ㉠ 도형을 왼쪽으로 뒤집으면 왼쪽과 오른쪽이 서로 바뀝니다.
> ㉡ 도형을 오른쪽으로 뒤집으면 모양과 크기가 변합니다.

4
단원

(   )

12 오른쪽 글자가 찍히도록 도장에 모양을 새기려고 합니다. 도장에 새겨야 할 모양을 그려 보세요.

개념 ④ 평면도형 돌리기

• 시계 방향으로 돌리기

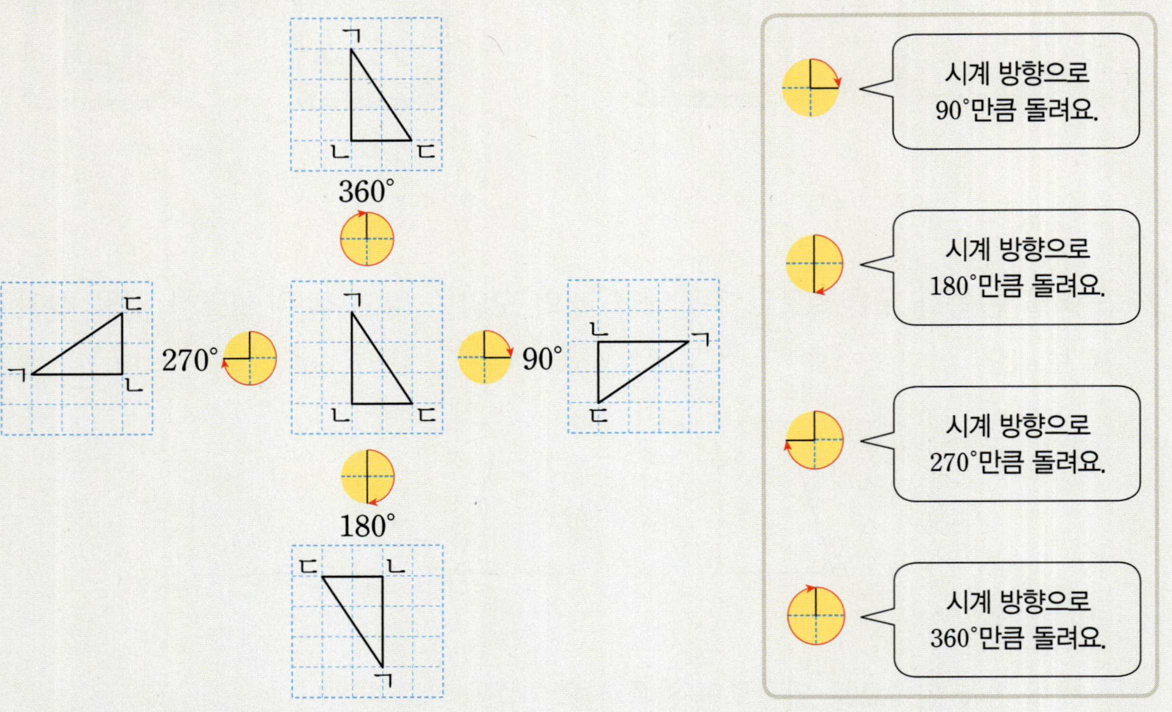

• 시계 반대 방향으로 돌리기

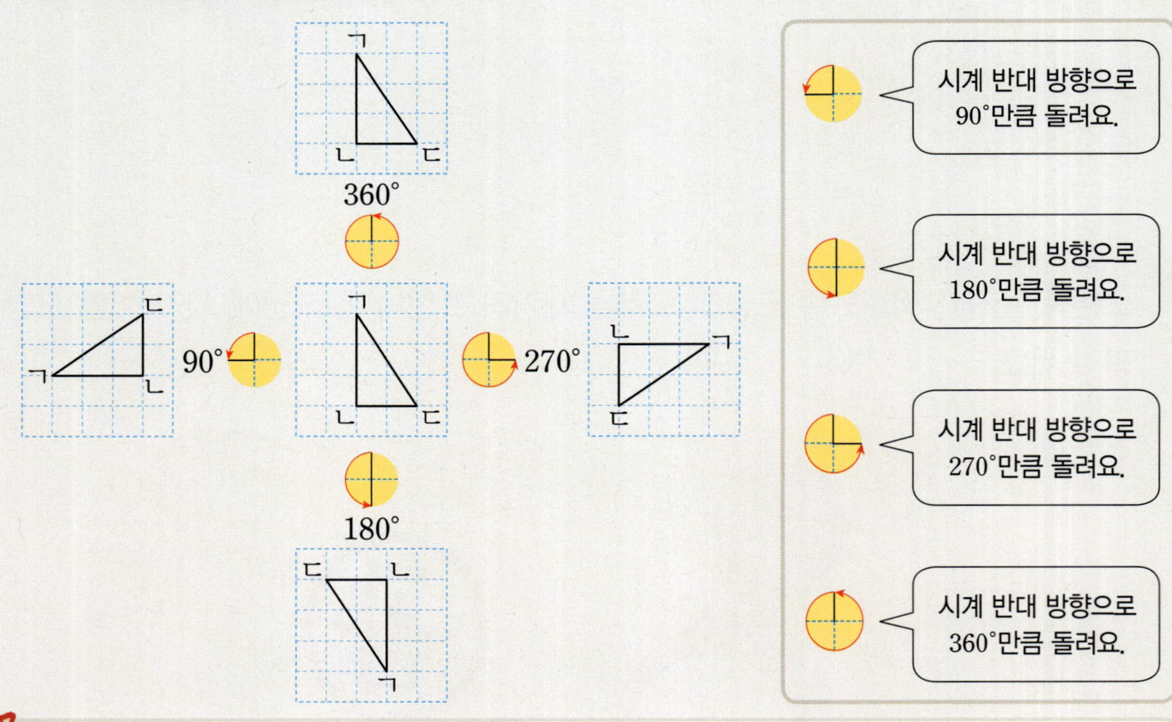

⭐ 화살표 끝이 가리키는 위치가 같으면 도형을 돌렸을 때의 변화가 서로 같습니다.

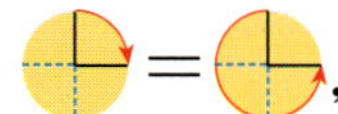 = 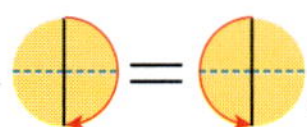,   =    = ,   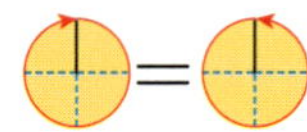 = ,   =

1 모양 조각을 시계 방향으로 90°만큼 돌렸을 때의 모양을 찾아 ◯표 하세요.

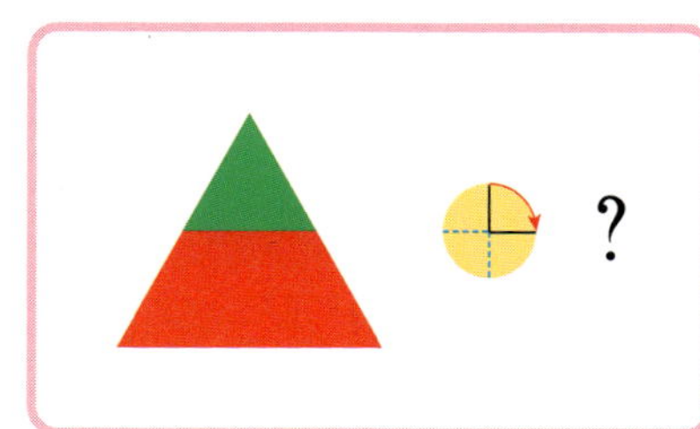 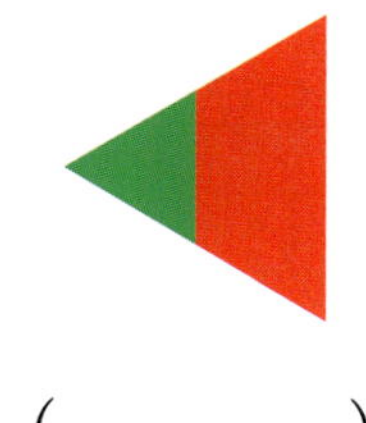 

(   )   (   )

2 도형을 시계 반대 방향으로 주어진 각도만큼 돌렸을 때의 도형을 찾아 이어 보세요.

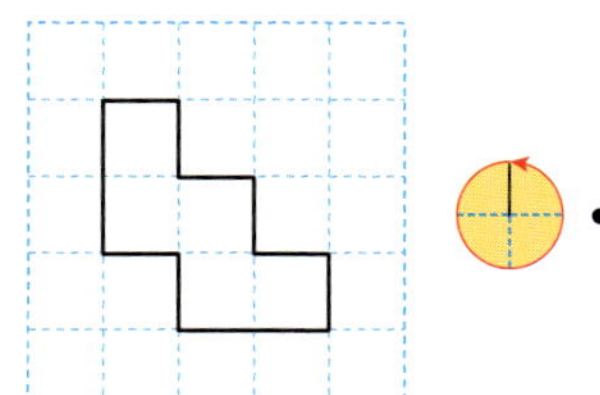   ·   ·   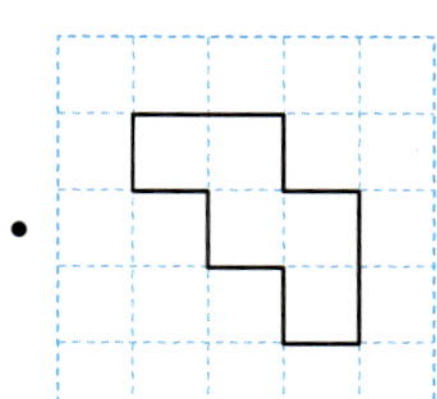

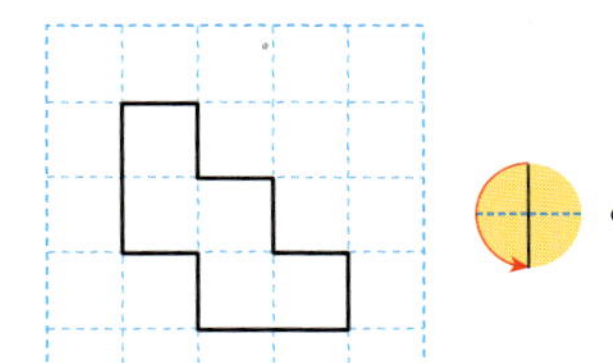   ·   ·   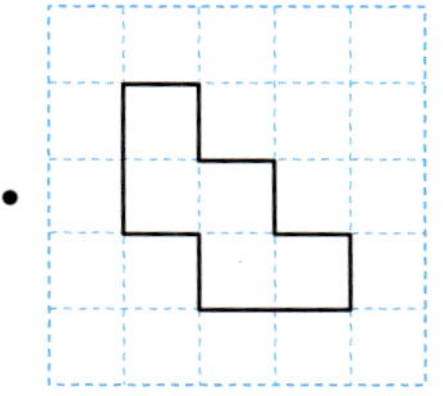

3 도형을 시계 반대 방향으로 90°만큼 돌렸을 때의 도형을 그려 보세요.

(1) 

(2) 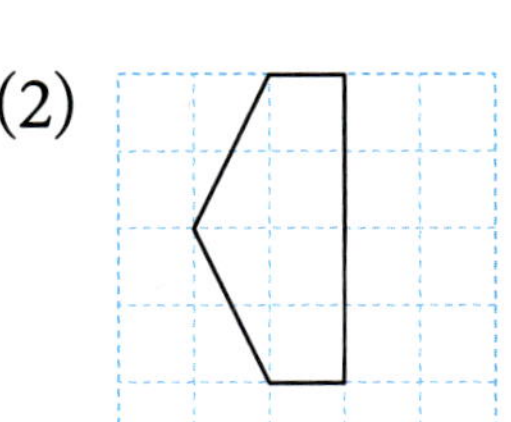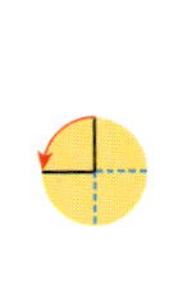

4 도형을 시계 방향으로 180°만큼 돌렸을 때의 도형을 그려 보세요.

(1) 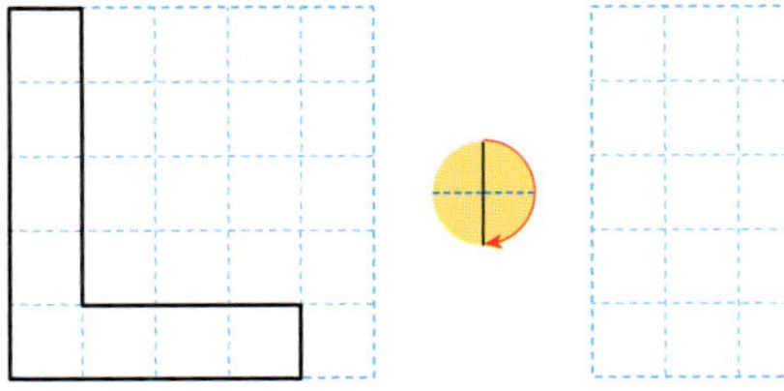

(2) 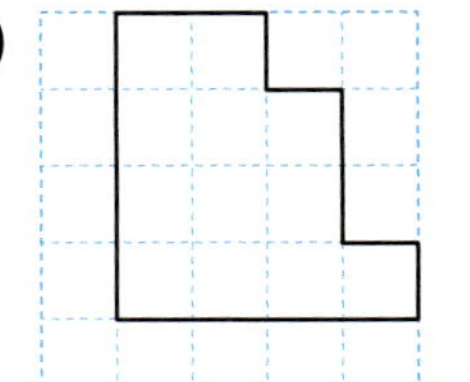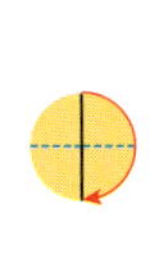

개념 ⑤ 평면도형 뒤집고 돌리기

- 오른쪽으로 뒤집고 시계 방향으로 90°만큼 돌리기

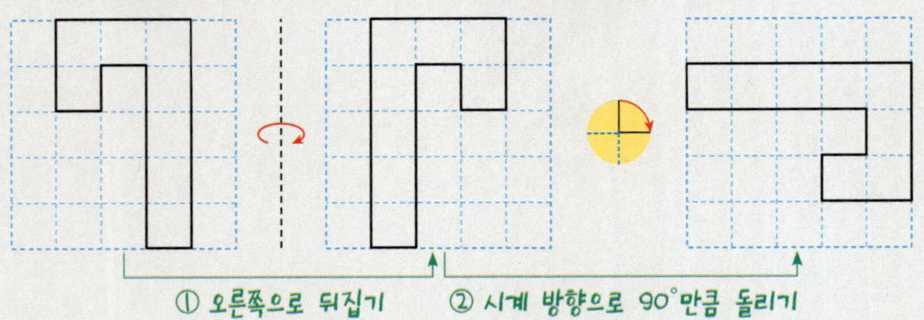

- 시계 방향으로 90°만큼 돌리고 오른쪽으로 뒤집기

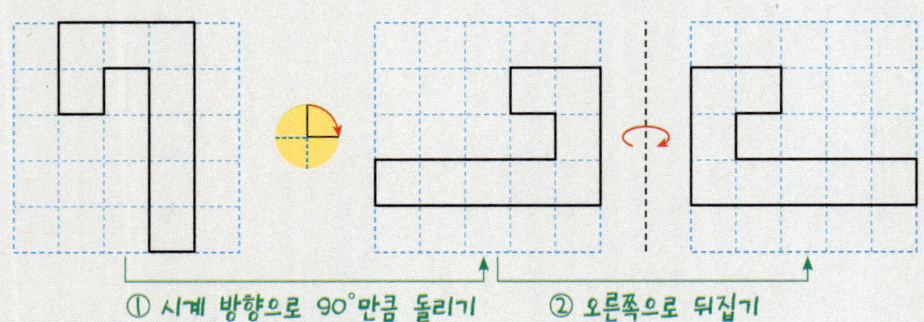

개념 ⑥ 무늬 꾸미기

- 밀기를 이용하여 규칙적인 무늬 만들기

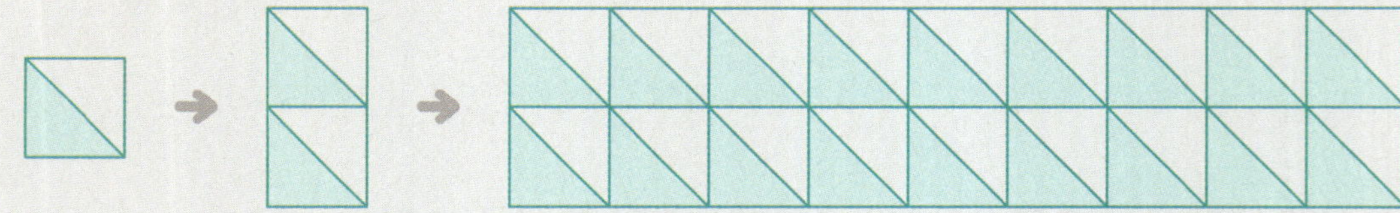

- 뒤집기를 이용하여 규칙적인 무늬 만들기

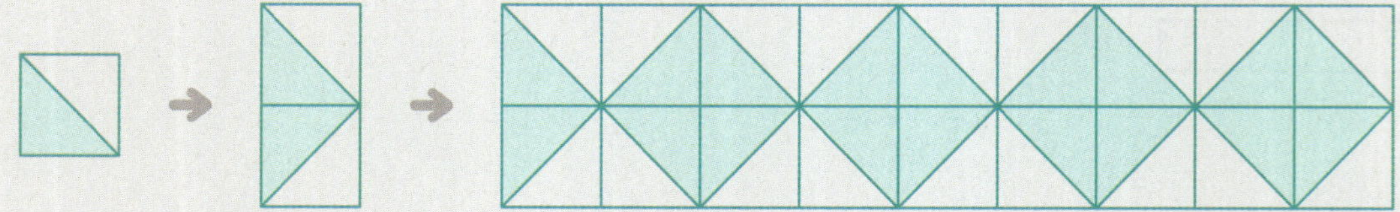

- 돌리기를 이용하여 규칙적인 무늬 만들기

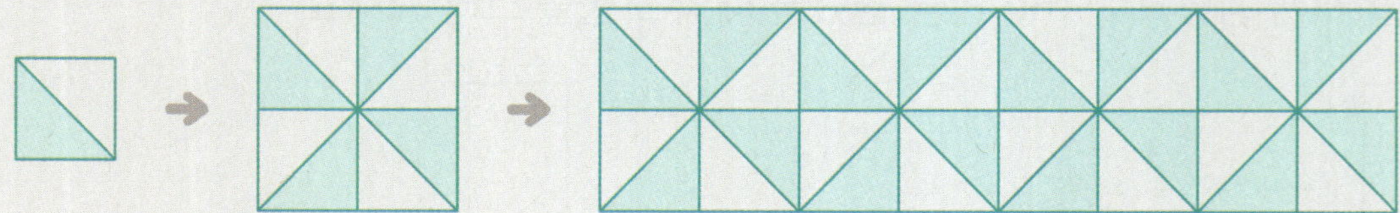

1 모양 조각을 아래쪽으로 뒤집고 시계 방향으로 90°만큼 돌렸습니다. 알맞은 것을 찾아 ◯표 하세요.

(   )   (   )

2 도형을 오른쪽으로 뒤집고 시계 반대 방향으로 180°만큼 돌렸을 때의 도형을 각각 그려 보세요.

3 도형을 시계 방향으로 180°만큼 돌리고 오른쪽으로 뒤집었을 때의 도형을 각각 그려 보세요.

4 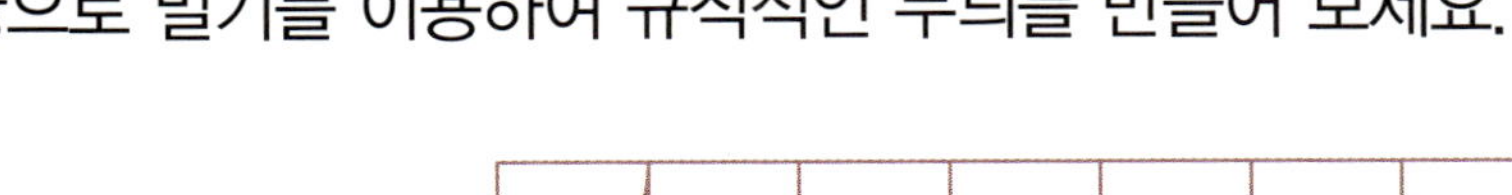 모양으로 밀기를 이용하여 규칙적인 무늬를 만들어 보세요.

준비물 붙임딱지

현지는 크리스마스 리스 안을 도형으로 꾸미려고 합니다.
도형을 시계 방향 또는 시계 반대 방향으로 주어진 각도만큼 돌렸을 때의 도형 붙임딱지를
붙여 보세요.

집중! 드릴 문제

[1~5] 도형을 시계 방향으로 주어진 각도만큼 돌렸을 때의 도형을 그려 보세요.

1
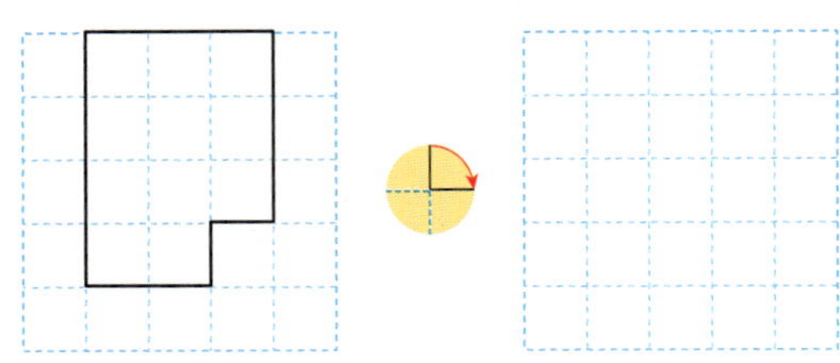

2
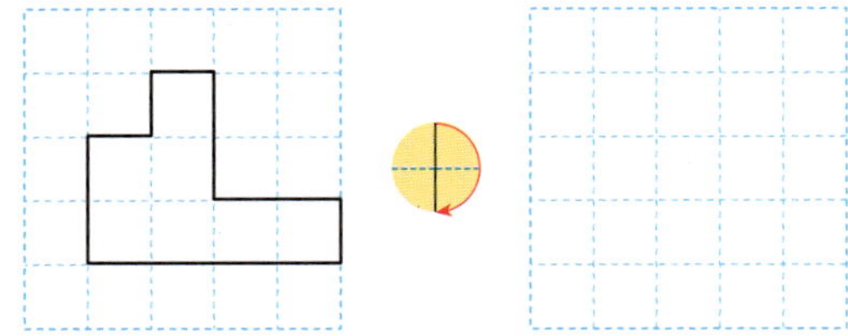

3
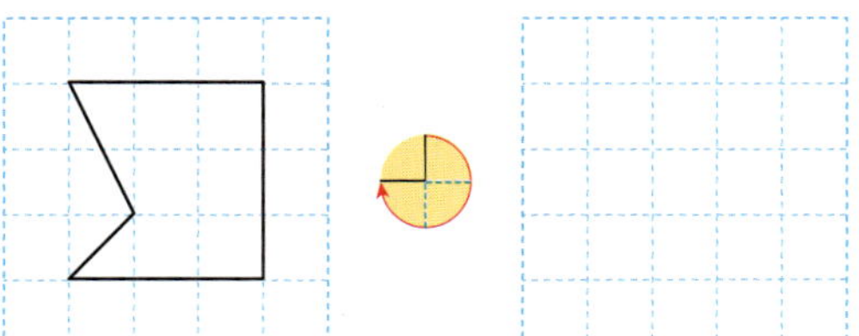

4
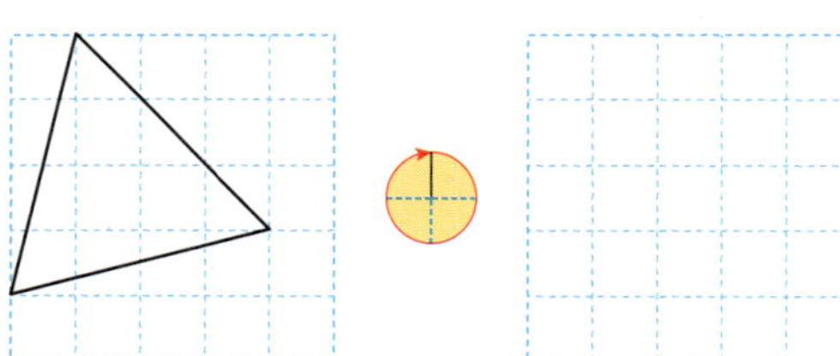

5
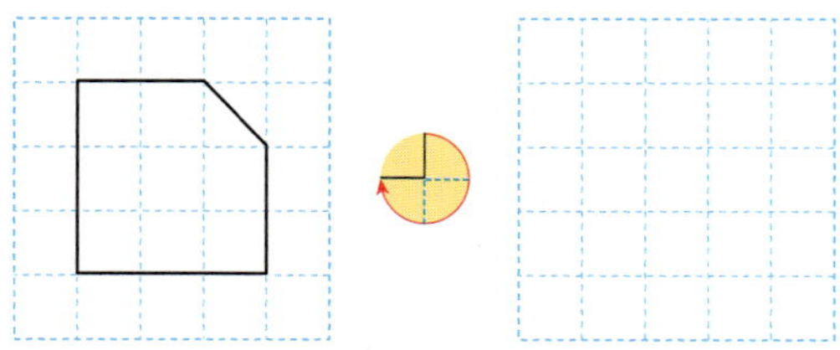

[6~10] 도형을 시계 반대 방향으로 주어진 각도만큼 돌렸을 때의 도형을 그려 보세요.

6
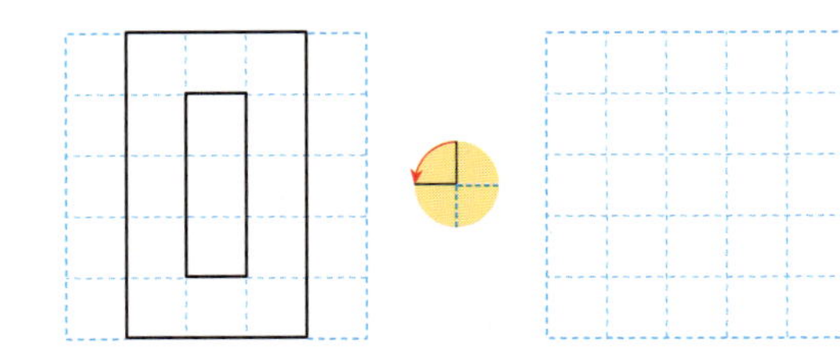

7
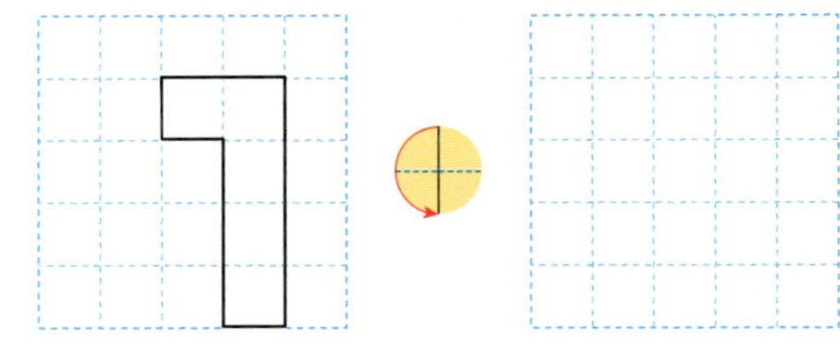

8
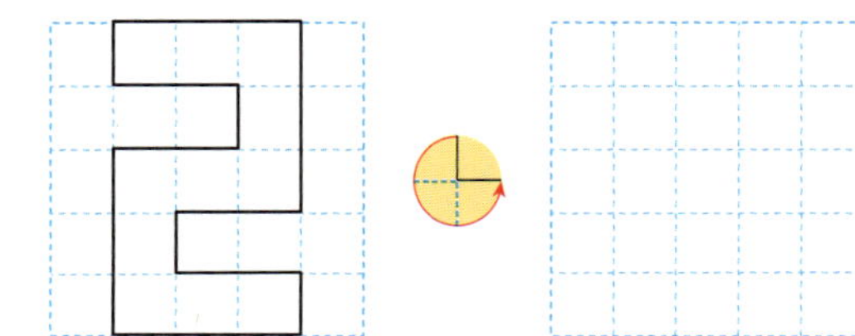

9
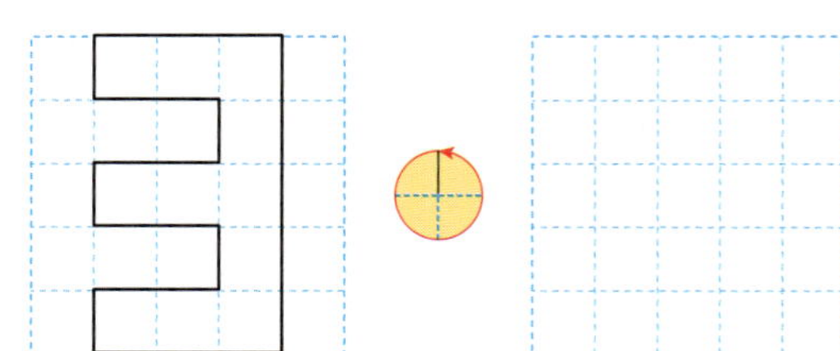

10
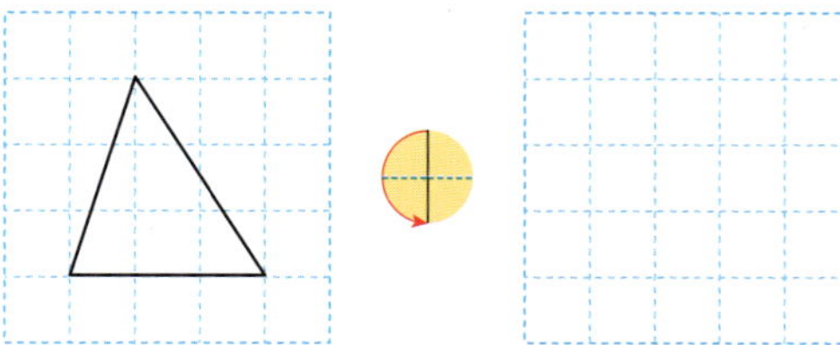

[11~14] 도형을 주어진 방향으로 뒤집고 돌렸을 때의 도형을 각각 그려 보세요.

11

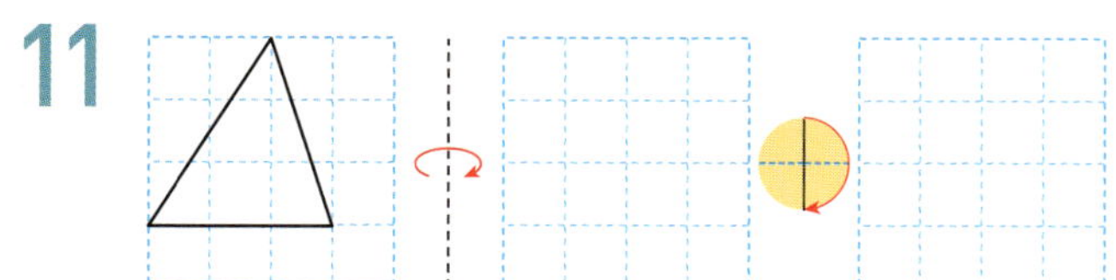

12

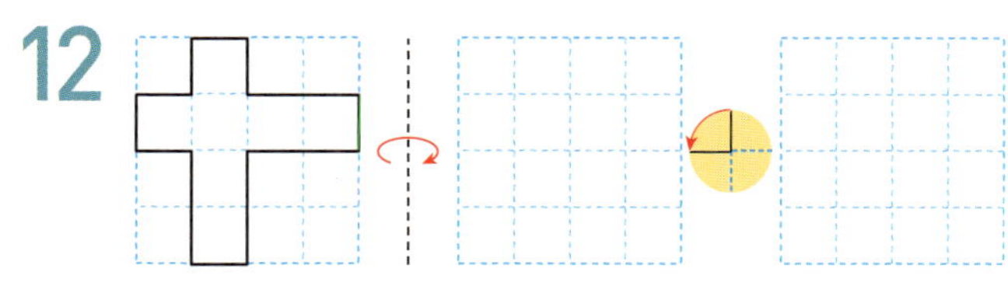

13

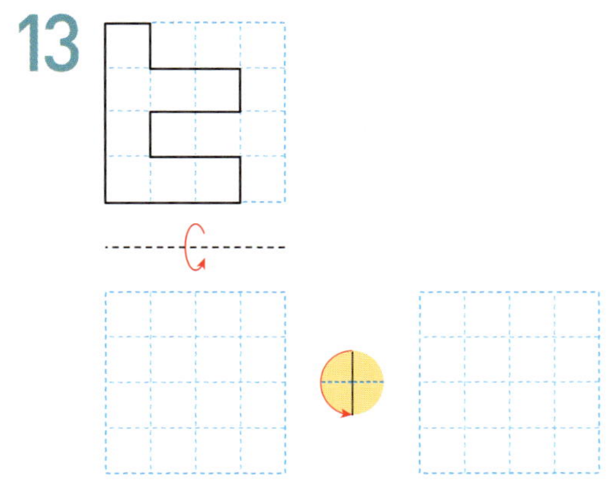

14

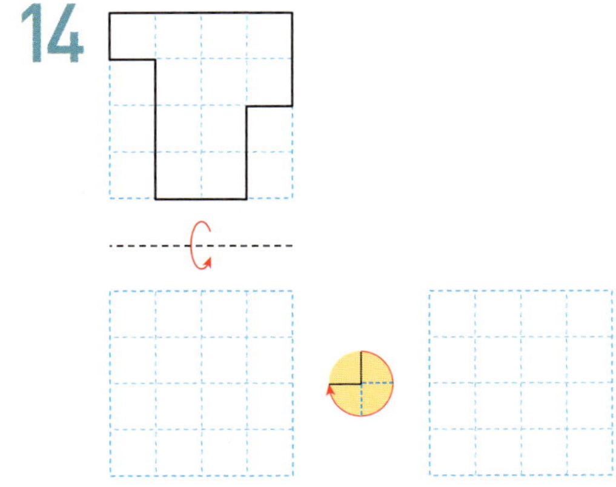

[15~19] 규칙에 따라 무늬를 만들었습니다. 빈칸을 채워 무늬를 완성해 보세요.

15

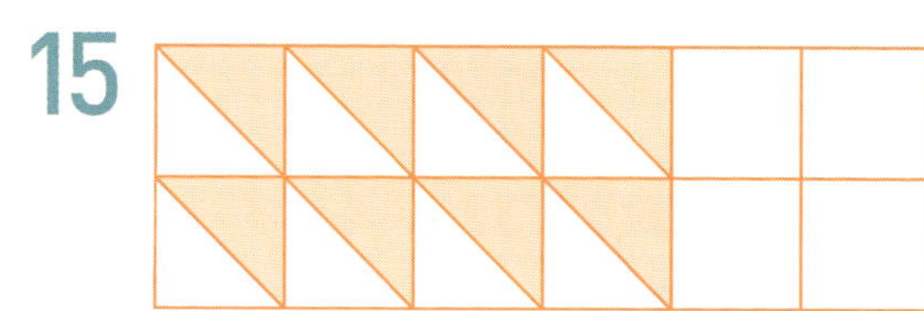

16

17

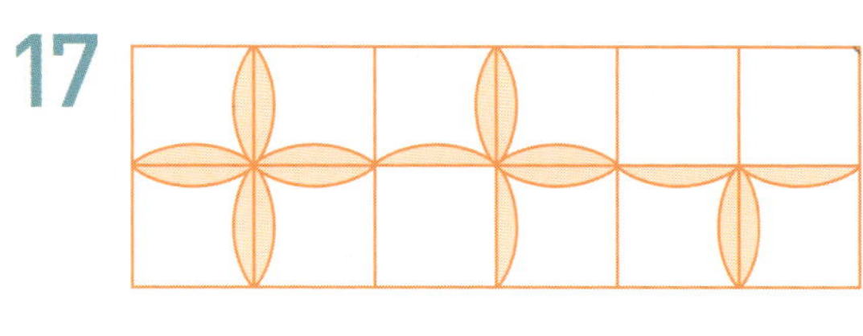

18

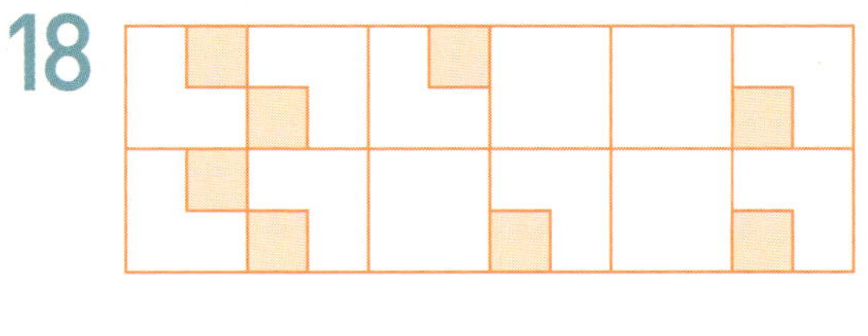

19

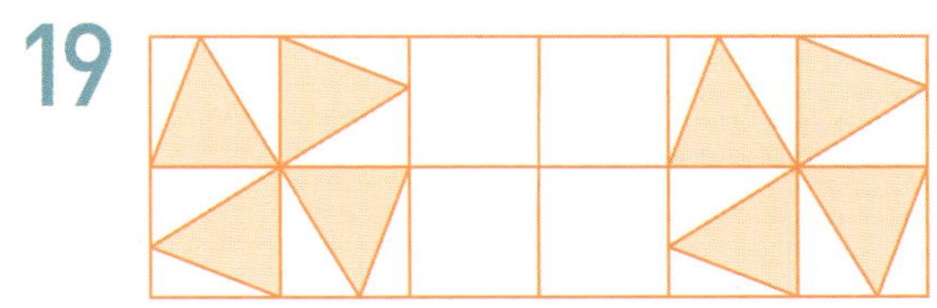

1 모양 조각을 시계 방향으로 90°만큼 돌렸습니다. 알맞은 것을 찾아 ◯표 하세요.

(   ) (   ) (   )

2 도형을 시계 반대 방향으로 주어진 각도만큼 돌렸을 때의 도형을 각각 그려 보세요.

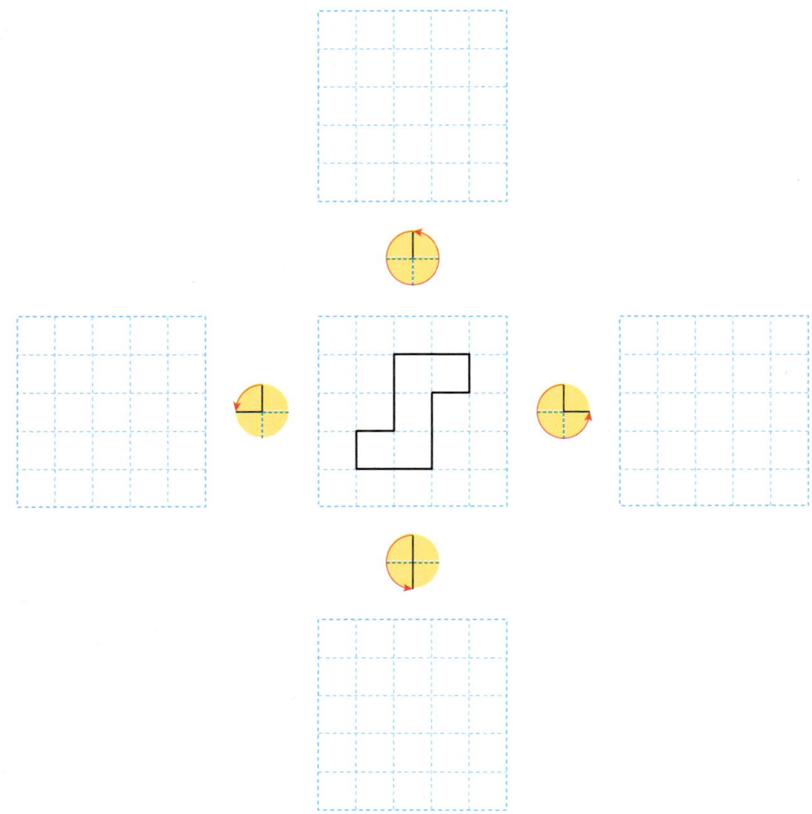

3 도형을 시계 방향으로 270°만큼 돌렸을 때의 도형을 그려 보세요.

(1)   (2)

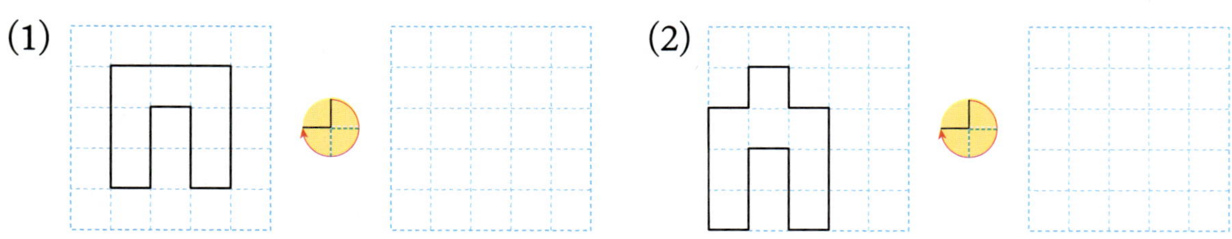

4 알맞은 도형을 보기 에서 골라 □ 안에 기호를 써넣으세요.

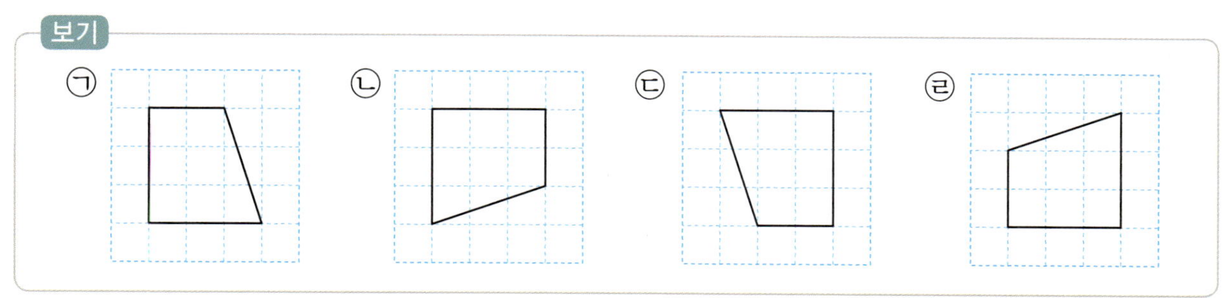

(1) ㉠ 도형을 시계 방향으로 90°만큼 돌리면 □ 도형이 됩니다.

(2) ㉠ 도형을 시계 반대 방향으로 180°만큼 돌리면 □ 도형이 됩니다.

5 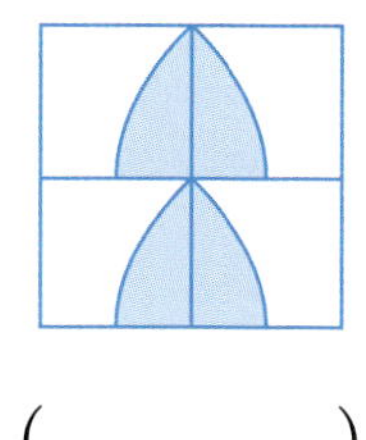 모양으로 돌리기를 이용하여 만든 무늬를 찾아 ○표 하세요.

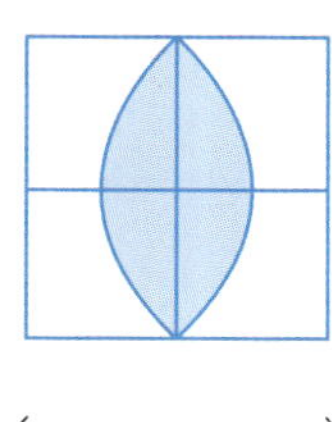 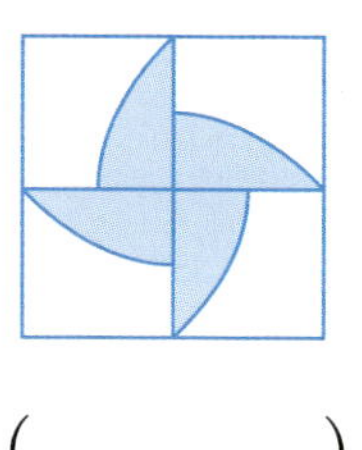

(　　　　) 　　(　　　　) 　　(　　　　)

6 도형을 시계 반대 방향으로 180°만큼 돌리고 오른쪽으로 뒤집었을 때의 도형을 알아보려고 합니다. 보기 에서 알맞은 도형을 찾아 빈 곳에 기호를 써넣으세요.

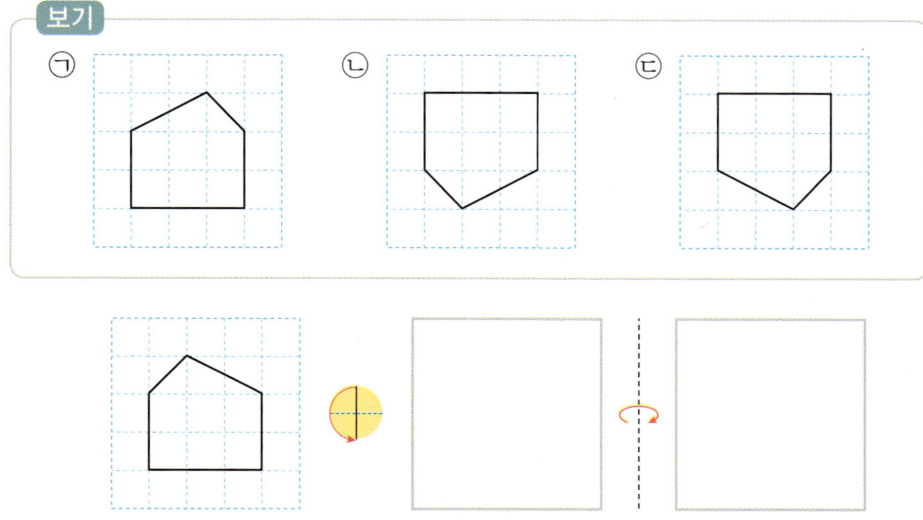

7 도형을 아래쪽으로 뒤집고 시계 방향으로 270°만큼 돌렸을 때의 도형을 각각 그려 보세요.

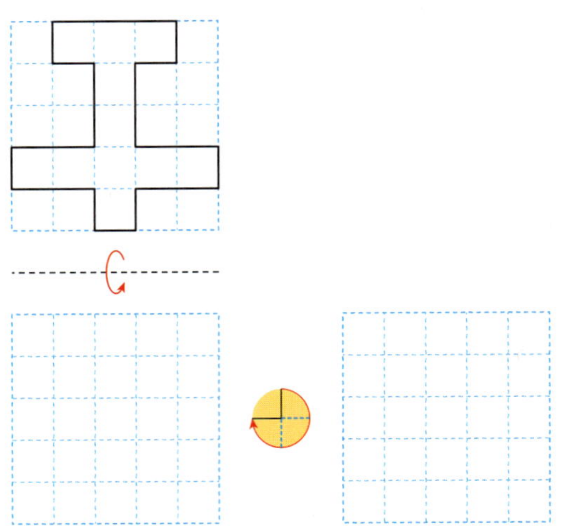

8  모양으로 돌리기를 이용하여 규칙적인 무늬를 만들어 보세요.

9 모양을 이용하여 규칙적인 무늬를 만들었습니다. 빈칸을 채워 무늬를 완성해 보세요.

10 세 자리 수가 적힌 수 카드를 시계 방향으로 180°만큼 돌렸을 때 만들어지는 수를 구해 보세요.

(   )

11 조각을 움직여서 직사각형을 완성하려고 합니다. 물음에 답하세요.

(1) ㉠, ㉡에 들어갈 수 있는 조각은 어느 것인지 찾아보세요.

㉠ (   ), ㉡ (   )

(2) 위 (1)에서 고른 조각을 이용하여 ㉡을 채우려면 어떻게 움직여야 하는지 설명해 보세요.

[　] 조각을 시계 방향으로 [　]°만큼 돌리고 [　　　]으로 뒤집습니다.

1 점 ㄱ을 어떻게 움직이면 점 ㄴ의 위치로 옮길 수 있는지 ☐ 안에 알맞은 말이나 수를 써넣으세요.

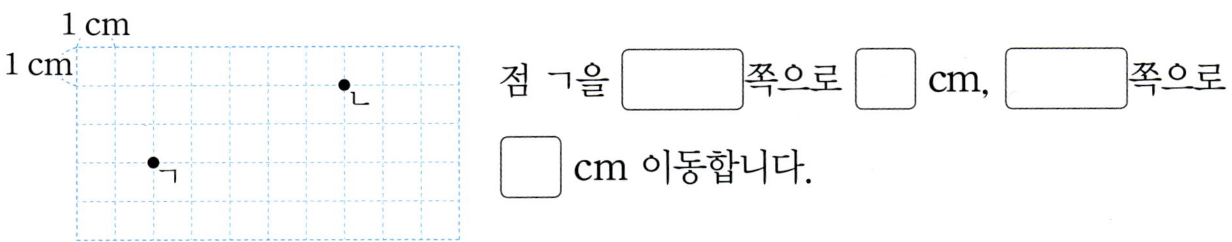

점 ㄱ을 ☐쪽으로 ☐ cm, ☐쪽으로 ☐ cm 이동합니다.

2 도형을 주어진 방향으로 밀었을 때의 도형을 각각 그려 보세요.

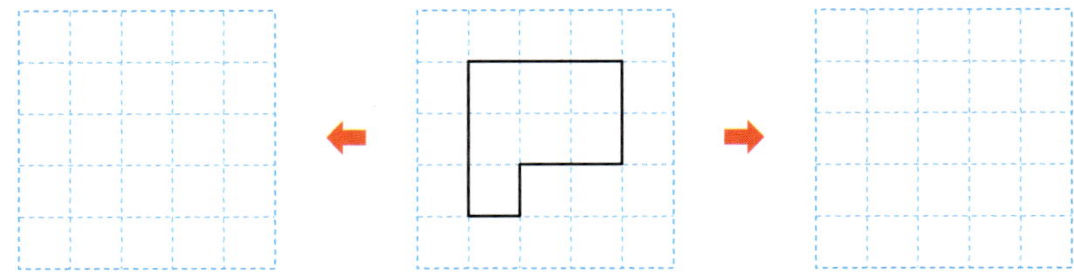

3 뒤집기를 이용하여 규칙적인 무늬를 만들려고 합니다. 빈칸에 알맞은 도형은 어느 것일까요? ·· ( )

 ①  ②  ③  ④  ⑤

4 보기 의 도형을 1번 뒤집었을 때 나올 수 있는 도형을 모두 찾아 ◯표 하세요.

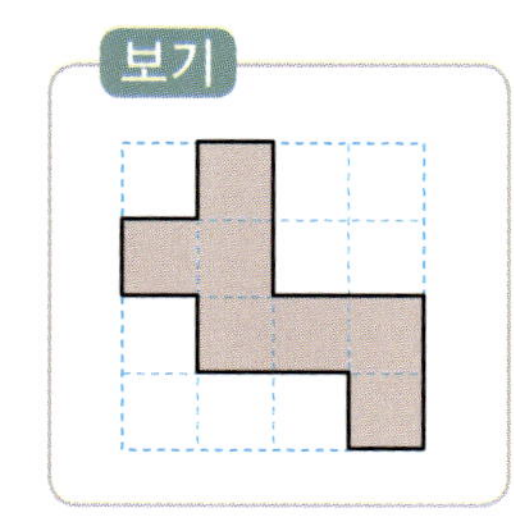

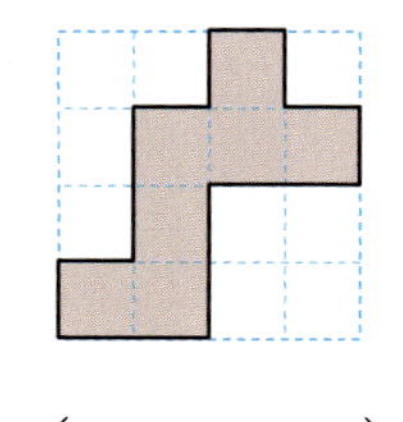 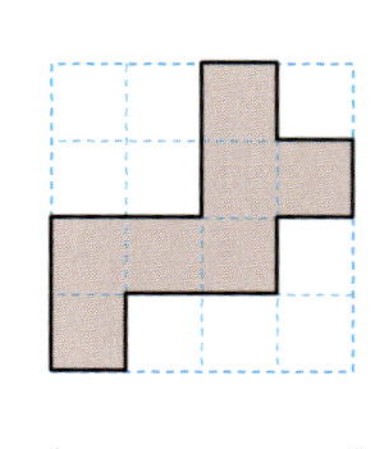 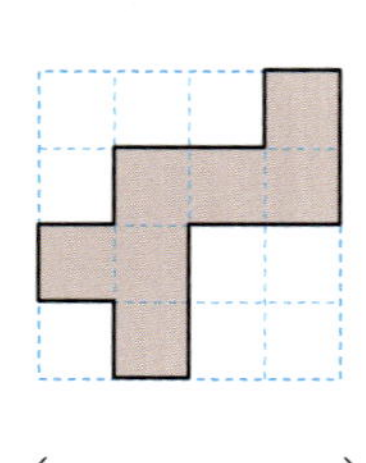

( ) ( ) ( )

5 ㉯ 도형을 밀어서 ㉮ 도형이 되었습니다. 도형의 이동 방법을 설명해 보세요.

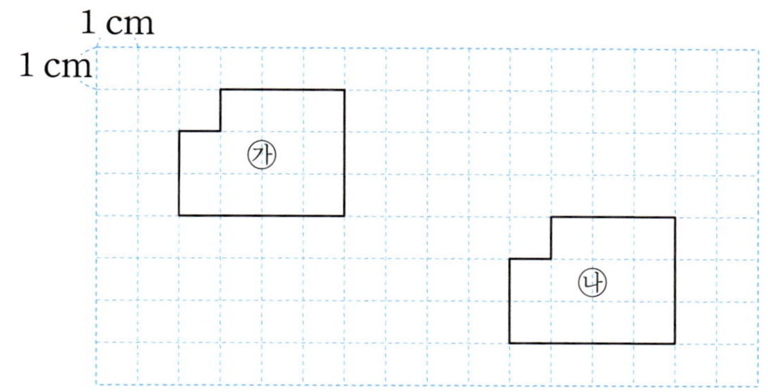

㉮ 도형은 ㉯ 도형을 위쪽으로 ☐ cm 밀고 왼쪽으로 ☐ cm 밀어서 이동한 도형입니다.

6 도형을 뒤집었을 때의 도형을 그려 보세요.

(1) 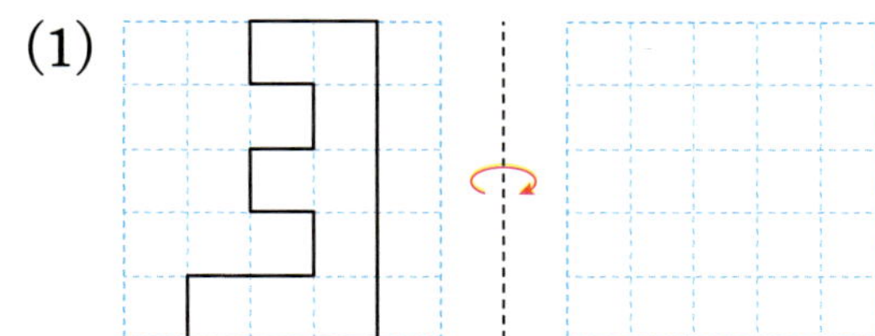

(2) 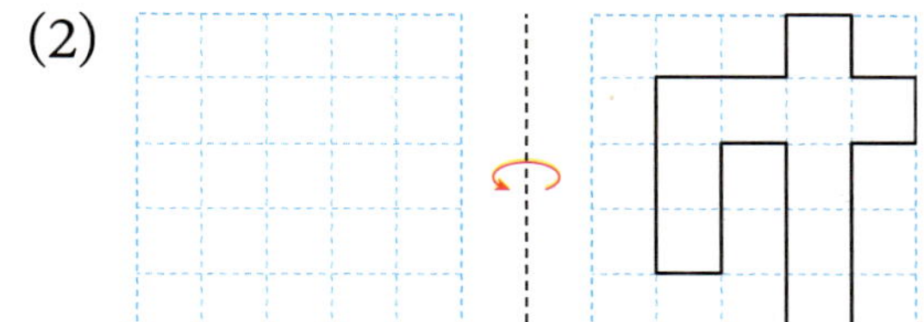

7 조각을 움직여서 직사각형을 완성하려고 합니다. ㉠에 들어갈 수 있는 조각에 ○표 하세요.

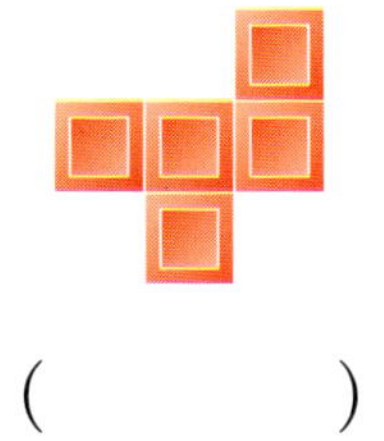

(   )   (   )

8 도형을 시계 방향으로 270°만큼 돌리고 오른쪽으로 뒤집었을 때의 도형을 각각 그려 보세요.

9 왼쪽 도형을 돌려서 오른쪽 도형이 되었습니다. 어떻게 돌린 것인지 모두 찾아 기호를 써 보세요.

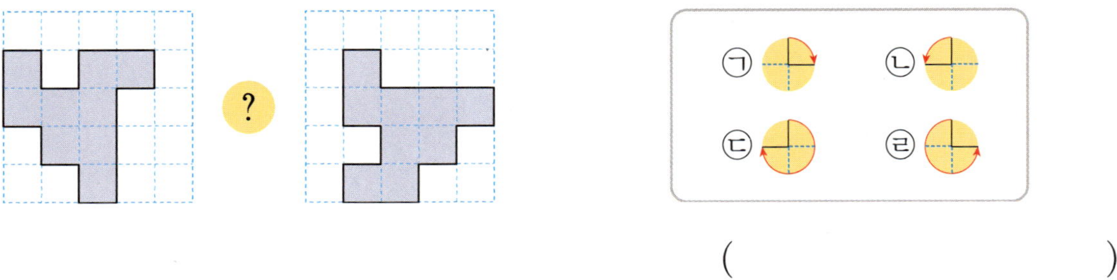

(　　　　　　　　　　　　)

10 어떤 도형을 시계 방향으로 90°만큼 돌렸더니 오른쪽과 같은 도형이 되었습니다. 처음 도형을 그려 보세요.

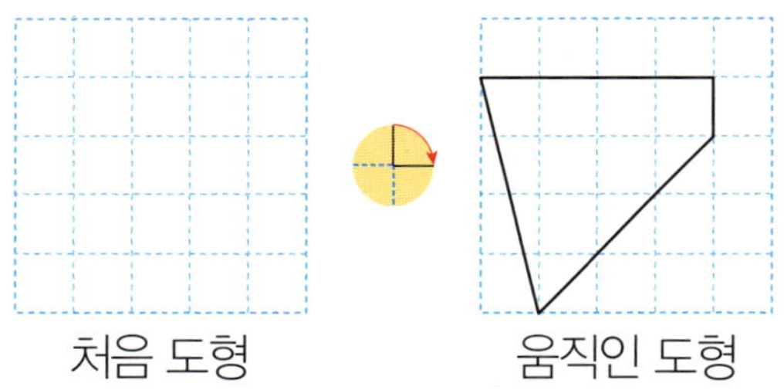

처음 도형　　　　　　움직인 도형

11 도형을 위쪽으로 2번 뒤집고 시계 방향으로 90°만큼 2번 돌렸을 때의 도형을 그려 보세요.

처음 도형　　　　　　움직인 도형

막대그래프

교과서 개념 잡기

개념 1 막대그래프 알아보기

- 조사한 자료를 막대 모양으로 나타낸 그래프를 막대그래프라고 합니다.

기르고 싶은 동물별 학생 수

동물	병아리	강아지	고양이	토끼	합계
학생 수(명)	3	7	6	4	20

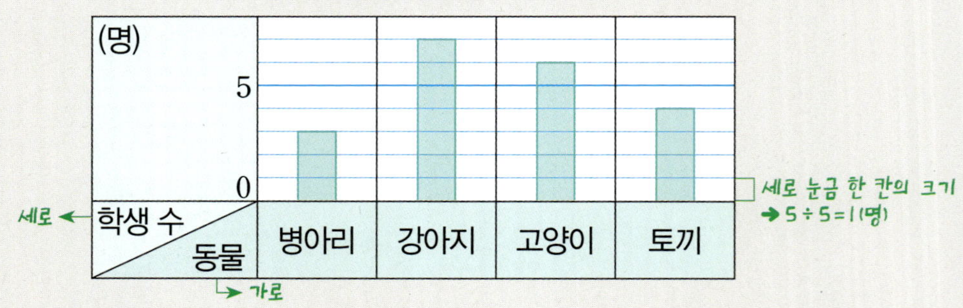

① 가로는 동물, 세로는 학생 수를 나타냅니다.

② 막대의 길이는 기르고 싶은 동물별 학생 수를 나타냅니다.

③ 세로 눈금 5칸이 5명을 나타내므로 세로 눈금 한 칸은 1명을 나타냅니다.

- 그래프의 가로와 세로를 바꾸어 막대를 가로로 나타내기

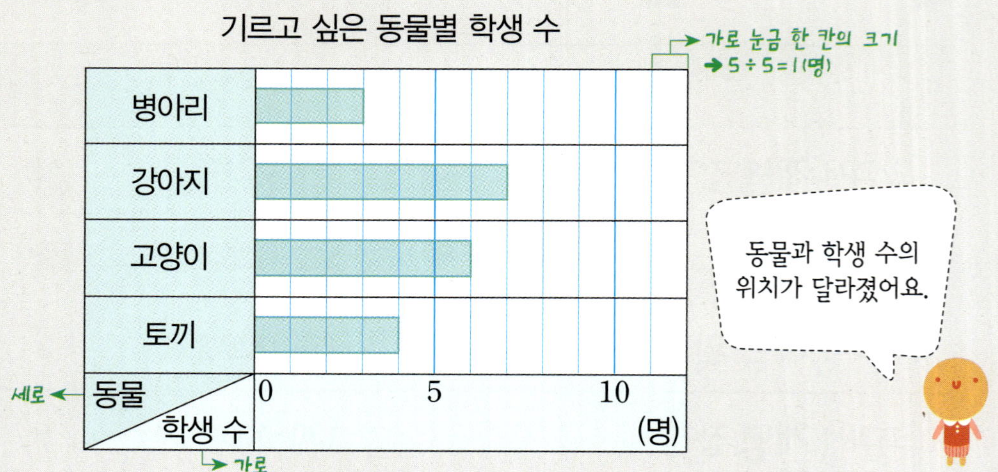

- 표와 막대그래프 비교하기

같은 점	기르고 싶은 동물별 학생 수를 나타냈습니다.
다른 점	표는 각 동물별 학생 수나 전체 학생 수를 알아보기 쉽습니다. 막대그래프는 막대의 길이로 크기 비교를 쉽게 할 수 있습니다.

1 유미네 반 학생들이 좋아하는 과목을 조사하여 나타낸 그래프입니다. ☐ 안에 알맞은 수나 말을 써넣으세요.

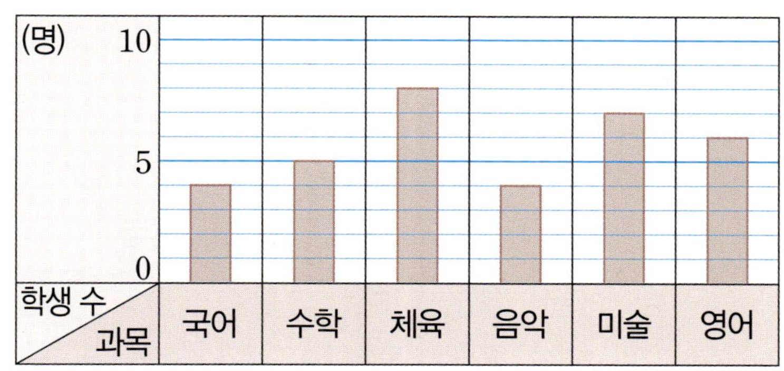

(1) 조사한 자료를 막대 모양으로 나타낸 그래프를 [   ]라고 합니다.

(2) 가로는 [   ]을, 세로는 [   ]를 나타냅니다.

(3) 세로 눈금 한 칸은 [ ]명을 나타냅니다.

2 인호네 반 학생들이 가고 싶은 나라를 조사하여 나타낸 표와 막대그래프입니다. 물음에 답하세요.

가고 싶은 나라별 학생 수

나라	미국	중국	태국	영국	합계
학생 수(명)	14	8	4	6	32

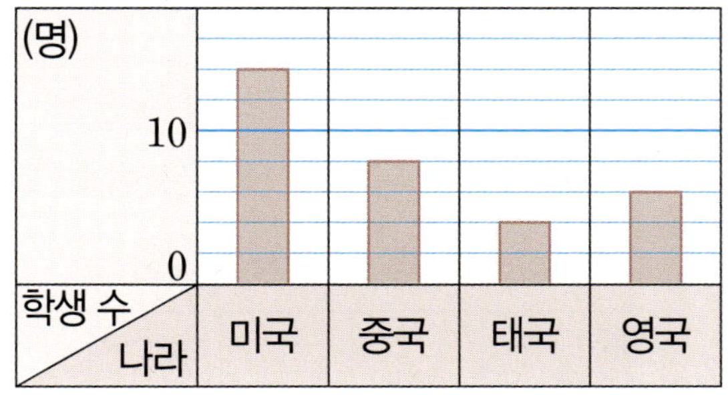

(1) 표와 막대그래프 중 전체 학생 수를 알아보기에 더 편리한 것은 어느 것일까요?

(   )

(2) 표와 막대그래프 중 가장 많은 학생들이 가고 싶은 나라를 한눈에 알아보기에 더 편리한 것은 어느 것일까요?

(   )

개념 ❷ 막대그래프의 내용 알아보기

- 막대그래프를 보고 내용 알아보기

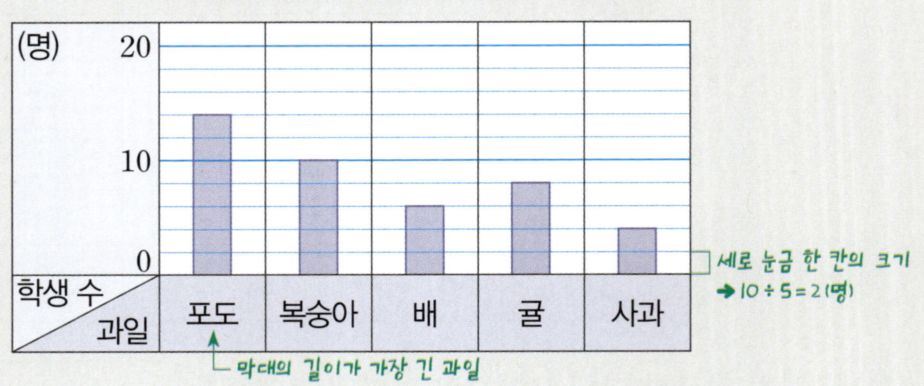

막대그래프에서 알 수 있는 내용

① 막대그래프에서 가로는 과일, 세로는 학생 수를 나타냅니다.

② 가장 많은 학생들이 좋아하는 과일은 막대의 길이가 가장 긴 포도입니다.

③ 가장 적은 학생들이 좋아하는 과일은 막대의 길이가 가장 짧은 사과입니다.

④ 세로 눈금 5칸이 10명을 나타내므로 세로 눈금 한 칸은 2명을 나타냅니다.

⑤ 귤을 좋아하는 학생 수는 세로 눈금 4칸이므로 $2 \times 4 = 8$(명)입니다.

세로 눈금 한 칸의 크기

개념 O X

어느 자동차 회사의 한 달 동안의 자동차 판매량을 조사하여 나타낸 막대그래프입니다. 막대그래프에 나타난 내용을 바르게 설명한 사람에 ◯표, 잘못 설명한 사람에 ✕표 하세요.

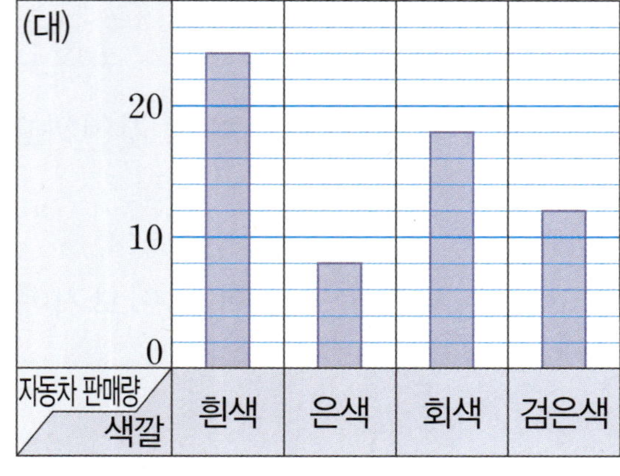

1 희철이네 반 학생들이 좋아하는 체육 활동을 조사하여 나타낸 막대그래프입니다. 물음에 답하세요.

좋아하는 체육 활동별 학생 수

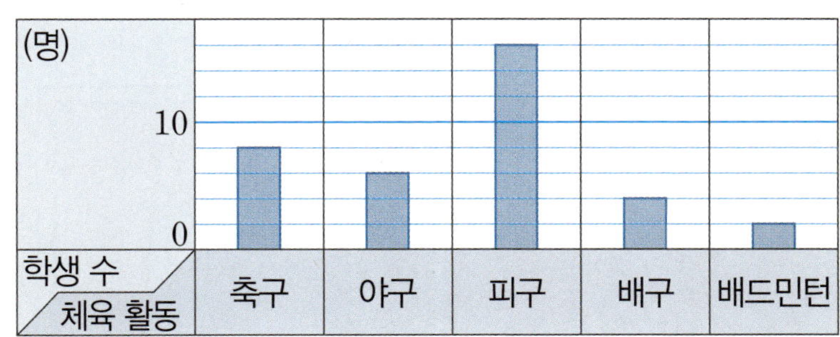

(1) 가로와 세로는 각각 무엇을 나타낼까요?

가로 (   ), 세로 (   )

(2) 세로 눈금 한 칸은 몇 명을 나타낼까요?

(   )

2 서우네 반 학생들이 좋아하는 영화 장르를 조사하여 나타낸 막대그래프입니다. 물음에 답하세요.

영화 장르별 학생 수

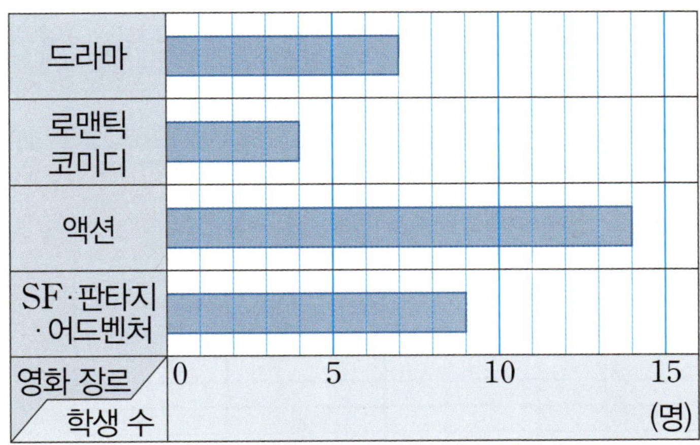

(1) 가장 많은 학생들이 좋아하는 영화 장르는 무엇일까요?

(   )

(2) 액션 영화를 좋아하는 학생은 몇 명일까요?

(   )

현지네 반 학생들이 현장 체험 학습으로 가고 싶은 장소를 조사하여 나타낸 표와 막대그래프입니다. 표와 막대그래프를 보고 오른쪽에서 설명하고 있는 수나 말이 적힌 퍼즐 조각 붙임딱지를 찾아 붙여서 퍼즐을 완성해 보세요.

가고 싶은 장소별 학생 수

장소	동물원	박물관	농장	과학관	합계
학생 수(명)	10	5	7	4	26

가고 싶은 장소별 학생 수

현장 체험 학습으로 가고 싶은 장소는 ☐군데입니다.
막대그래프의 가로가 나타내는 것
가장 많은 학생들이 가고 싶은 곳
현지네 반 학생 수는 ☐명입니다.
막대그래프의 세로가 나타내는 것
두 번째로 많은 학생들이 가고 싶은 곳
막대그래프의 세로 눈금 한 칸은 ☐명입니다.
가장 적은 학생들이 가고 싶은 곳
5
단원
박물관에 가고 싶은 학생은 ☐명입니다.
표와 막대그래프 중 장소별 학생 수를 비교하기 편리한 것

집중! 드릴 문제

[1~4] 은하네 반 학생들이 여름 방학에 배우고 싶은 과목을 조사하여 나타낸 막대그래프입니다. 막대그래프를 보고 알 수 있는 내용을 바르게 설명한 것에 ◯표, 잘못 설명한 것에 ✕표 하세요.

배우고 싶은 과목별 학생 수

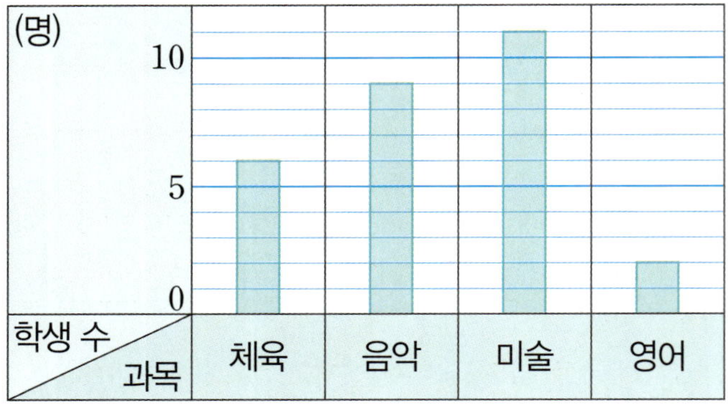

1 가로에는 과목을 나타내었습니다.

( )

2 세로에는 학생 수를 나타내었습니다.

( )

3 가장 많은 학생들이 배우고 싶은 과목은 체육입니다.

( )

4 세로 눈금 한 칸은 2명을 나타냅니다.

( )

[5~8] 준이네 반 학생들이 좋아하는 과일을 조사하여 나타낸 막대그래프입니다. 막대그래프를 보고 알 수 있는 내용을 바르게 설명한 것에 ◯표, 잘못 설명한 것에 ✕표 하세요.

좋아하는 과일별 학생 수

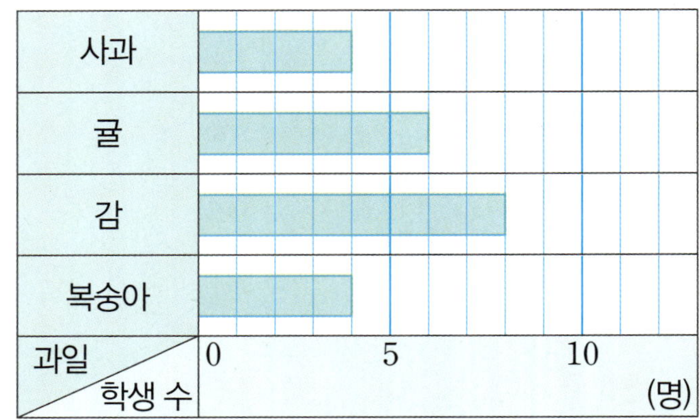

5 가로에는 과일을 나타내었습니다.

( )

6 막대의 길이는 좋아하는 과일별 학생 수를 나타냅니다.

( )

7 두 번째로 많은 학생들이 좋아하는 과일은 귤입니다.

( )

8 사과를 좋아하는 학생 수는 복숭아를 좋아하는 학생 수와 같습니다.

( )

[9~12] 아라네 반 학생들이 좋아하는 간식을 조사하여 나타낸 막대그래프입니다. 물음에 답하세요.

좋아하는 간식별 학생 수

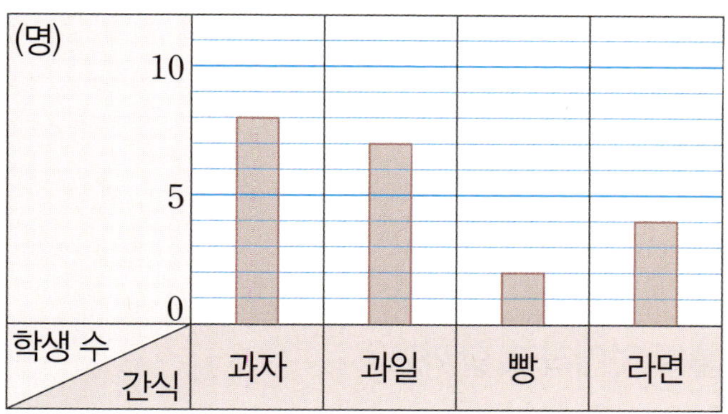

9 가로는 무엇을 나타낼까요?

( )

10 세로는 무엇을 나타낼까요?

( )

11 가장 많은 학생들이 좋아하는 간식은 무엇일까요?

( )

12 과일을 좋아하는 학생은 몇 명일까요?

( )

[13~16] 재석이네 학교 학생들이 태어난 계절을 조사하여 나타낸 막대그래프입니다. 물음에 답하세요.

태어난 계절별 학생 수

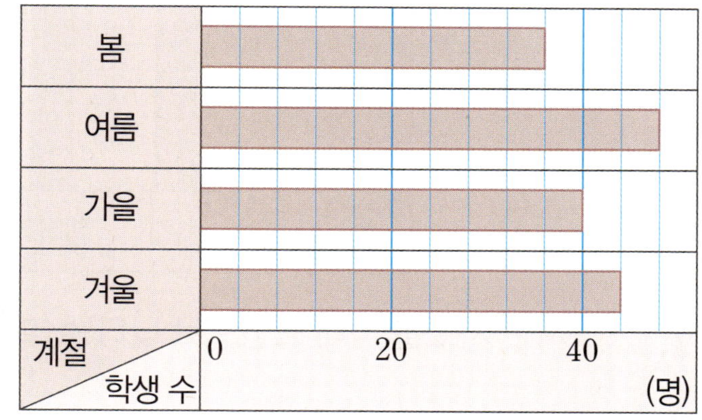

13 세로는 무엇을 나타낼까요?

( )

14 막대의 길이는 무엇을 나타낼까요?

( )

15 가로 눈금 한 칸은 몇 명을 나타낼까요?

( )

16 가장 적은 학생들이 태어난 계절은 무엇일까요?

( )

[1~4] 준수네 반 학생들이 좋아하는 간식을 조사하여 나타낸 그래프입니다. 물음에 답하세요.

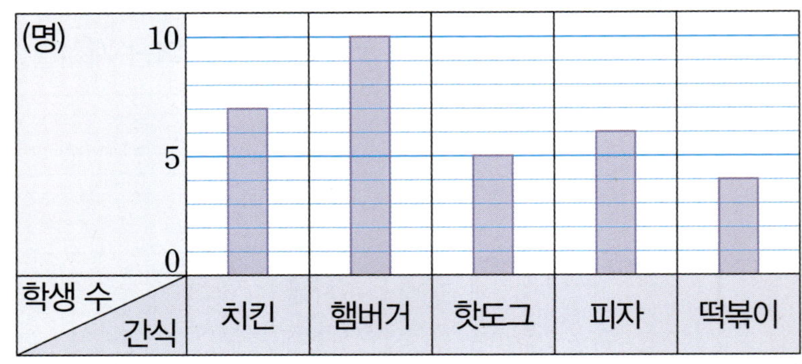

1 조사한 자료를 막대 모양으로 나타낸 그래프를 무엇이라고 할까요?

(   )

2 막대의 길이는 무엇을 나타낼까요?

(   )

3 세로 눈금 한 칸은 몇 명을 나타낼까요?

(   )

4 피자를 좋아하는 학생은 몇 명일까요?

(   )

[5~8] 영미네 반 학생들이 배우고 싶은 악기를 조사하여 나타낸 표와 막대그래프입니다.
물음에 답하세요.

배우고 싶은 악기별 학생 수

악기	피아노	드럼	바이올린	기타	합계
학생 수(명)	8	3	7	10	28

배우고 싶은 악기별 학생 수

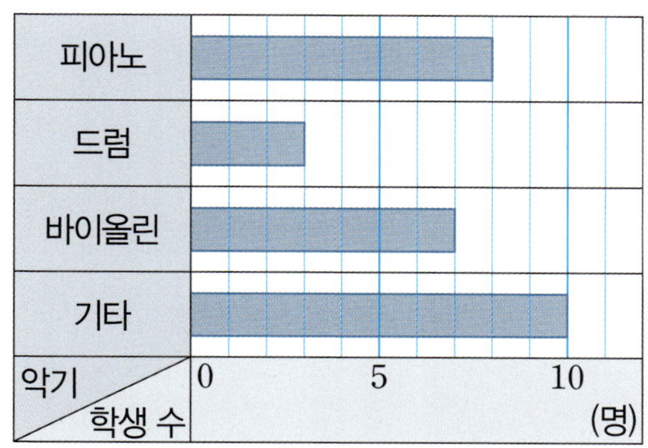

5 막대그래프의 가로와 세로는 각각 무엇을 나타낼까요?

가로 (   ), 세로 (   )

6 피아노를 배우고 싶은 학생 수는 드럼을 배우고 싶은 학생 수보다 몇 명 더 많은지 구해 보세요.

(   )

7 표와 막대그래프 중 전체 학생 수를 알아보기에 어느 것이 더 편리할까요?

(   )

8 표와 막대그래프 중 학생들이 가장 배우고 싶은 악기를 한눈에 알아보기에 어느 것이 더 편리할까요?

(   )

[9~12] 민주네 아파트에서 하루 동안 버려진 쓰레기 양을 조사하여 나타낸 막대그래프입니다. 물음에 답하세요.

종류별 쓰레기 양

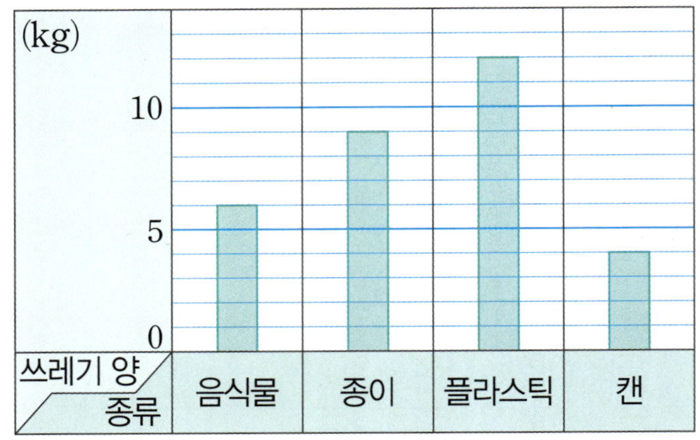

9 세로 눈금 한 칸은 몇 kg을 나타낼까요?

( )

10 버려진 쓰레기 중 종이는 몇 kg일까요?

( )

11 가장 많이 버려진 쓰레기는 무엇일까요?

( )

12 가장 적게 버려진 쓰레기는 무엇일까요?

( )

[13~16] 가은이네 학교 4학년 학생들의 장래 희망을 조사하여 나타낸 막대그래프입니다.
물음에 답하세요.

장래 희망별 학생 수

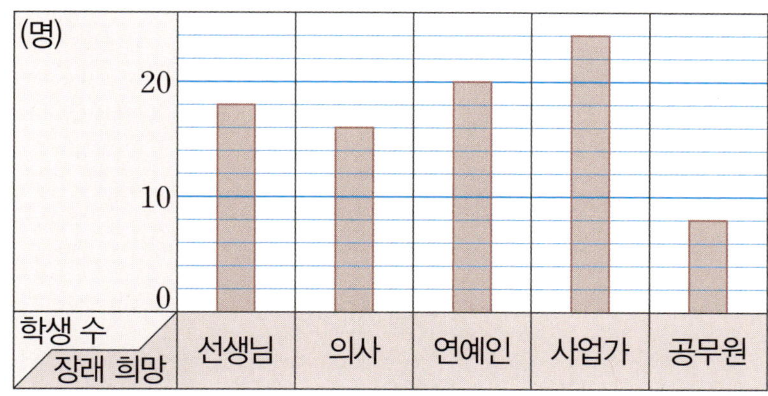

13 세로 눈금 한 칸은 몇 명을 나타낼까요?

( )

14 가장 많은 학생들이 희망하는 직업은 무엇일까요?

( )

15 두 번째로 많은 학생들이 희망하는 직업은 무엇일까요?

( )

16 조사한 학생 수는 모두 몇 명일까요?

( )

개념 ③ 막대그래프로 나타내는 방법

⭐ **막대그래프로 나타내는 방법**

① 가로와 세로에 무엇을 나타낼지 정합니다.

② 눈금 한 칸의 크기와 눈금의 수를 정합니다.
→ 조사한 수 중 가장 큰 수를 나타낼 수 있어야 합니다.

③ 조사한 수에 맞도록 막대를 그립니다.

④ 막대그래프에 알맞은 제목을 붙입니다.

메뉴별 판매량

메뉴	김밥	떡볶이	순대	어묵	합계
판매량(인분)	5	10	4	8	27

가장 큰 수

④— 메뉴별 판매량

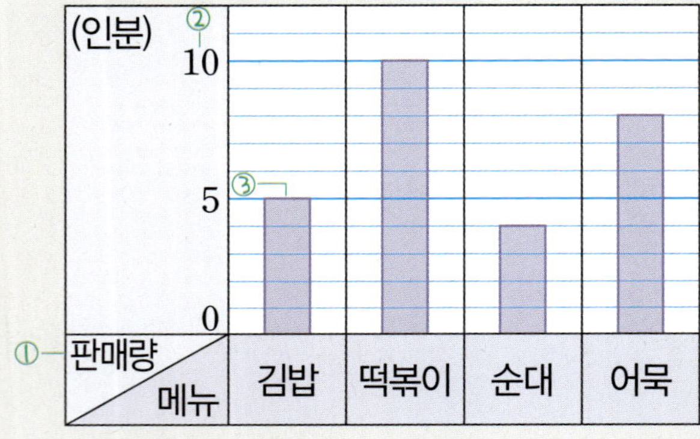

① 가로에 메뉴를, 세로에 판매량을 나타냅니다.

② 눈금 한 칸의 크기를 1인분으로 하면 떡볶이의 판매량이 10인분이므로 세로 눈금이 10칸까지는 있어야 합니다.

③ 김밥 5칸, 떡볶이 10칸, 순대 4칸, 어묵 8칸으로 막대를 그립니다.

④ 제목을 메뉴별 판매량으로 붙입니다.

개념 ④ 자료를 수집하여 분석하기

• 조사한 자료를 표로 정리하고 막대그래프로 나타내기

① 자료 조사하기 ➡ ② 표로 정리하기 ➡ ③ 막대그래프로 나타내기

좋아하는 색깔

분홍색	노란색	파란색

좋아하는 색깔별 학생 수

색깔	분홍색	노란색	파란색	합계
학생 수(명)	5	4	3	12

좋아하는 색깔별 학생 수

1 한 달 동안 학생들의 도서관 방문 횟수를 조사하여 나타낸 표입니다. 표를 보고 막대그래프로 나타내어 보세요.

학생별 도서관 방문 횟수

학생	한재	혜원	명수	합계
방문 횟수(번)	4	6	2	12

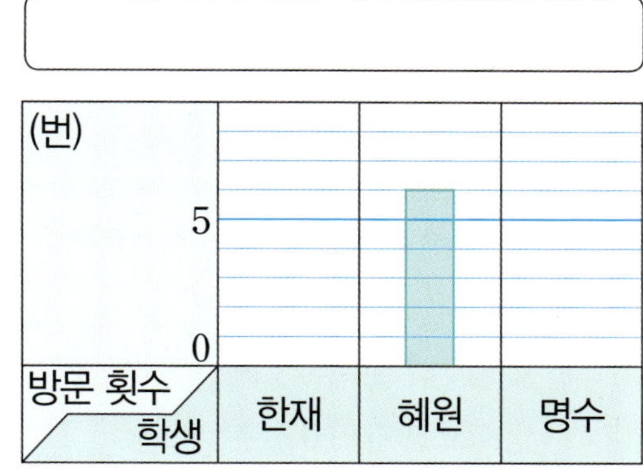

2 학생들이 좋아하는 계절을 조사하여 나타낸 자료입니다. 물음에 답하세요.

좋아하는 계절

(1) 조사한 자료를 보고 표로 나타내어 보세요.

좋아하는 계절별 학생 수

계절	봄	여름	가을	겨울	합계
학생 수(명)					

(2) 표를 보고 막대그래프로 나타내어 보세요.

좋아하는 계절별 학생 수

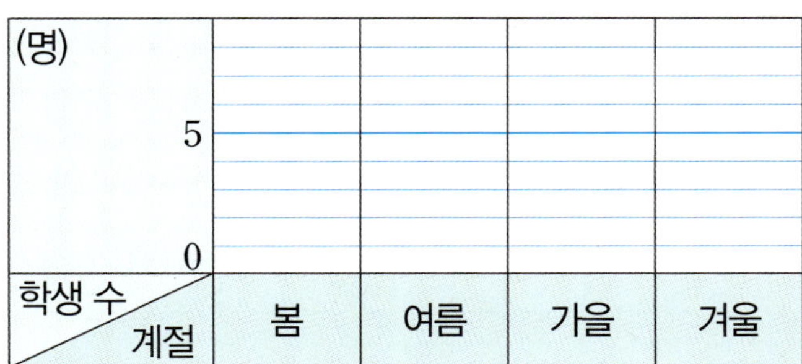

개념 ⑤ 막대그래프로 이야기 만들기

- 이야기를 읽고 막대그래프 완성하기

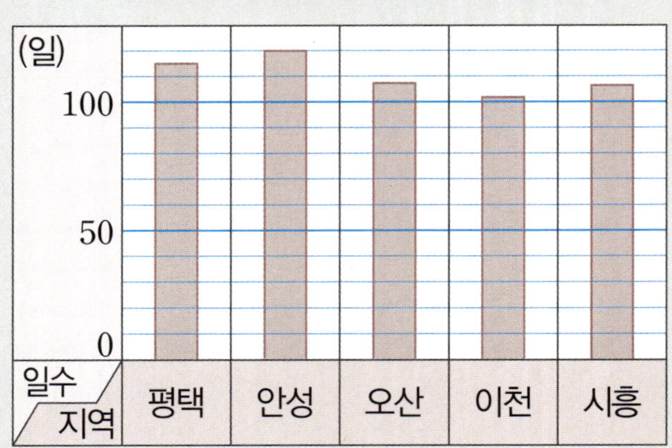
지역별 초미세먼지 '나쁨 이상' 일수

이야기를 막대그래프로 나타내면 한눈에 비교할 수 있습니다.

- 막대그래프를 보고 이야기 만들기

올림픽 개최지별 경기 종목 수

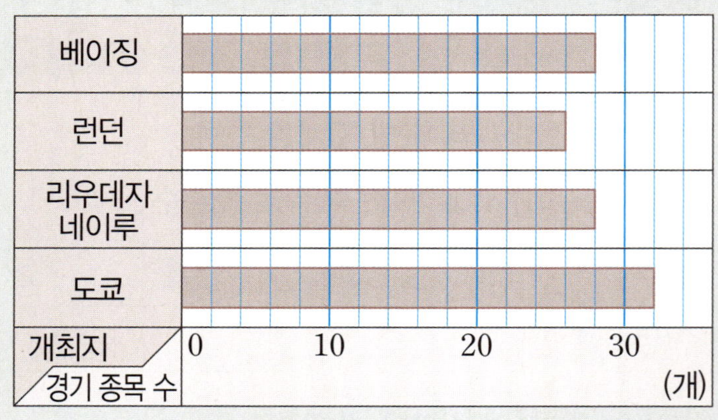

막대그래프를 보고 알 수 있는 내용

① 4년에 한 번씩 열리는 올림픽의 경기 종목 수는 매번 바뀔 수 있습니다.

② 베이징 올림픽의 경기 종목 수와 리우데자네이루 올림픽의 경기 종목 수는 같습니다.

③ 도쿄 올림픽의 경기 종목 수는 리우데자네이루 올림픽의 경기 종목 수보다 많습니다.

1 조사한 내용을 보고 표와 막대그래프로 나타내어 보세요.

100명을 대상으로 지난 1년간 가장 많이 한 여가활동을 알아보는 조사에서 휴식이 60명, 취미 · 오락 활동이 30명, 스포츠 참여 활동이 10명인 것으로 나타났습니다.

여가활동별 사람 수

여가활동	휴식	취미 · 오락 활동	스포츠 참여 활동	합계
사람 수(명)	60			

여가활동별 사람 수

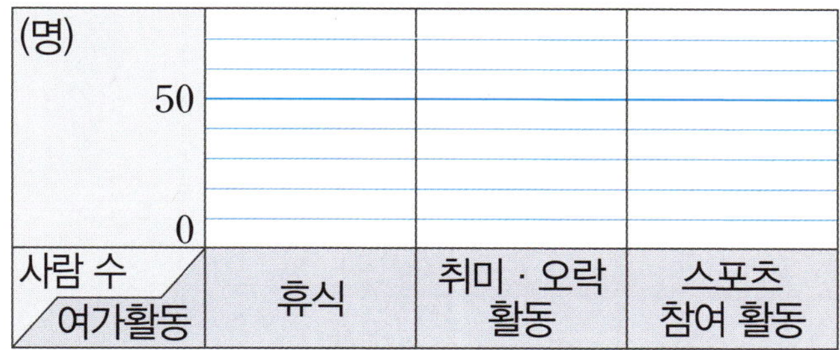

2 민지네 반 학생들이 좋아하는 놀이기구를 조사한 것입니다. 조사한 내용을 보고 표와 막대그래프로 나타내어 보세요.

회전목마를 좋아하는 학생은 7명, 롤러코스터를 좋아하는 학생은 12명, 회전그네를 좋아하는 학생은 10명, 범퍼카를 좋아하는 학생은 4명입니다.

좋아하는 놀이기구별 학생 수

놀이기구	회전목마	롤러코스터	회전그네	범퍼카	합계
학생 수(명)	7				

좋아하는 놀이기구별 학생 수

학생들이 좋아하는 간식

준비물 붙임딱지

현지네 반 학생들이 좋아하는 간식을 조사한 것입니다.
조사한 결과를 표로 정리하고 막대그래프로 나타내어 보세요.

좋아하는 간식

연주	가을	채민	동호	영민
떡꼬치	핫도그	돈가스	핫도그	샌드위치
정수	혜미	민주	은지	현준
샌드위치	핫도그	샌드위치	떡꼬치	핫도그
민기	세형	정미	슬기	현지
돈가스	떡꼬치	샌드위치	샌드위치	샌드위치
수빈	청호	보라	다솔	기하
핫도그	샌드위치	돈가스	핫도그	떡꼬치

간식별로 좋아하는 학생의 수만큼 간식 붙임딱지를 붙여 보세요.

좋아하는 간식

떡꼬치	
핫도그	
돈가스	
샌드위치	

조사한 결과를 표로 정리해 보세요.

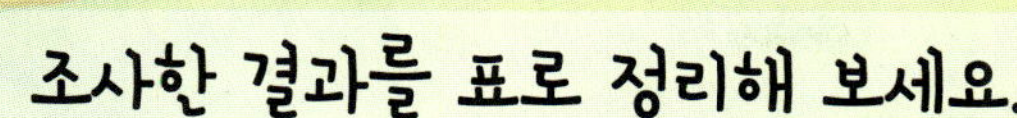

좋아하는 간식별 학생 수

간식	떡꼬치	핫도그	돈가스	샌드위치	합계
학생 수(명)	4				20

표를 보고 막대그래프를 2가지 방법으로 나타내어 보세요.

좋아하는 간식별 학생 수

좋아하는 간식별 학생 수

[1~3] 응수네 반 학생들이 좋아하는 아이스크림을 조사하여 나타낸 표입니다. 표를 보고 막대그래프로 나타내려고 합니다. 물음에 답하세요.

좋아하는 아이스크림별 학생 수

아이스크림	초콜릿	바닐라	딸기	합계
학생 수(명)	10	8	9	27

1 세로에 학생 수를 나타낸다면 가로에는 무엇을 나타내어야 할까요?

( )

2 세로 눈금 한 칸을 1명으로 나타낸다면 바닐라는 몇 칸으로 나타내어야 할까요?

( )

3 표를 보고 막대그래프로 나타내어 보세요.

[4~6] 영재가 하루 동안 여가 시간에 한 활동을 조사하여 나타낸 표입니다. 표를 보고 막대그래프로 나타내려고 합니다. 물음에 답하세요.

활동별 여가 시간

활동	운동	컴퓨터	독서	합계
여가 시간(분)	40	60	60	160

4 가로에 활동을 나타낸다면 세로에는 무엇을 나타내어야 할까요?

( )

5 세로 눈금 한 칸을 10분으로 나타낸다면 운동은 몇 칸으로 나타내어야 할까요?

( )

6 표를 보고 막대그래프로 나타내어 보세요.

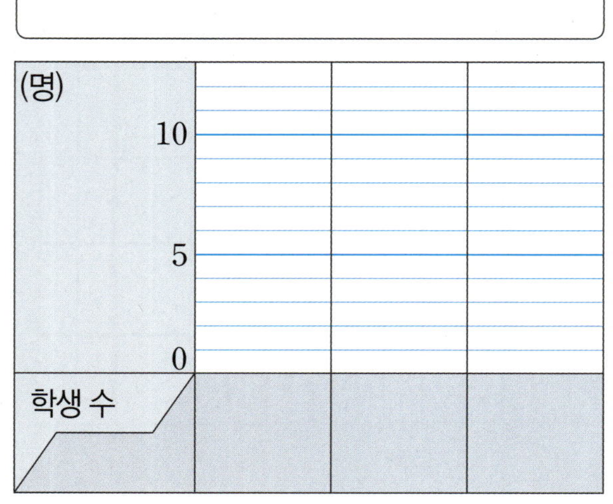

[7~9] 영우네 반 학생들이 꽃밭에 심은 꽃의 수를 조사하여 나타낸 표입니다. 표를 보고 막대그래프로 나타내려고 합니다. 물음에 답하세요.

종류별 꽃의 수

종류	수선화	데이지	유채	합계
꽃의 수(송이)	6	10	8	24

7 세로에 종류를 나타낸다면 가로에는 무엇을 나타내어야 할까요?

( )

8 가로 눈금 한 칸을 1송이로 나타낸다면 가로 눈금은 적어도 몇 칸까지 있어야 할까요?

( )

9 표를 보고 막대그래프로 나타내어 보세요.

수선화		
데이지		
유채		
종류	0	

( )

[10~12] 태형이네 반 학생들의 모둠별 모둠 활동 점수를 조사하여 나타낸 표입니다. 표를 보고 막대그래프로 나타내려고 합니다. 물음에 답하세요.

모둠별 모둠 활동 점수

모둠	1모둠	2모둠	3모둠	4모둠	합계
점수(점)	75	85	90	80	330

10 가로에 점수를 나타낸다면 세로에는 무엇을 나타내어야 할까요?

( )

11 가로 눈금 한 칸을 5점으로 나타낸다면 가로 눈금은 적어도 몇 칸까지 있어야 할까요?

( )

12 표를 보고 막대그래프로 나타내어 보세요.

0 10 20 30 40 50 60 70 80 90

점수 (점)

교과서 개념 확인 문제 

[1~4] 민후네 반 학생들의 혈액형을 조사하여 나타낸 표입니다. 물음에 답하세요.

혈액형별 학생 수

혈액형	A형	B형	O형	AB형	합계
학생 수(명)	11	5	7	6	29

1 막대가 세로로 된 막대그래프를 그릴 때 가로와 세로에는 각각 무엇을 나타내어야 할까요?

가로 (   )

세로 (   )

2 세로 눈금 한 칸을 1명으로 나타낸다면 세로 눈금은 적어도 몇 칸까지 있어야 할까요?

(   )

3 세로 눈금 한 칸을 1명으로 나타낸다면 AB형인 학생 수는 몇 칸으로 나타내어야 할까요?

(   )

4 표를 보고 막대그래프로 나타내어 보세요.

혈액형별 학생 수

학생 수 / 혈액형	A형	B형	O형	AB형

[5~7] 채민이네 반 학생들이 좋아하는 과목을 조사한 것입니다. 물음에 답하세요.

5 조사한 결과를 표로 정리해 보세요.

좋아하는 과목별 학생 수

과목	영어	수학	음악	체육	합계
학생 수(명)					

6 막대가 세로로 된 막대그래프를 그릴 때 가로와 세로에는 각각 무엇을 나타내어야 할까요?

가로 (   )

세로 (   )

5
단원

7 표를 보고 막대그래프로 나타내어 보세요.

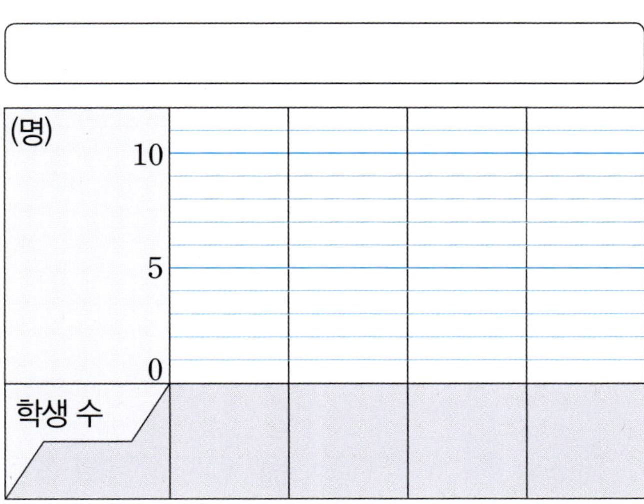

[8~10] 과수원별 사과 수확량을 조사하여 나타낸 표입니다. 물음에 답하세요.

과수원별 사과 수확량

과수원	소망	사랑	금빛	행복	합계
사과 수확량(kg)	80	50	100	70	300

8 세로 눈금 한 칸을 10 kg으로 나타낸다면 행복 과수원의 사과 수확량은 몇 칸으로 나타내어야 할까요?

(   )

9 표를 보고 막대그래프로 나타내어 보세요.

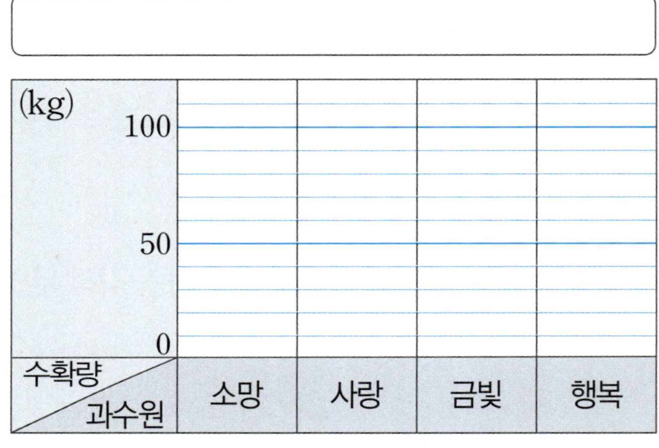

10 막대가 가로인 막대그래프로 나타내려고 합니다. 사과 수확량이 적은 과수원부터 위에서 차례대로 나타나도록 막대그래프를 완성해 보세요.

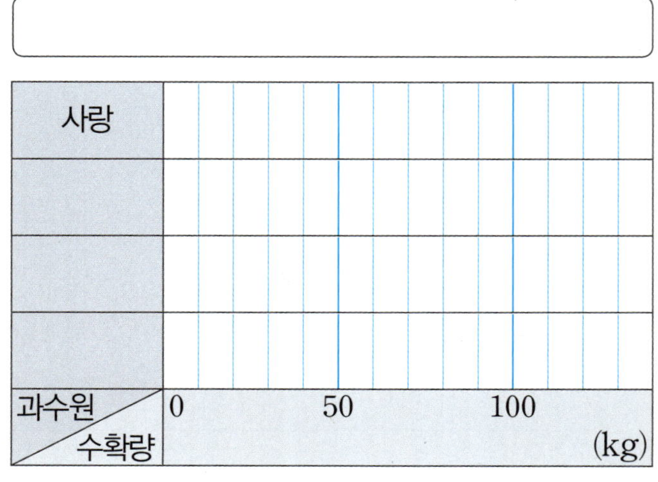

[11~14] 이야기를 읽고 물음에 답하세요.

> 영미는 학교에서 도서관까지 가는 방법에 따라 걸리는 시간을 조사했습니다. 그 결과
> 걸어서 11분, 자동차로 6분, 버스로 7분, 지하철로 8분이 걸렸습니다.

11 이야기를 읽고 막대그래프를 완성해 보세요.

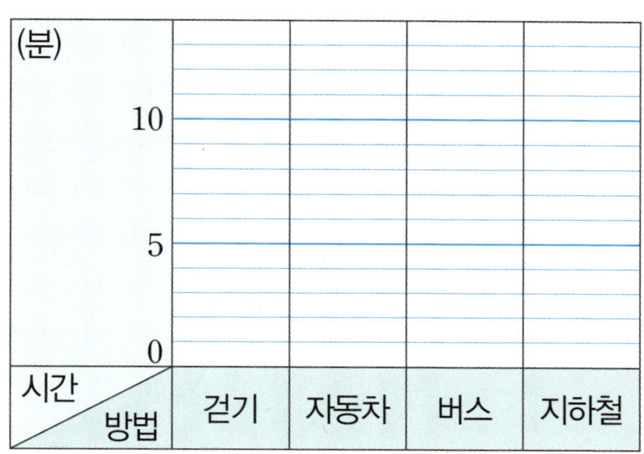

12 학교에서 도서관까지 가는 데 시간이 가장 적게 걸리는 방법은 무엇일까요?

( )

13 학교에서 도서관까지 지하철로 갈 때와 걸어서 갈 때 걸리는 시간의 차는 몇 분일까요?

( )

14 학교에서 도서관까지 가는 데 시간이 적게 걸리는 방법부터 차례로 써 보세요.

( )

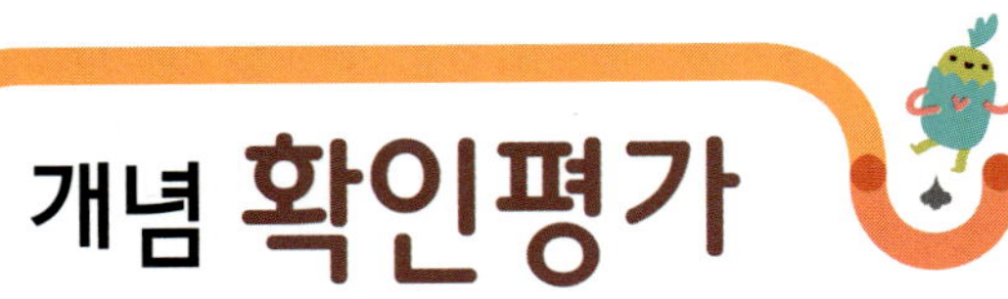

개념 확인평가

5. 막대그래프

[1~2] 학생들이 여름 방학에 여행 가고 싶은 지역을 조사하여 나타낸 막대그래프입니다. 물음에 답하세요.

여행 가고 싶은 지역별 학생 수

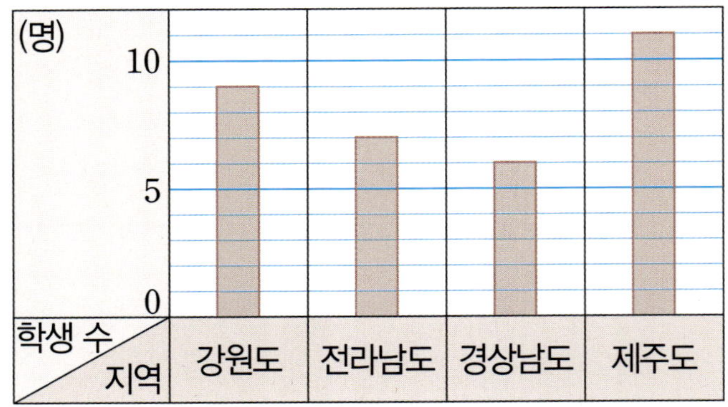

1 가로와 세로는 각각 무엇을 나타낼까요?

가로 (   ), 세로 (   )

2 가장 많은 학생들이 여행 가고 싶은 지역은 어디일까요?

(   )

[3~4] 승희네 학교 4학년 반별 학생 수를 조사하여 나타낸 막대그래프입니다. 물음에 답하세요.

반별 학생 수

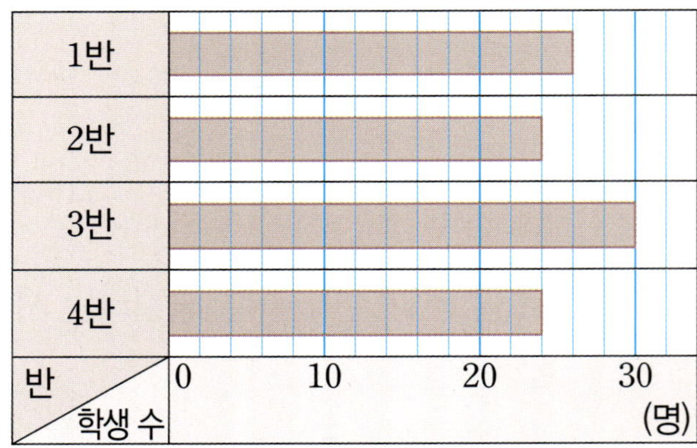

3 가로 눈금 한 칸은 몇 명을 나타낼까요?

(   )

4 학생 수가 2반보다 많고 3반보다 적은 반은 몇 반일까요?

(   )

5 막대그래프로 나타내는 순서를 바르게 써 보세요.

> ㉠ 눈금 한 칸의 크기를 정하고, 조사한 수 중 가장 큰 수를 나타낼 수 있도록 눈금의 수를 정합니다.
> ㉡ 조사한 수에 맞도록 막대를 그립니다.
> ㉢ 막대그래프에 알맞은 제목을 붙입니다.
> ㉣ 가로와 세로에 무엇을 나타낼지 정합니다.

㉣ → ☐ → ☐ → ㉢

[6~7] 농장에 있는 동물의 수를 조사한 것입니다. 물음에 답하세요.

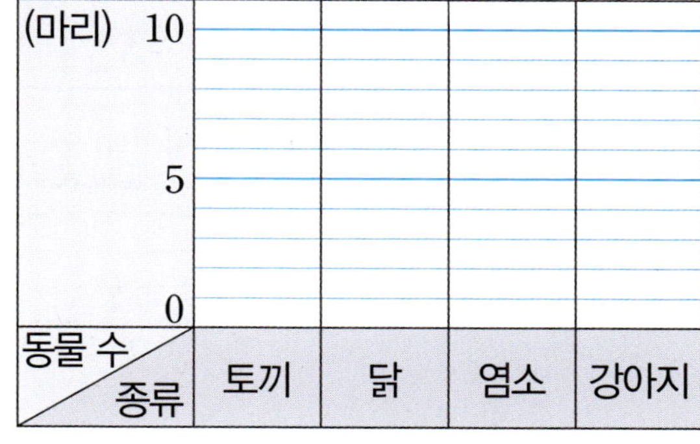

토끼	닭	염소	강아지

6 조사한 자료를 표와 막대그래프로 나타내어 보세요.

종류별 동물 수

종류	토끼	닭	염소	강아지	합계
동물 수 (마리)					19

종류별 동물 수

(마리) 10 / 5 / 0

동물 수 / 종류 : 토끼 · 닭 · 염소 · 강아지

7 표와 막대그래프 중 가장 많은 동물의 종류를 한눈에 알아보기에 더 편리한 것은 어느 것일까요?

( )

8　태영이네 학교 4학년 1반과 2반 학생들이 운동회날에 받고 싶은 기념품을 조사하여 나타낸 막대그래프입니다. 두 반 학생들이 가장 받고 싶은 기념품을 써 보세요.

1반 학생들이 받고 싶은 기념품

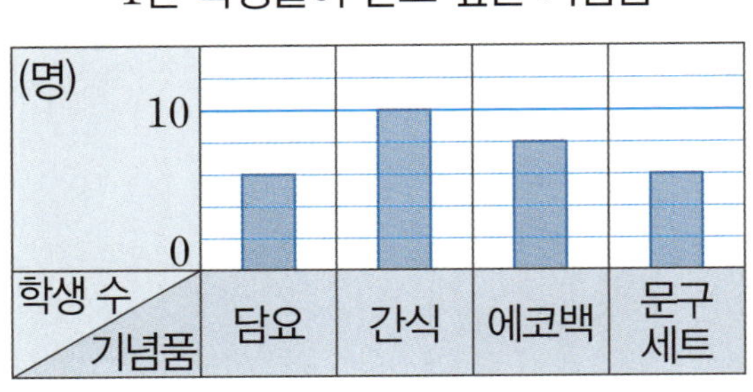

2반 학생들이 받고 싶은 기념품

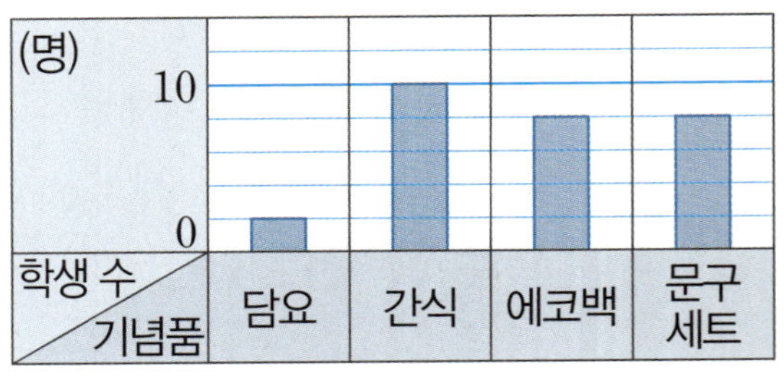

(　　　　　　　　　)

9　달력에 어느 달의 날씨를 조사하여 나타낸 것입니다. 달력을 보고 한 달 날씨를 표와 막대그래프로 나타내어 보세요.

날씨별 날수

날씨	☀	⛅	☁	🌧	합계
날수 (일)	14				31

날씨별 날수

6 규칙 찾기

개념 ① 수 배열표에서 규칙 찾기

- **직사각형 모양 수 배열표에서 규칙 찾기**

101	102	103	104	105
111	112	113	114	115
121	122	123	124	125
131	132	133	134	135
141	142	143	144	145

직사각형 모양 수 배열표에서 찾을 수 있는 규칙

① 가로(→)는 101부터 시작하여 오른쪽으로 1씩 커집니다.

② 세로(↓)는 101부터 시작하여 아래쪽으로 10씩 커집니다.

③ ↘ 방향은 101부터 시작하여 11씩 커집니다.

- **벌집 모양 수 배열표에서 규칙 찾기**

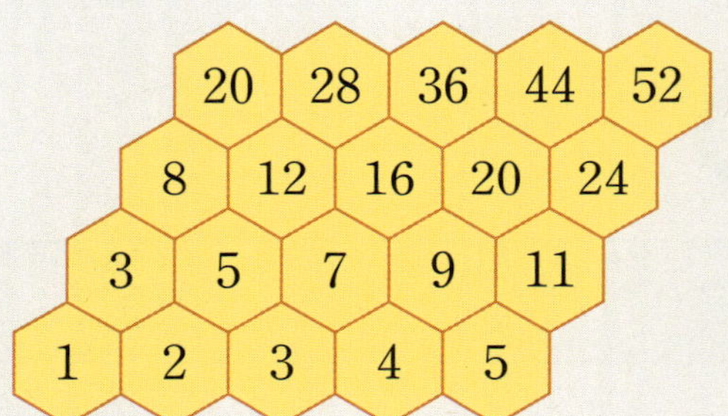

(1) → 방향으로 아래에서 첫째 줄은 1씩 커지고, 둘째 줄은 2씩, 셋째 줄은 4씩, 넷째 줄은 8씩 커집니다.

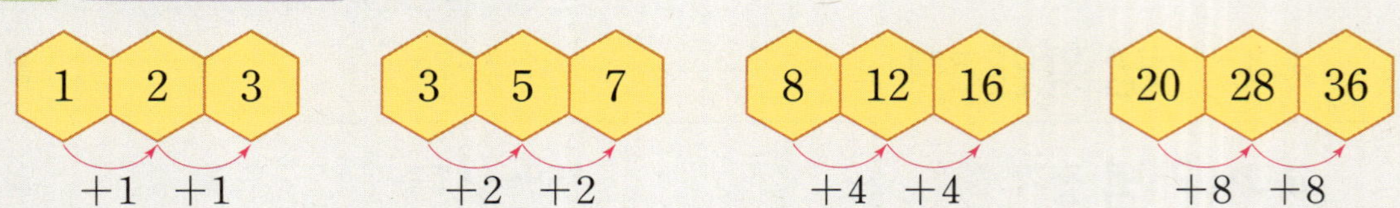

(2) ⬡ 모양에서 아래쪽 두 수를 더하면 위쪽에 있는 수가 됩니다.

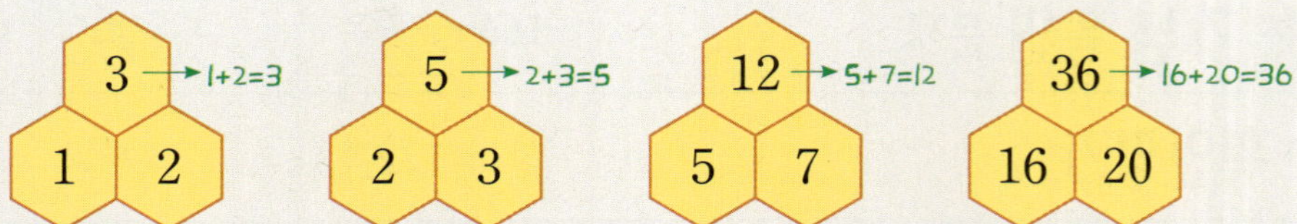

1 수 배열표를 보고 ☐ 안에 알맞은 수를 써넣으세요.

206	306	406	506	606
207	307	407	507	607
208	308	408	508	608
209	309	409	509	609

(1) 가로(→)는 206부터 시작하여 ☐ 씩 커집니다.

(2) 색칠된 칸은 306부터 시작하여 ↘ 방향으로 ☐ 씩 커집니다.

2 수 배열에서 규칙을 찾아 기호를 써 보세요.

㉠ 2부터 시작하여 4씩 더한 수가 오른쪽에 있습니다.
㉡ 2부터 시작하여 3씩 곱한 수가 오른쪽에 있습니다.

(   )

6
단원

3 벌집 모양 수 배열표를 보고 ☐ 안에 알맞은 수를 써넣으세요.

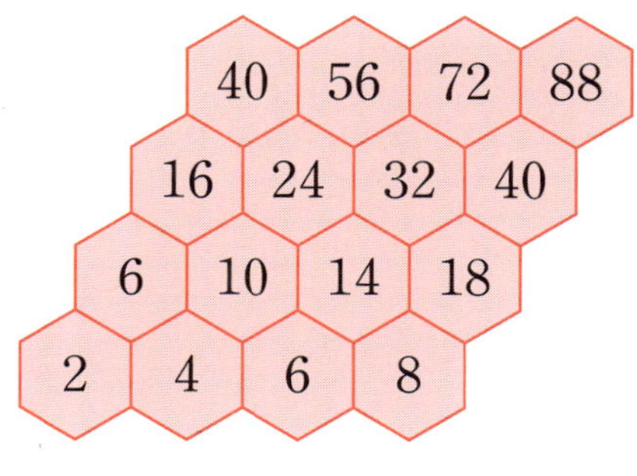

(1) 아래에서 첫째 줄은 → 방향으로 ☐ 씩 커집니다.

(2) 아래에서 둘째 줄은 → 방향으로 ☐ 씩 커집니다.

개념 ② 규칙을 찾아 수로 나타내기

- 모형의 배열에서 규칙을 찾아 수로 나타내기

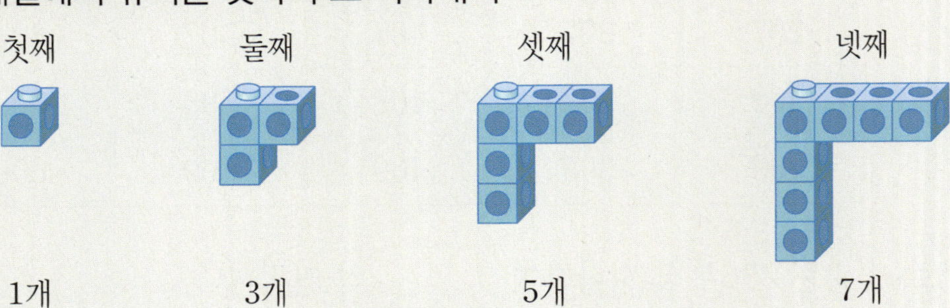

순서	첫째	둘째	셋째	넷째
모형의 수(개)	1	3	5	7

규칙 모형의 수가 1개부터 시작하여 2개씩 늘어납니다.

→ 다섯째 모형의 수는 넷째보다 2개 더 많은 9개입니다.

다섯째

개념 ③ 규칙을 찾아 식으로 나타내기

- 쌓기나무의 배열에서 규칙을 찾아 식으로 나타내기

첫째　　　　둘째　　　　　셋째　　　　　　　넷째

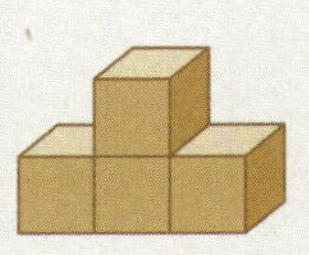  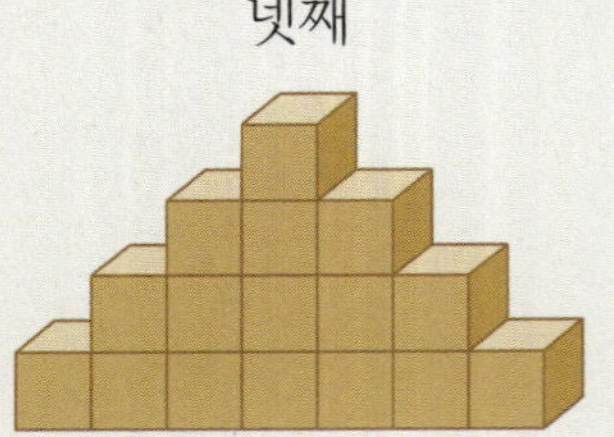

순서	첫째	둘째	셋째	넷째
쌓기나무의 수(개)	1	4	9	16
식	1	1＋3	1＋3＋5	1＋3＋5＋7

규칙 쌓기나무의 수가 1개부터 시작하여 3개, 5개, 7개, … 늘어나고 있습니다.

→ 다섯째 쌓기나무의 수는 넷째보다 9개 더 많으므로

　　1＋3＋5＋7＋9＝25(개)입니다.

1 사각형의 배열에서 규칙을 찾아 빈칸에 알맞은 수를 써넣으세요.

순서	첫째	둘째	셋째	넷째	다섯째
사각형의 수(개)	2	3	4		

2 원의 배열에서 규칙을 찾아 ☐ 안에 알맞은 수를 써넣으세요.

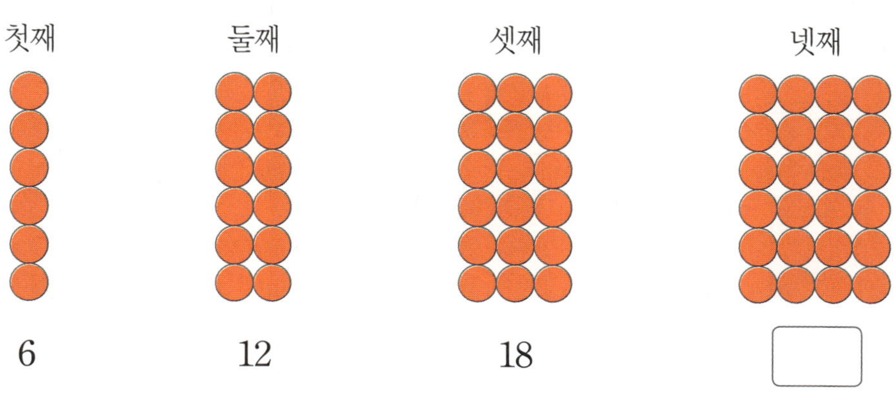

6   12   18   ☐

➡ 원의 수가 ☐개씩 늘어납니다.

3 모형의 배열에서 규칙을 찾아 빈칸에 알맞은 수나 식을 써 보세요.

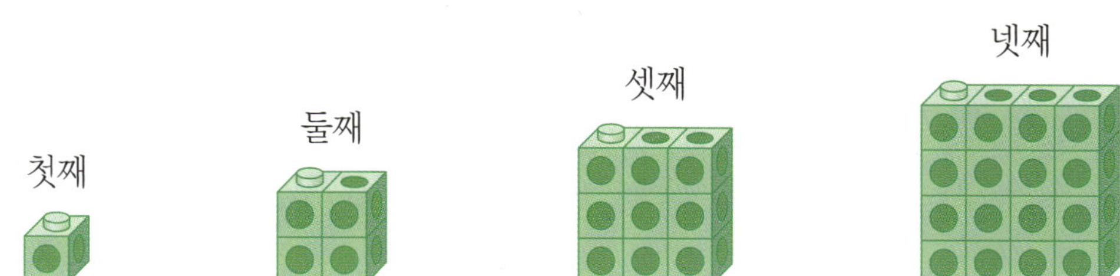

순서	첫째	둘째	셋째	넷째
모형의 수(개)	1	4	9	
식	1×1	2×2		

교과서 개념 play 공연장 좌석에서 규칙 찾기

준비물 붙임딱지

좌석 번호의 규칙에 맞게 좌석 등받이 붙임딱지를 붙여 보세요.
그리고 좌석 번호의 규칙을 찾아 □ 안에 알맞은 수를 써넣으세요.

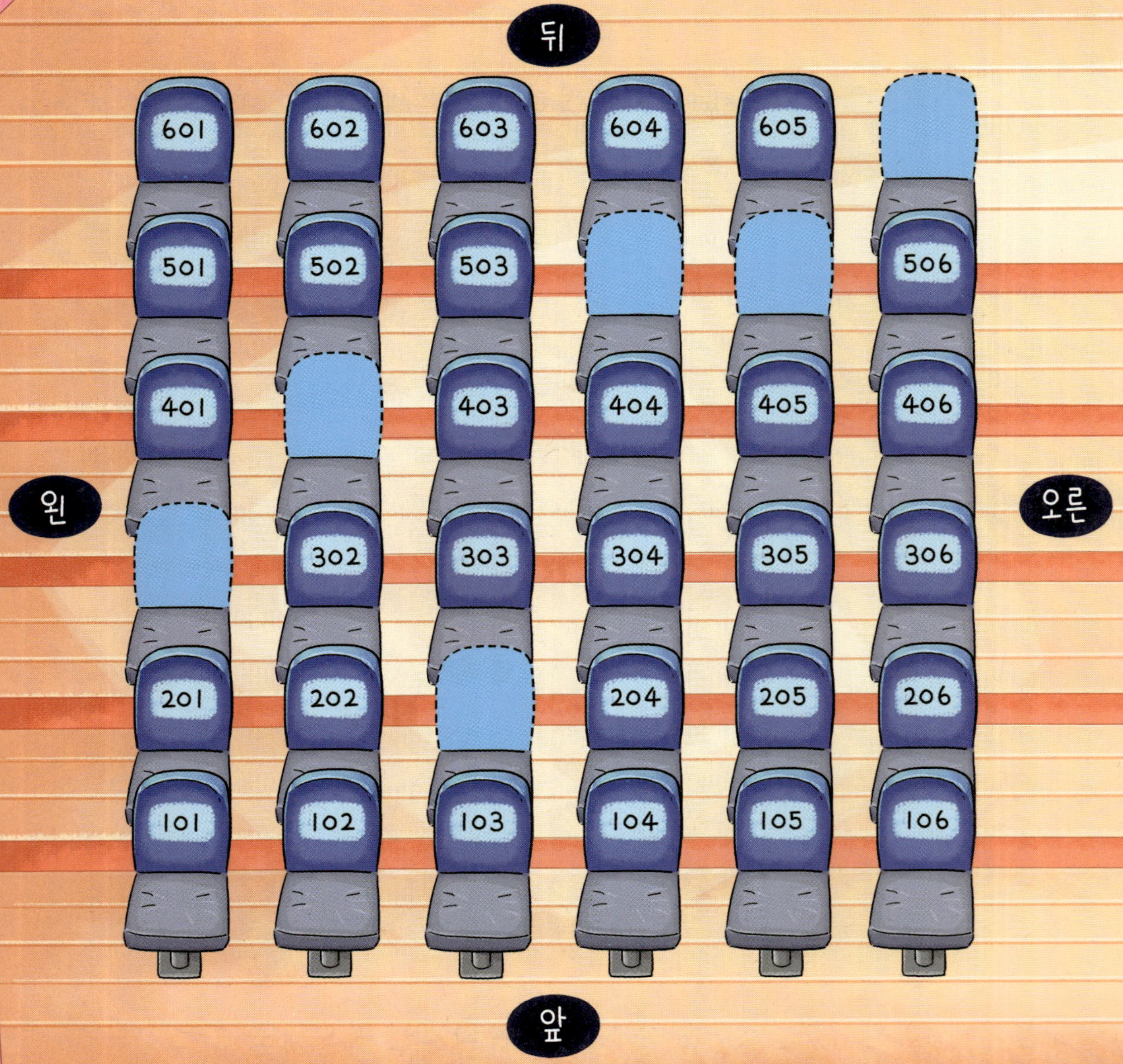
뒤
601
602
603
604
605
501
502
503
506
401
403
404
405
406
왼
오른
302
303
304
305
306
201
202
204
205
206
101
102
103
104
105
106
앞

① 501부터 시작하여 오른쪽으로 □씩 커집니다.

② 102부터 시작하여 뒤쪽으로 □씩 커집니다.

③ 601부터 시작하여 ↘ 방향으로 □씩 작아집니다.

④ 201부터 시작하여 ↗ 방향으로 □씩 커집니다.

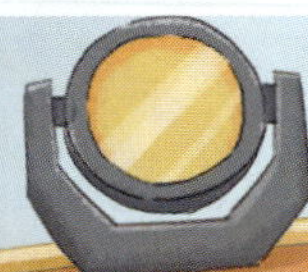

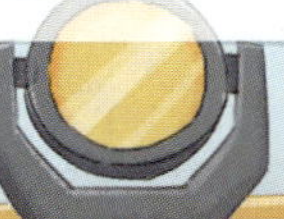

인터넷으로 공연을 예매하려고 하니 예매 완료된 좌석에서도 규칙을 찾을 수 있었습니다.
규칙에 맞게 맨 뒷줄에 예매 완료 붙임딱지를 붙여 보세요.

[1~4] 수 배열표의 규칙에 따라 빈칸에 알맞은 수를 써넣으세요.

1

103	104	105	106
113		115	116
123	124	125	
	134	135	136

2

351	352	353	
	452	453	454
551	552		
		653	654

3

608	618		638
	617	627	637
606		626	636
605	615	625	

4

7459	7457	7455	
6348	6346		6342
5237		5233	5231
	4124	4122	4120

[5~7] 모양 수 배열표에서 규칙을 찾아 빈 곳에 알맞은 수를 써넣으세요.

5

6

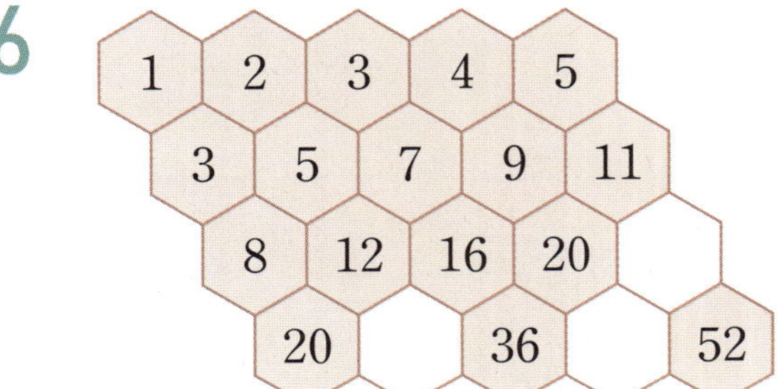

7

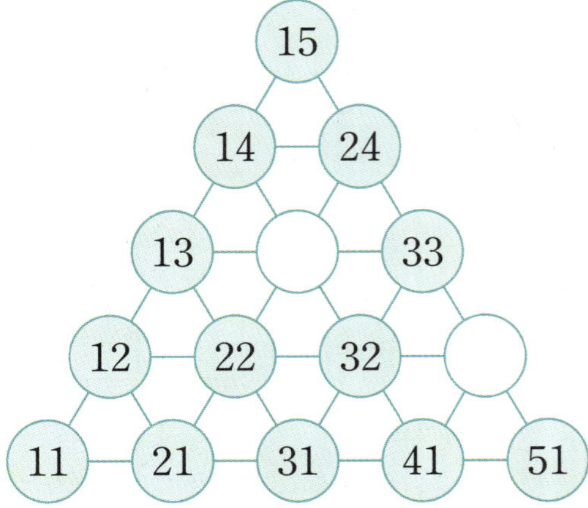

[8~11] 모양의 배열에서 규칙을 찾아 □ 안에 알맞은 수를 써넣으세요.

8

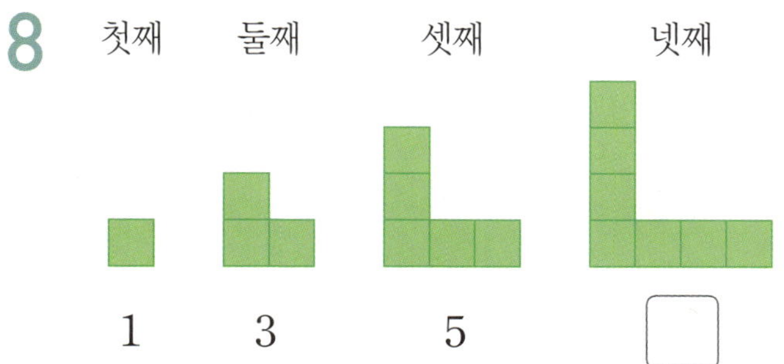

첫째   둘째   셋째   넷째

1   3   5   □

9

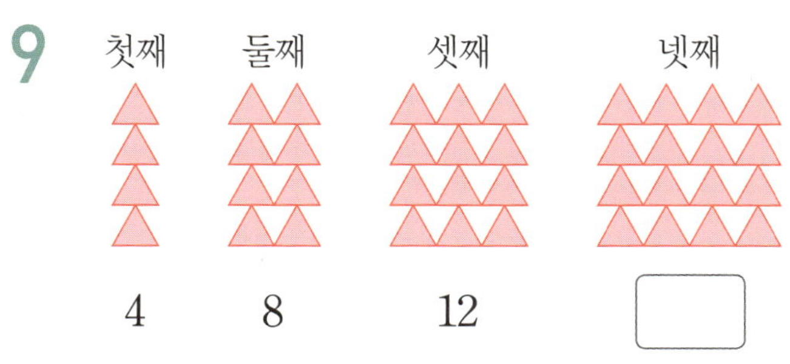

첫째   둘째   셋째   넷째

4   8   12   □

10

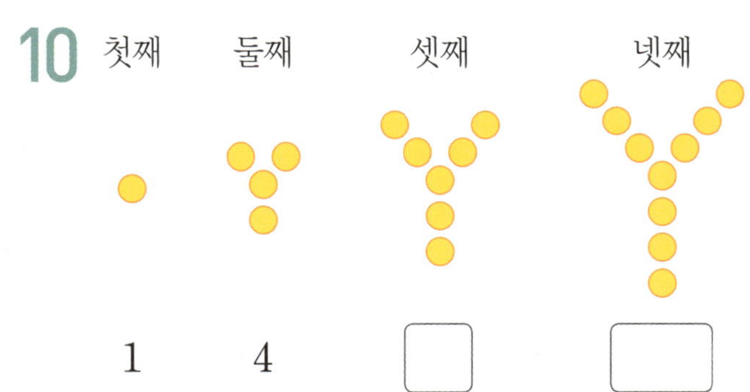

첫째   둘째   셋째   넷째

1   4   □   □

11

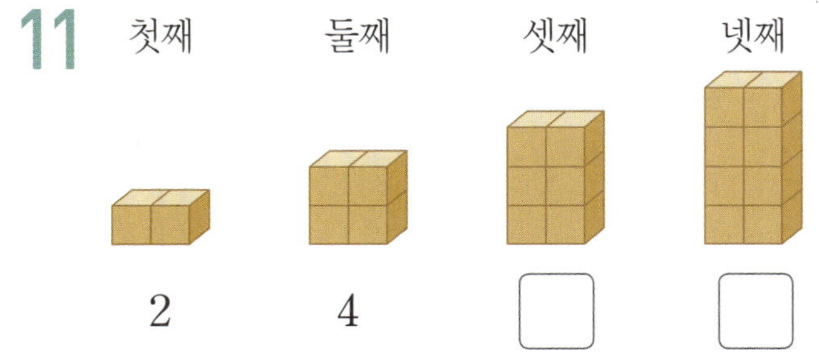

첫째   둘째   셋째   넷째

2   4   □   □

[12~15] 모양의 배열에서 규칙을 찾아 빈칸에 알맞은 식을 써 보세요.

12

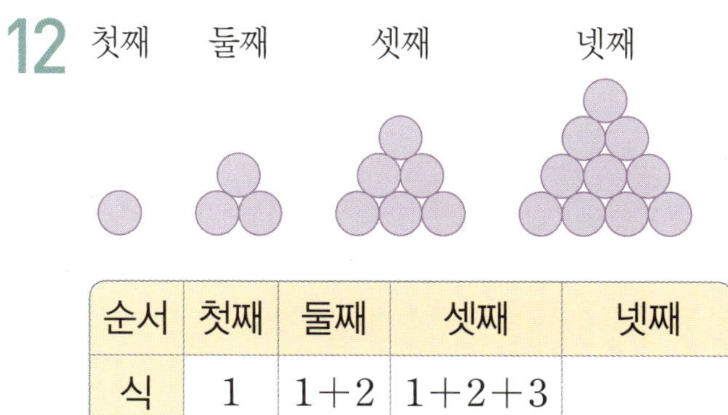

순서	첫째	둘째	셋째	넷째
식	1	1+2	1+2+3	

13

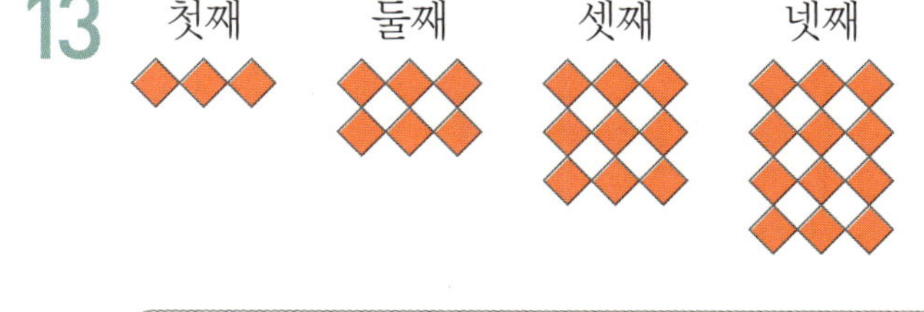

순서	첫째	둘째	셋째	넷째
식	3×1	3×2	3×3	

14

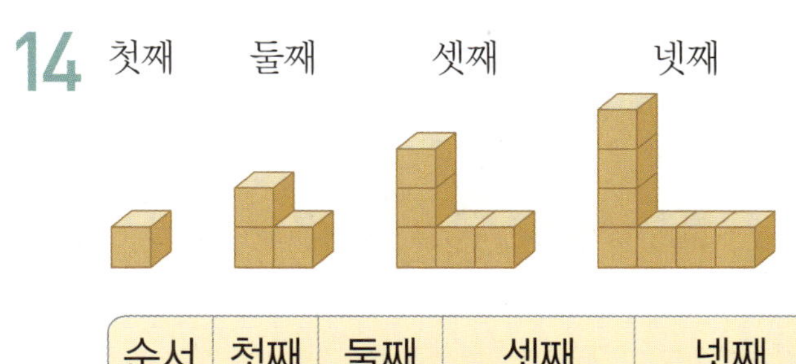

순서	첫째	둘째	셋째	넷째
식	1	1+2	1+2+2	

15

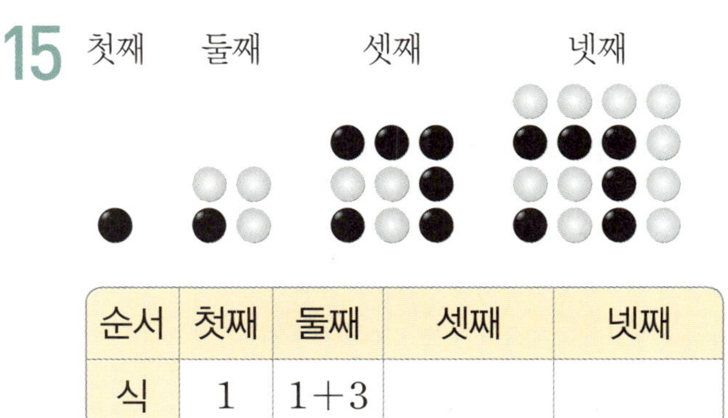

순서	첫째	둘째	셋째	넷째
식	1	1+3		

1 수 배열표에서 규칙을 찾아 물음에 답하세요.

10310	11310	12310	13310	14310	15310
20310	21310	22310	23310	24310	
30310	31310	32310		34310	35310
40310	41310	42310	43310	44310	45310
50310	51310		53310	54310	

(1) 수 배열표의 빈칸에 알맞은 수를 써넣으세요.

(2) 30310부터 시작하여 오른쪽으로 몇 씩 커질까요?

( )

(3) 색칠된 칸의 규칙을 찾아 □ 안에 알맞은 수를 써넣으세요.

> 10310부터 시작하여 ↘ 방향으로 [ ] 씩 커집니다.

2 수 배열의 규칙에 따라 빈칸에 알맞은 수를 써넣으세요.

(1) 36 — 72 — 144 — 288 — [ ]

(2) 1620 — 540 — 180 — [ ] — 20

3 규칙적인 수의 배열에서 ●, ▲에 알맞은 수를 구해 보세요.

4719	4619	4519	●	4319	▲

● ( )

▲ ( )

[4~5] 수 배열표를 보고 물음에 답하세요.

100	105	110	115	120
300	305	■	315	320
500	505	510	515	520
700	705	710	715	720

4 수 배열의 규칙에 따라 ■에 알맞은 수를 구해 보세요.

(   )

5 색칠된 칸에서 규칙을 찾아 써 보세요.

규칙 105부터 시작하여 세로(↓)로

[6~7] 규칙을 찾아 수 배열표를 완성해 보세요.

6

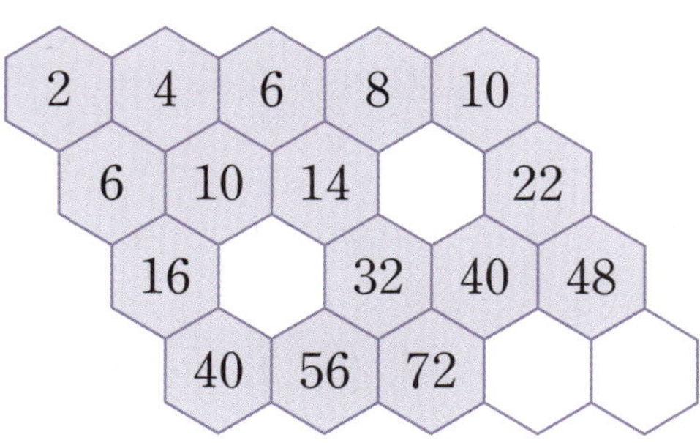

7

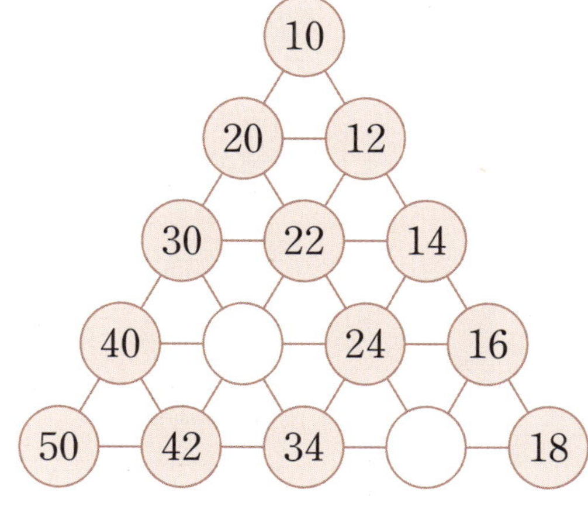

8 모형의 배열을 보고 물음에 답하세요.

첫째   둘째   셋째   넷째

(1) 모형의 수를 세어 보고 빈칸에 알맞은 수를 써넣으세요.

순서	첫째	둘째	셋째	넷째	다섯째
모형의 수(개)	1	3	5		

(2) 모형의 배열에서 규칙을 찾아 ☐ 안에 알맞은 수를 써넣으세요.

모형의 수는 1개부터 시작하여 ☐개씩 늘어납니다.

9 바둑돌의 배열을 보고 물음에 답하세요.

첫째   둘째   셋째   넷째

(1) 바둑돌은 몇 개씩 늘어나고 있는지 구해 보세요.

(   )

(2) 바둑돌의 배열을 보고 <u>잘못</u> 설명한 학생의 이름을 써 보세요.

서아: 다섯째에는 바둑돌을 15개 놓아야 해.

지우: 여섯째에는 바둑돌을 18개 놓아야 해.

은희: 일곱째에는 바둑돌을 24개 놓아야 해.

(   )

10 성냥개비의 배열을 보고 물음에 답하세요.

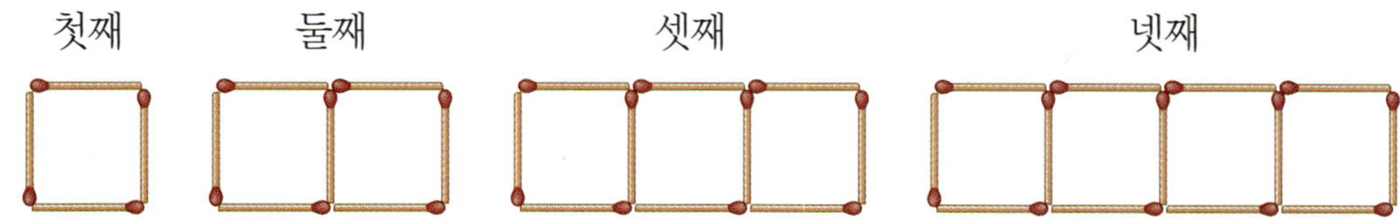

(1) 규칙을 찾아 빈칸에 알맞은 식을 써넣으세요.

순서	첫째	둘째	셋째	넷째
식	4	4＋3	4＋3＋3	

(2) 찾은 규칙으로 다섯째 모양을 만드는 데 필요한 성냥개비는 몇 개인지 구해 보세요.

( )

11 사각형의 배열을 보고 물음에 답하세요.

(1) 색칠한 사각형 수의 규칙을 찾아 식으로 나타내 보세요.

순서	첫째	둘째	셋째	넷째
규칙1	1	1＋3	1＋3＋5	
규칙2	1×1	2×2	3×3	

(2) 찾은 규칙으로 다섯째 모양을 만드는 데 색칠한 사각형이 몇 개 필요한지 구해 보세요.

( )

교과서 개념 잡기

개념 ④ 덧셈식과 뺄셈식에서 규칙 찾기

- 계산 결과가 일정한 덧셈식과 뺄셈식

계산 결과가 6이 되는 덧셈식과 뺄셈식을 만들고 규칙을 찾아봅니다.

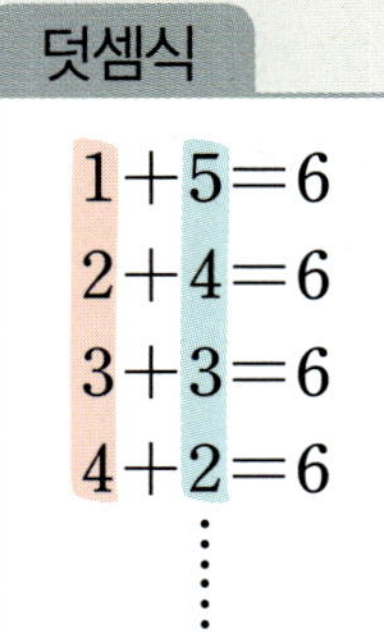

덧셈식

$$1+5=6$$
$$2+4=6$$
$$3+3=6$$
$$4+2=6$$
$$\vdots$$

뺄셈식

$$7-1=6$$
$$8-2=6$$
$$9-3=6$$
$$10-4=6$$
$$\vdots$$

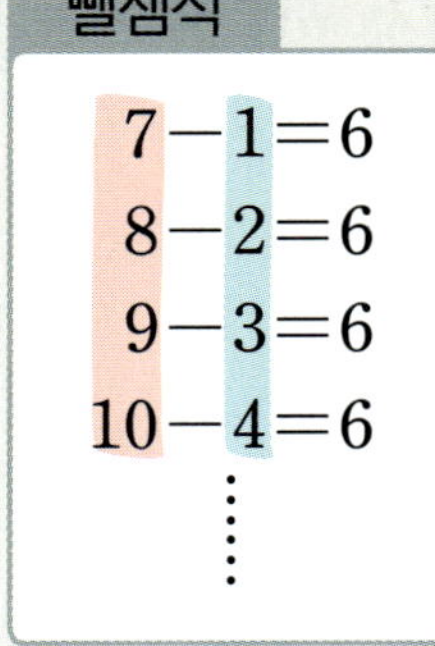

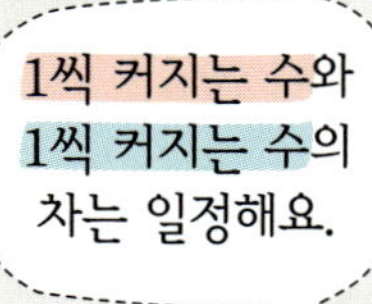

개념 ⑤ 곱셈식과 나눗셈식에서 규칙 찾기

- 계산 결과가 일정하게 커지는 곱셈식과 나눗셈식

곱셈식

$$20 \times 10 = 200$$
$$20 \times 20 = 400$$
$$20 \times 30 = 600$$
$$20 \times 40 = 800$$
$$\vdots$$

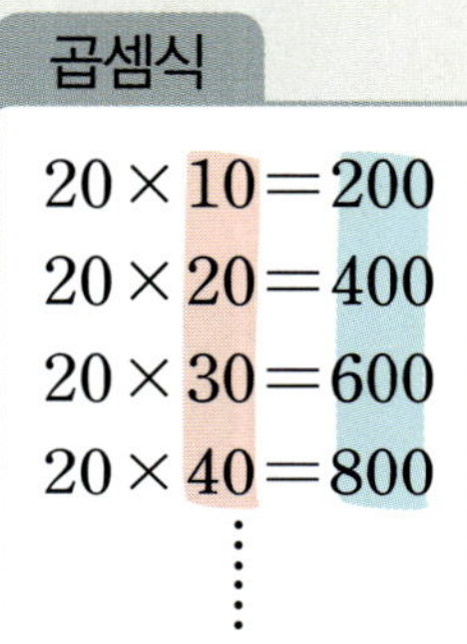

나눗셈식

$$200 \div 2 = 100$$
$$400 \div 2 = 200$$
$$600 \div 2 = 300$$
$$800 \div 2 = 400$$
$$\vdots$$

➕ 개념 Play

🎓 2개의 주사위를 던져서 나온 눈의 수의 합이 7이 되도록 붙임딱지를 붙이고 덧셈식을 완성해 보세요.

① 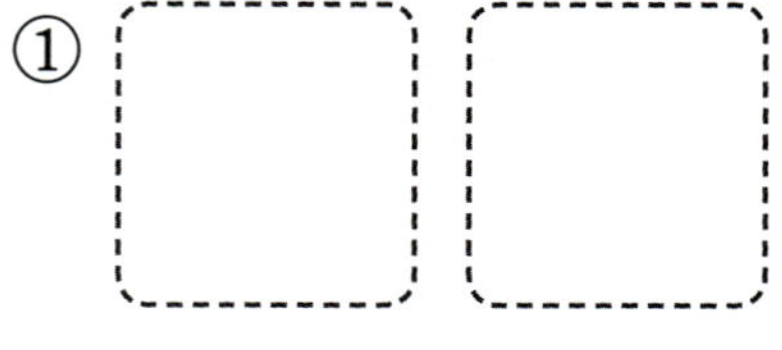

➡ ☐ + ☐ = 7

② 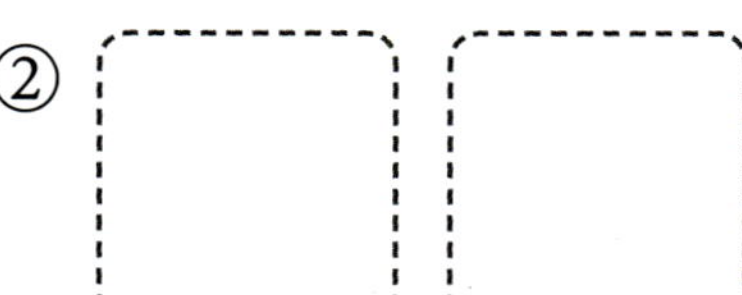

➡ ☐ + ☐ = 7

③ 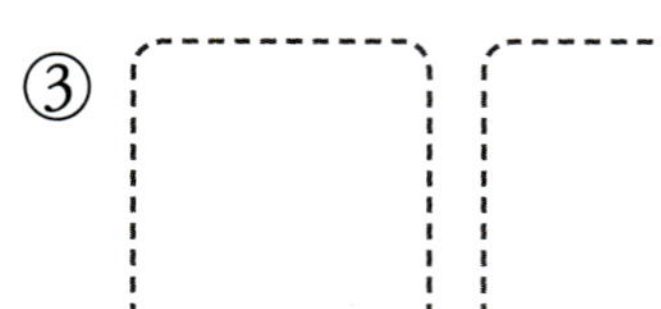

➡ ☐ + ☐ = 7

1 설명에 맞는 계산식을 찾아 기호를 써 보세요.

백의 자리 수가 각각 1씩 커지는 두 수의 합은 200씩 커집니다.

㉠
$$100+400=500$$
$$200+300=500$$
$$300+200=500$$

㉡
$$100+400=500$$
$$200+500=700$$
$$300+600=900$$

(   )

2 계산식을 보고 규칙을 찾아 ☐ 안에 알맞은 수를 써넣으세요.

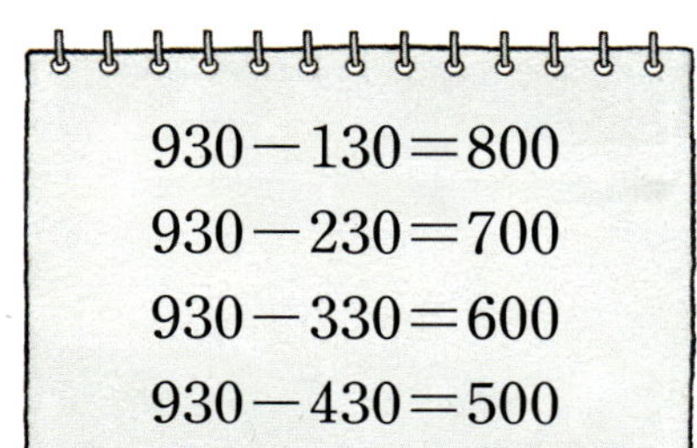

같은 수에서 ☐씩 커지는 수를 빼면

계산 결과는 ☐씩 작아집니다.

3 계산식의 규칙에 따라 ☐ 안에 알맞은 수를 써넣으세요.

(1)
$$90+10=100$$
$$80+20=100$$
$$70+30=\boxed{}$$
$$60+\boxed{}=\boxed{}$$

(2)
$$21\times11=231$$
$$31\times11=341$$
$$41\times11=451$$
$$\boxed{}\times11=\boxed{}$$

6
단원

4 계산식의 규칙에 따라 ☐ 안에 알맞은 식을 찾아 ◯표 하세요.

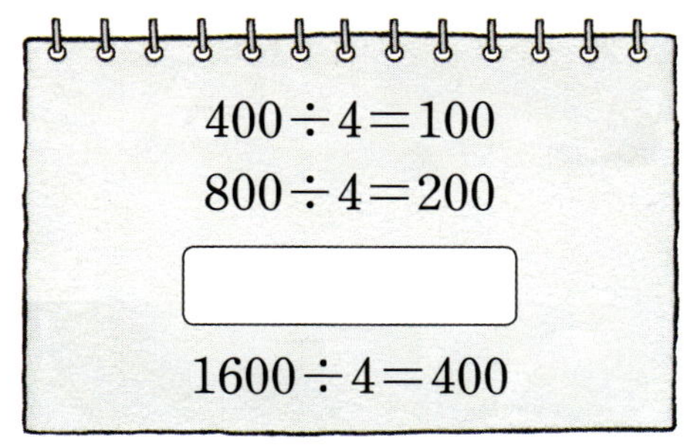

$$1000÷5=200$$

$$1200÷4=300$$

(   )   (   )

개념 6 등호를 사용하여 식으로 나타내기

- 저울의 양쪽 무게가 같도록 하여 식으로 나타내기

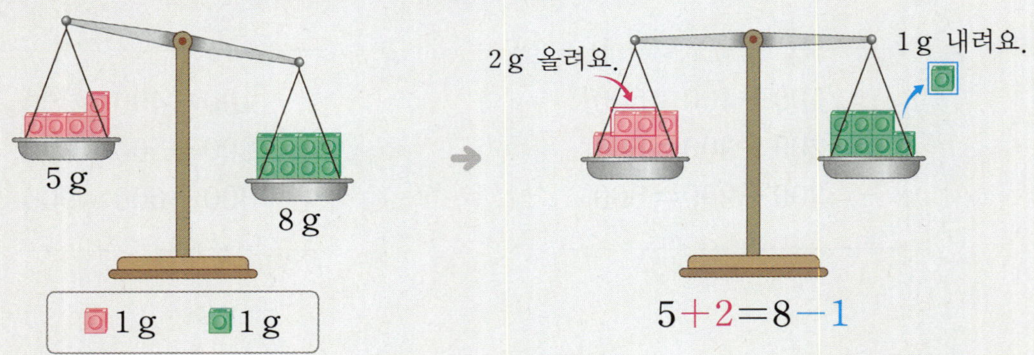

'등호(=)'는 크기가 같은 두 양을 식으로 나타낼 때 사용합니다.

5+2와 8−1은 크기가 같은 양이므로 5+2=8−1과 같이 나타낼 수 있습니다.

개념 7 규칙적인 계산식 만들기

- 책 번호의 배열에서 규칙적인 계산식 만들기

① → 방향의 연결된 세 수의 합은 가운데 있는 수의 3배입니다.

   계산식 $110+120+130=120×3$

② ↓ 방향의 양 끝에 있는 두 수의 합은 가운데 있는 수의 2배입니다.

   계산식 $140+340=240×2$

③ 가운데 있는 수가 같은 ↘ 방향과 ↙ 방향의 연결된 세 수의 합은 같습니다.

   계산식 $110+220+330=130+220+310$

1 저울의 양쪽 무게가 같도록 모형을 올리거나 내렸습니다. 그림을 보고 ☐ 안에 알맞은 수를 써넣어 등호를 사용한 식을 완성해 보세요.

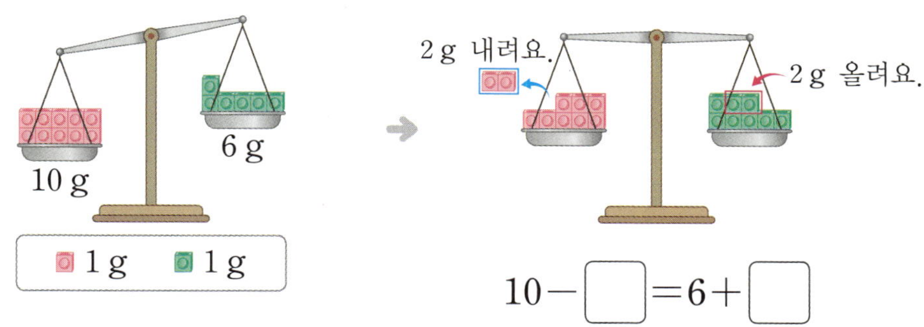

$$10 - \boxed{} = 6 + \boxed{}$$

2 크기를 비교하여 ○ 안에 >, =, < 중 알맞은 것을 써넣으세요.

(1) $15 \bigcirc 8+8$ (2) $10-4 \bigcirc 12-6$ (3) $7+5 \bigcirc 6+6$

3 사물함의 수 배열에서 찾은 규칙적인 계산식입니다. ☐ 안에 알맞은 수를 써넣으세요.

203	204	205	206	207	208
213	214	215	216	217	218
223	224	225	226	227	228
233	234	235	236	237	238
243	244	245	246	247	248

$$203 + 214 = 204 + \boxed{}$$

$$205 + 216 = \boxed{} + 215$$

$$226 + \boxed{} = 227 + 236$$

4 수 배열표에서 찾은 규칙적인 계산식입니다. ☐ 안에 알맞은 수를 써넣으세요.

100	200	300	400
110	210	310	410
120	220	320	420
130	230	330	430

$$100 + 210 + 320 = 210 \times \boxed{}$$

$$400 + 310 + \boxed{} = 310 \times 3$$

규칙적인 계산식 찾기

승강기 버튼의 수 배열에 맞게 알맞은 버튼 붙임딱지를 붙여 보세요.
아래 계산식에도 알맞은 버튼 붙임딱지를 붙여 완성해 보세요.

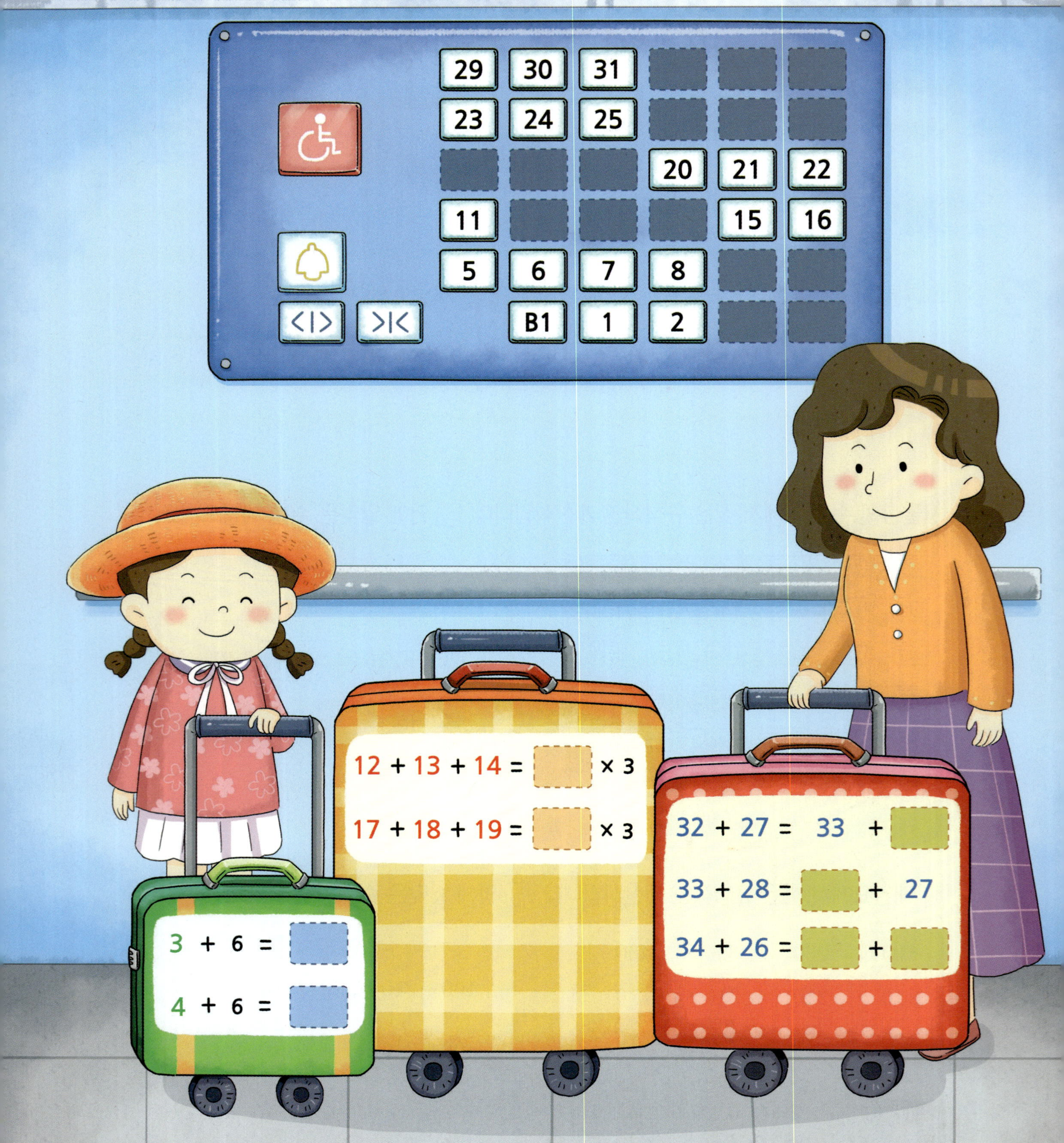

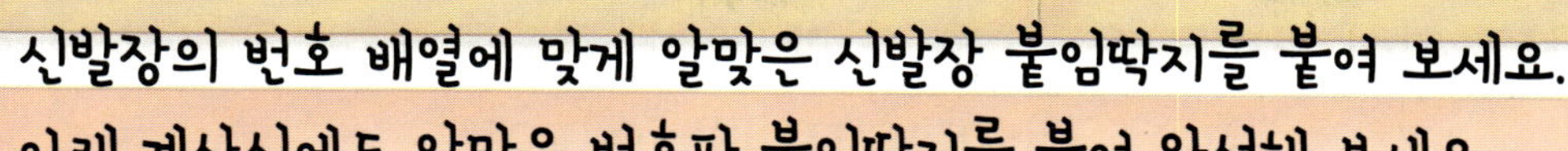

신발장의 번호 배열에 맞게 알맞은 신발장 붙임딱지를 붙여 보세요.
아래 계산식에도 알맞은 번호판 붙임딱지를 붙여 완성해 보세요.

610	620	630	640	650	660	
510	520	530				
410	420	430				
310	320					
210	220				250	260
110	120				150	160

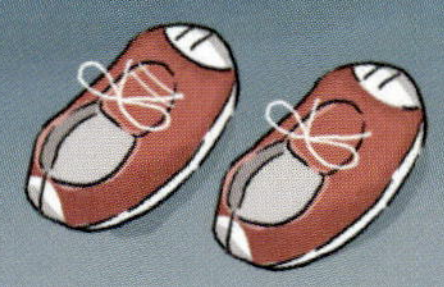

230 + 140 = ☐ + 130

330 + 230 + 130 = ☐ × 3

330 + ☐ = 230 × 2

540 + 450 + 360 = ☐ + 450 + 340

340 + ☐ + 360 = 350 × 3

440 + 450 + 460 = 550 + ☐ + 350

[1~4] 설명에 맞는 계산식을 찾아 기호를 써 보세요.

㉠ $100+260=360$ $110+270=380$ $120+280=400$	㉡ $319+275=594$ $419+285=704$ $519+295=814$
㉢ $385-285=100$ $585-485=100$ $785-685=100$	㉣ $469-138=331$ $469-238=231$ $469-338=131$

1 십의 자리 수가 각각 1씩 커지는 두 수의 합은 20씩 커집니다.

(   )

2 백의 자리 수가 각각 2씩 커지는 두 수의 차는 일정합니다.

(   )

3 백의 자리 수가 1씩 커지는 수와 십의 자리 수가 1씩 커지는 두 수의 합은 110씩 커집니다.

(   )

4 빼는 수가 100씩 커지면 계산 결과가 100씩 작아집니다.

(   )

[5~8] 계산식의 규칙에 따라 ☐ 안에 알맞은 계산식을 써넣으세요.

5
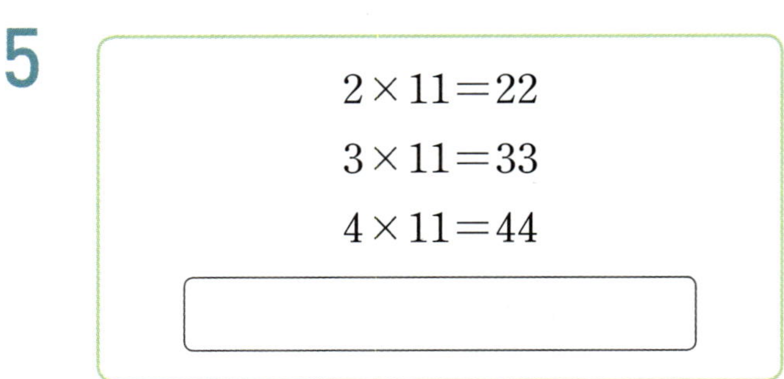

6
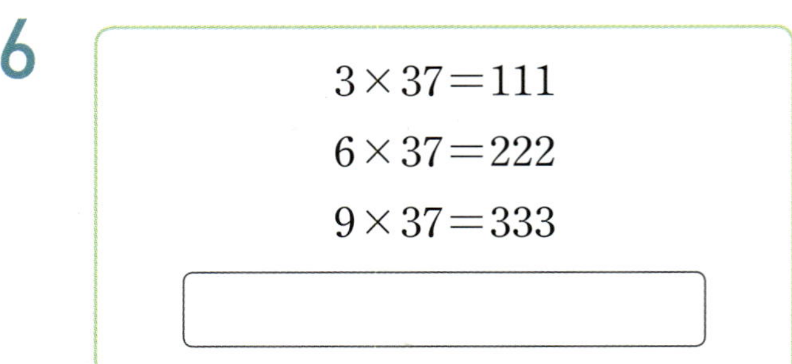

7
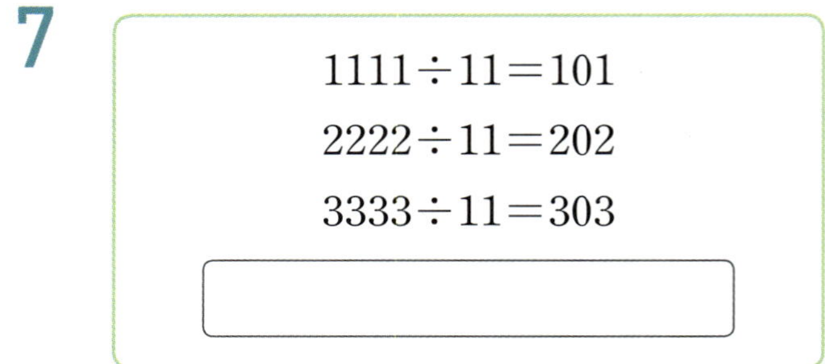

8
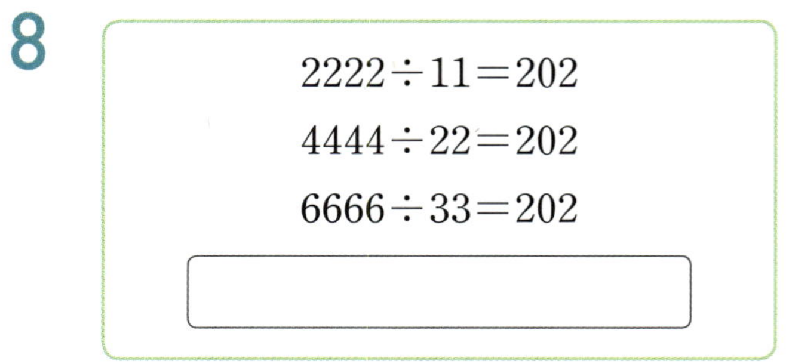

[9~12] 아래 등호를 사용한 식이 옳도록 ☐ 안에 들어갈 수 있는 식을 보기 에서 찾아 써넣으세요.

9

보기
$$7+4 \qquad 6+6$$

$$10+2=\boxed{}$$

10

보기
$$8-5 \qquad 10-3$$

$$15-12=\boxed{}$$

11

보기
$$15-2 \qquad 19-4$$

$$\boxed{}=11+4$$

12

보기
$$3+3 \qquad 16-12$$

$$\boxed{}=20-16$$

[13~15] 승강기 버튼의 수 배열을 보고 ☐ 안에 알맞은 수를 써넣으세요.

13

$$20+13+6=13\times\boxed{}$$
$$26+17+\boxed{}=17\times 3$$
$$23+15+7=\boxed{}\times 3$$

14

$$15+1=8\times\boxed{}$$
$$16+\boxed{}=9\times 2$$
$$21+7=\boxed{}\times 2$$

15

$$19+12+5=21+\boxed{}+3$$
$$22+13+4=20+13+\boxed{}$$
$$23+16+9=\boxed{}+16+7$$

6

단원

[1~3] 계산식을 보고 물음에 답하세요.

가	나	다	라
$362+211=573$	$351+104=455$	$752-511=241$	$785-214=571$
$363+212=575$	$351+114=465$	$652-411=241$	$785-224=561$
$364+213=577$	$351+124=475$	$552-311=241$	$785-234=551$
$365+214=579$	$351+134=485$	$452-211=241$	$785-244=541$

1 설명에 맞는 계산식을 찾아 기호를 써 보세요.

> 같은 자리 수가 똑같이 작아지는 두 수의 차는 항상 일정합니다.

(   )

2 설명에 맞는 계산식을 찾아 기호를 써 보세요.

> 일의 자리 수가 각각 1씩 커지는 두 수의 합은 2씩 커집니다.

(   )

3 승호의 생각과 같은 규칙적인 계산식을 찾아 기호를 써 보세요.

(   )

[4~5] 규칙적인 계산식을 보고 물음에 답하세요.

순서	계산식
첫째	$1 \times 1 = 1$
둘째	$11 \times 11 = 121$
셋째	$111 \times 111 = 12321$
넷째	

4 빈칸에 알맞은 계산식을 써넣으세요.

5 규칙을 이용하여 ☐ 안에 알맞은 수를 써넣으세요.

$$11111 \times 11111 = \boxed{}$$

6 계산식을 보고 규칙을 찾아 다섯째에 알맞은 나눗셈식을 써 보세요.

순서	계산식
첫째	$111111 \div 11 = 10101$
둘째	$222222 \div 22 = 10101$
셋째	$333333 \div 33 = 10101$
넷째	$444444 \div 44 = 10101$
다섯째	

7 등호를 바르게 사용한 식을 모두 찾아 ○표 하세요.

$6+8=18$

(   )

$13-7=10-4$

(   )

$20-11=5+4$

(   )

$28+10=28+2$

(   )

[8~9] 수 배열표를 보고 물음에 답하세요.

110	112	114	116	118	120
211	213	215	217	219	221
312	314	316	318	320	322
413	415	417	419	421	423

8 ☐ 안에 알맞은 수를 써넣으세요.

(1) $\boxed{}+316=215+314$

$118+221=120+\boxed{}$

$316+415=\boxed{}+\boxed{}$

(2) $110+112+114=112\times\boxed{}$

$318+320+322=\boxed{}\times\boxed{}$

$419+421+\boxed{}=\boxed{}\times 3$

9 ☐ 안에 규칙적인 계산식을 써넣으세요.

$116+219+322=120+219+318$

$114+217+320=118+217+316$

$$\boxed{}$$

10 같은 값을 나타내는 두 카드를 찾아 색칠하고, 등호를 사용하여 식으로 나타내 보세요.

| 12＋4 | 47－13 | 50－24 | 22＋12 |

 식 ________________________________

11 ☐ 안에 알맞은 수를 써넣으세요.

(1) $20＋16＝30＋\boxed{}$

(2) $40－10＝45－\boxed{}$

(3) $35＝47－\boxed{}$

(4) $12＋13＝\boxed{}＋12$

12 달력을 보고 조건 을 만족하는 수를 찾아보세요.

일	월	화	수	목	금	토
				1	2	3	4

(달력)

일	월	화	수	목	금	토
					1	2	3	4
5	6	7	8	9	10	11
12	13	14	15	16	17	18
19	20	21	22	23	24	25
26	27	28	29	30	31	

조건
- ➕ 안에 있는 5개의 수 중에서 하나입니다.
- ➕ 안에 있는 5개의 수의 합을 5로 나눈 몫과 같습니다.

(   )

1 수 배열의 규칙에 따라 빈칸에 알맞은 수를 써넣으세요.

(1)

5010	5020	5030	5040		5060

(2)

776	765		743	732	721

[2~3] 수 배열표를 보고 물음에 답하세요.

200	202	204	206	208
300	302	304	■	308
400	402	404	406	408
500	502	504	506	508

2 수 배열의 규칙으로 알맞은 것을 보기 에서 찾아 기호를 써 보세요.

> **보기**
>
> ㉠ 200부터 시작하여 오른쪽으로 100씩 커집니다.
>
> ㉡ 508부터 시작하여 위쪽으로 100씩 작아집니다.
>
> ㉢ 500부터 시작하여 ↗ 방향으로 98씩 커집니다.

(   )

3 수 배열의 규칙에 따라 ■에 알맞은 수를 구해 보세요.

(   )

정답과 풀이 p.42

4 사각형의 배열에서 규칙을 찾아 다섯째 사각형의 수를 구해 보세요.

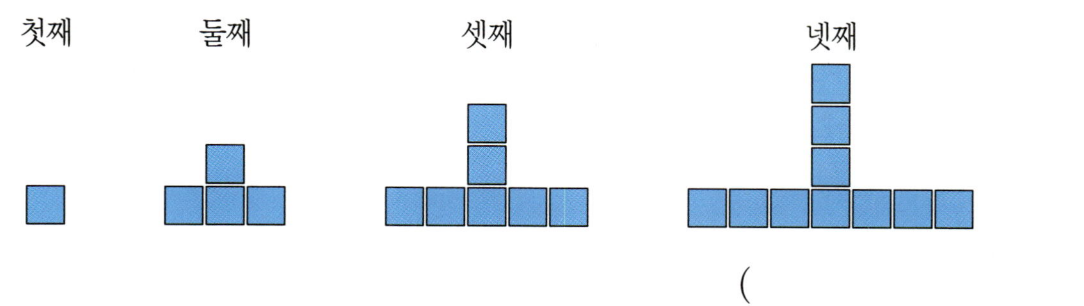

(   )

5 바둑돌의 배열에서 규칙을 찾아 식으로 나타내 보고, 다섯째 바둑돌의 수를 구해 보세요.

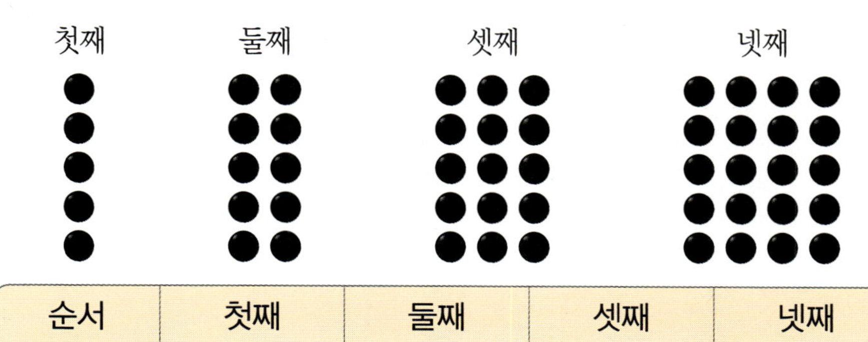

순서	첫째	둘째	셋째	넷째
식	5×1	5×2		

다섯째 바둑돌의 수 (   )

6 다섯째에 알맞은 계산식을 보기 에서 찾아 기호를 써 보세요.

보기

㉠ $801 \times 2 = 1602$

㉡ $801 \times 20 = 16020$

㉢ $901 \times 2 = 1802$

㉣ $901 \times 20 = 18020$

순서	계산식
첫째	$501 \times 2 = 1002$
둘째	$601 \times 2 = 1202$
셋째	$701 \times 2 = 1402$
넷째	$801 \times 2 = 1602$
다섯째	

(   )

7 계산식의 규칙에 따라 □ 안에 알맞은 식을 써넣으세요.

(1)
$$88 \div 4 = 22$$
$$808 \div 4 = 202$$
$$8008 \div 4 = 2002$$

(2)
$$929 - 435 = 494$$

$$529 - 235 = 294$$
$$329 - 135 = 194$$

8 두 사람의 대화를 읽고, 빈 곳에 알맞은 말을 써넣으세요.

$$36 + 12 = 30 + 6 + 12$$

민현: $36 + 12$를 계산하면 48이고 $30 + 6 + 12$를 계산하면 48이야. 두 식의 결과가 같으므로 이 식은 옳아.

지호: 계산하지 않고도 이 식이 옳은지 알 수 있어.
그 까닭은 ________________________________
____

9 승강기 버튼의 수 배열에서 찾을 수 있는 규칙적인 계산식을 2가지 써 보세요.

계산식 1 ________________________________

계산식 2 ________________________________

6쪽

8쪽

10쪽

11쪽

1000000

1만

만이
100개인 수

100만의
10배

100000

100만

만이
1000개인 수

만의
10배

10000000

10만

1000이
10개인 수

1000의
10배

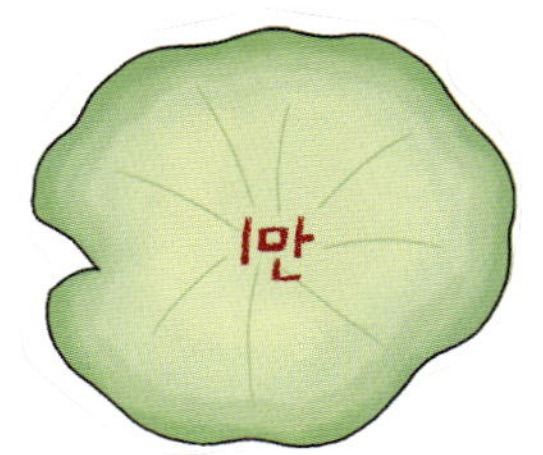

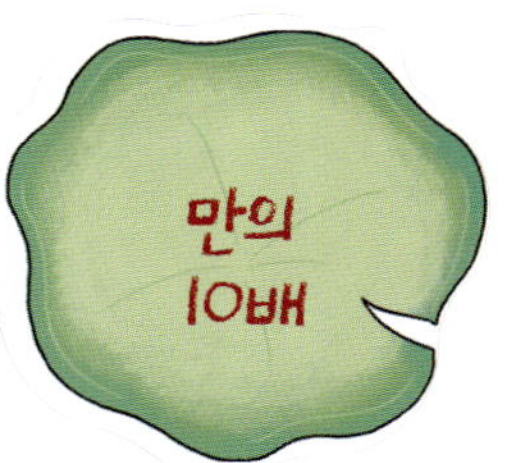

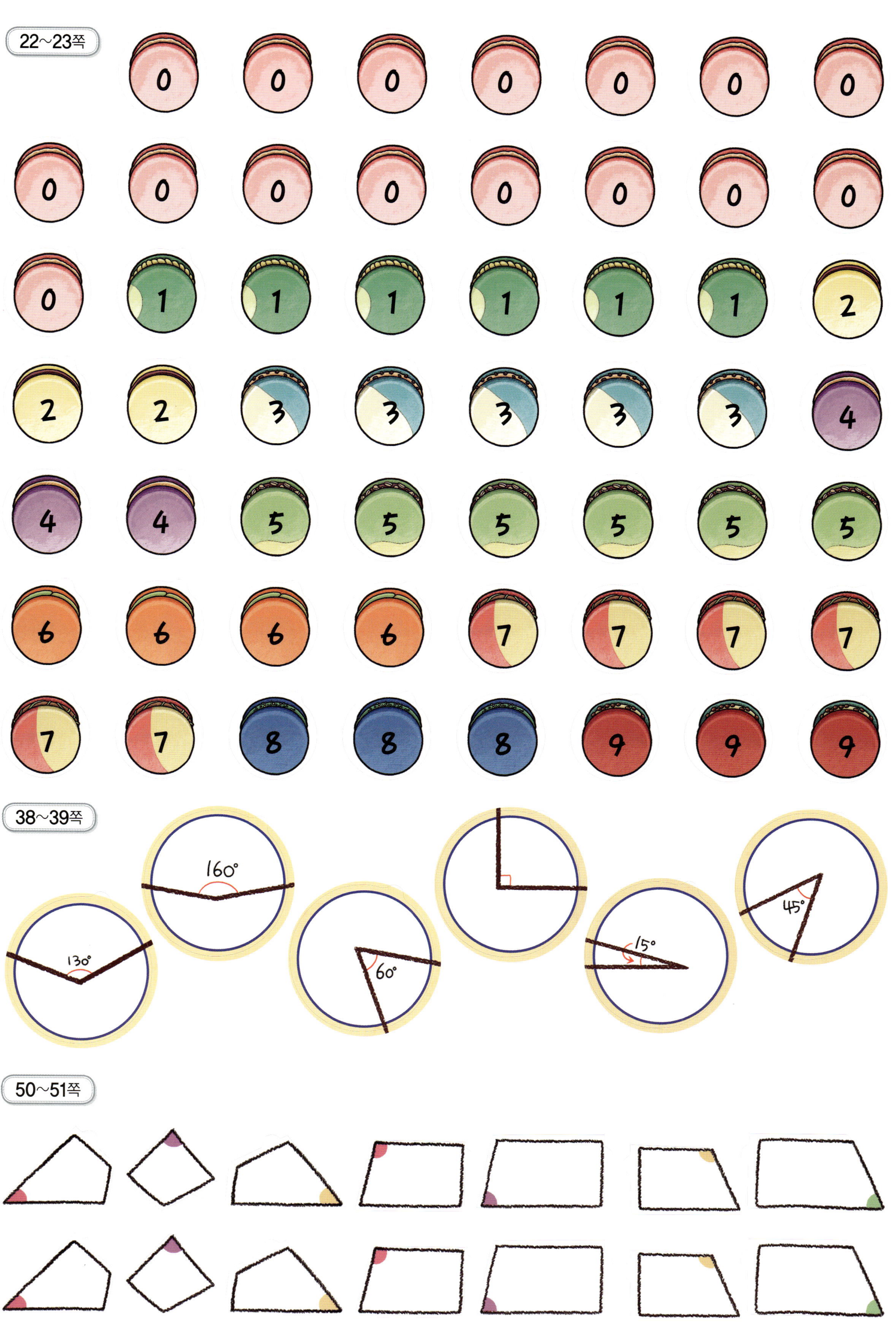

22~23쪽
38~39쪽
50~51쪽

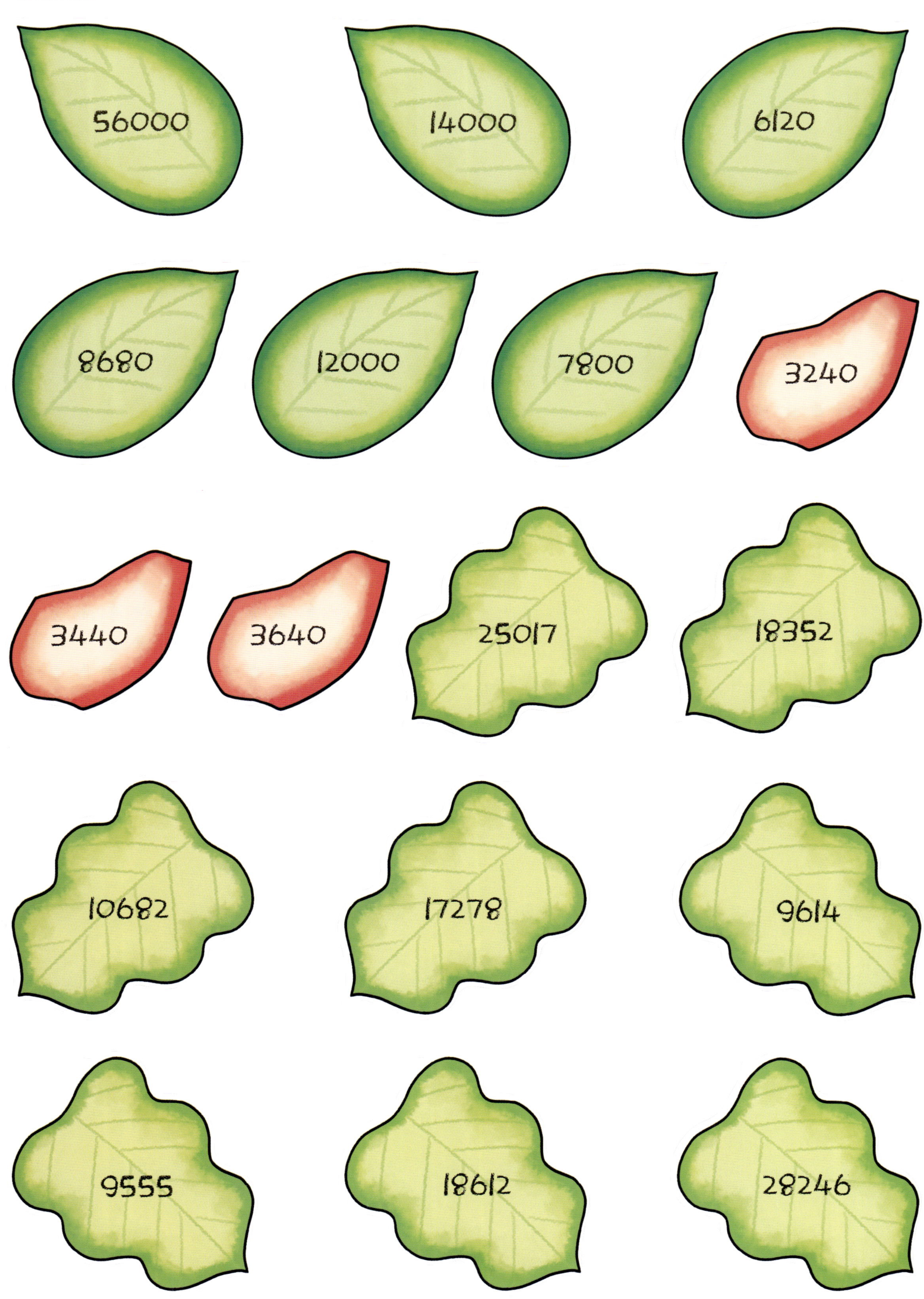

56000
14000
6120
8680
12000
7800
3240
3440
3640
25017
18352
10682
17278
9614
9555
18612
28246

78~79쪽

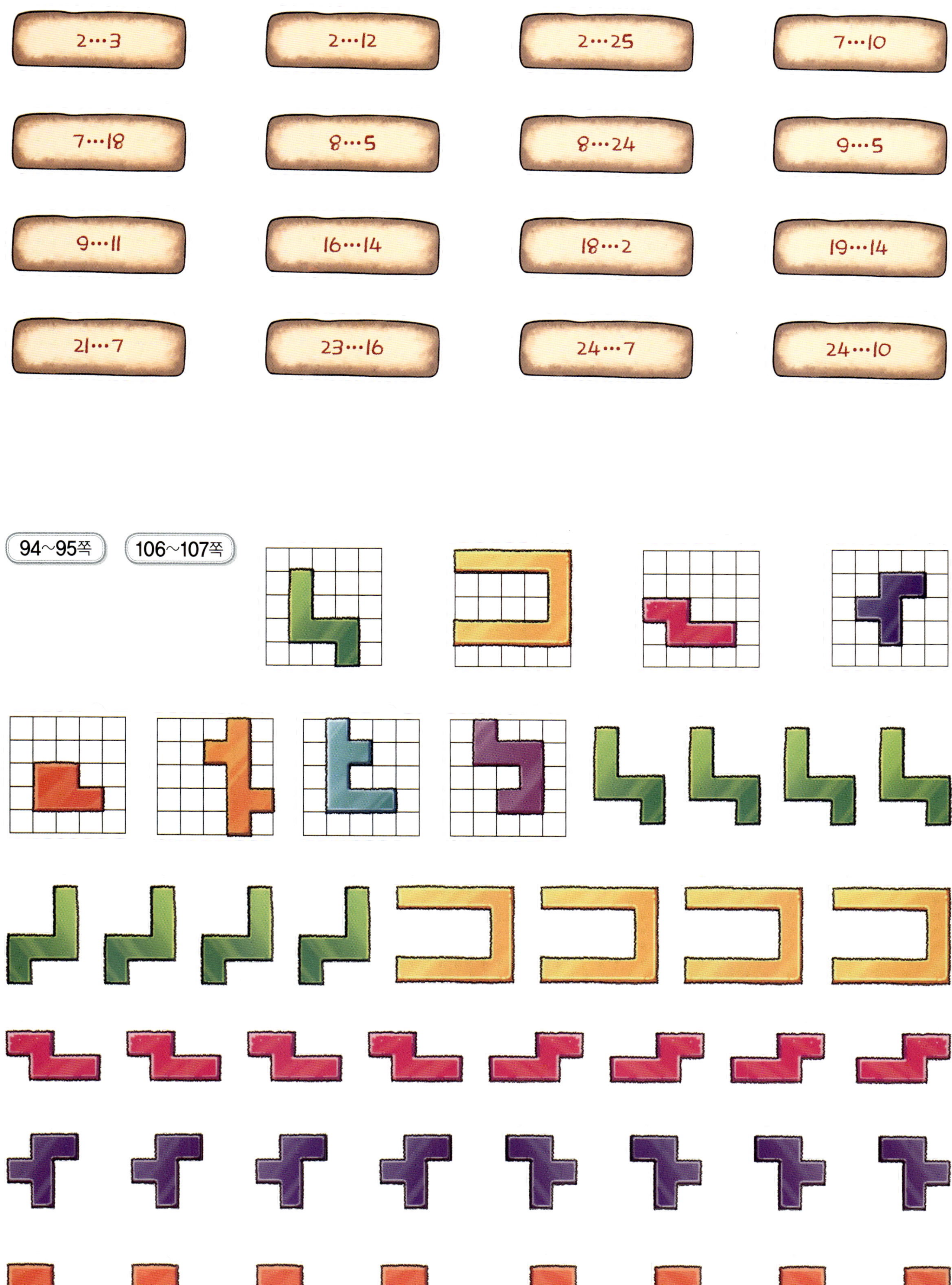
94~95쪽
106~107쪽

122~123쪽

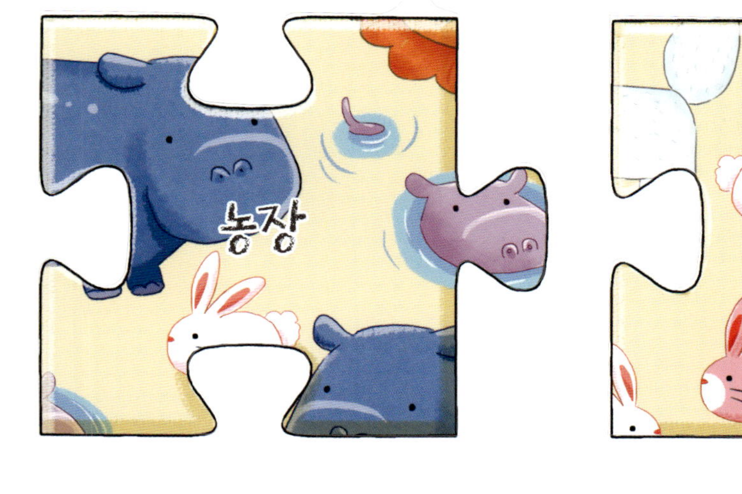
농장

동물원

과학관

5

막대그래프

26
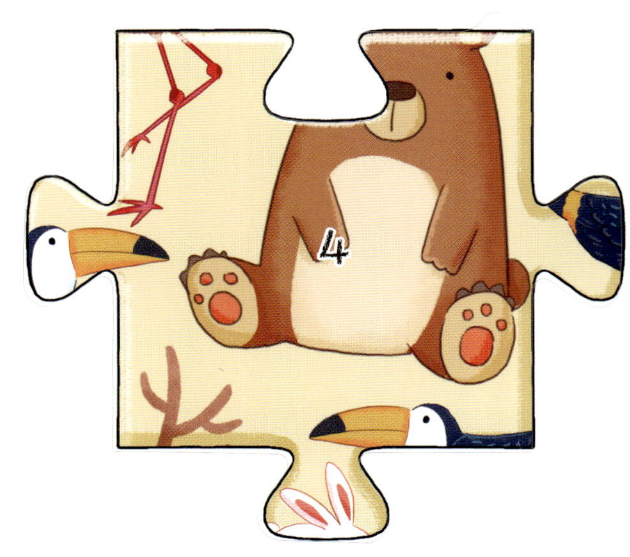
4

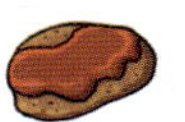

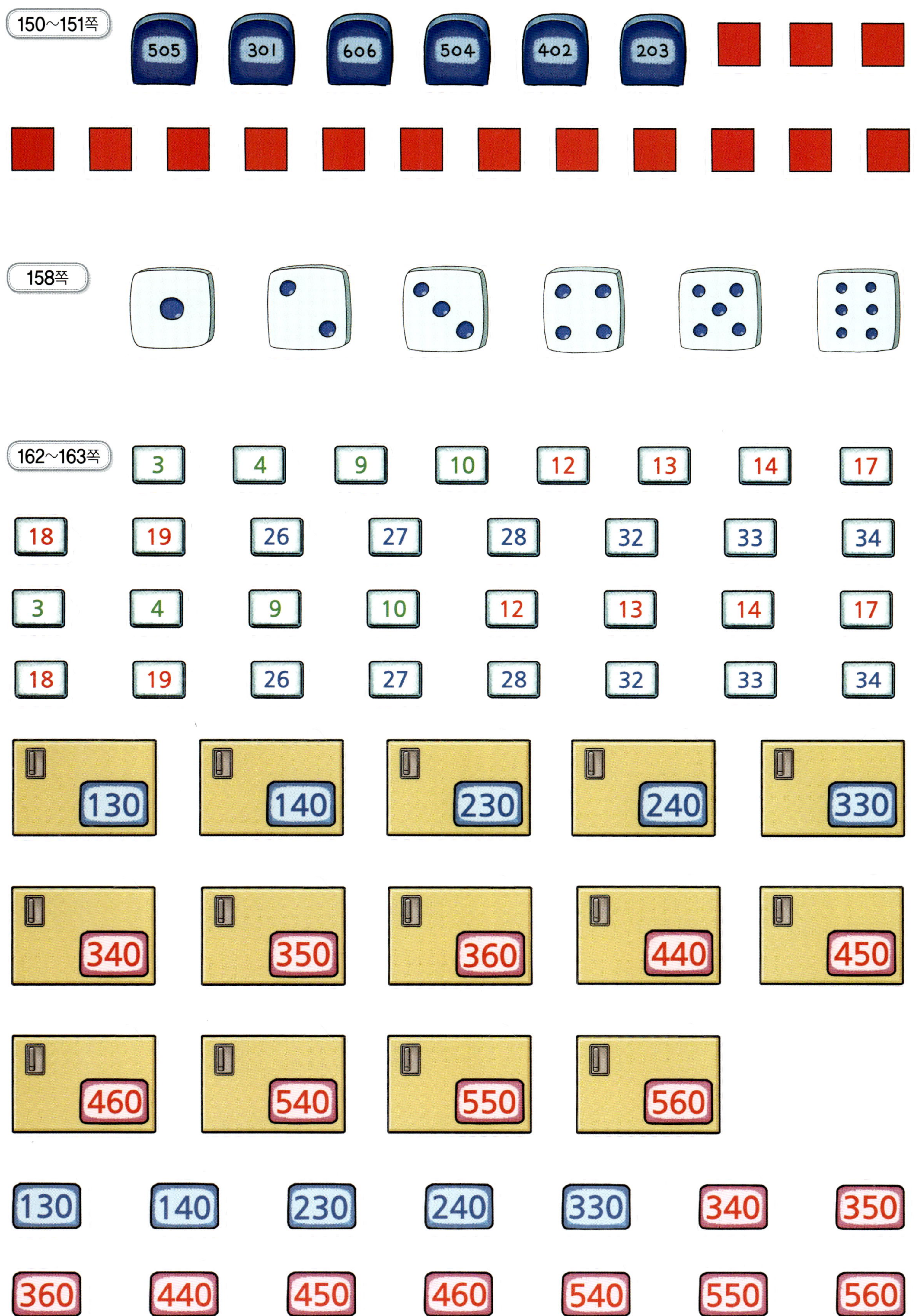

Start
Go!
교과서 개념

Run
Go!
교과서 사고력

Jump
Go!
유형 사고력

#난이도별
#천재되는_수학교재

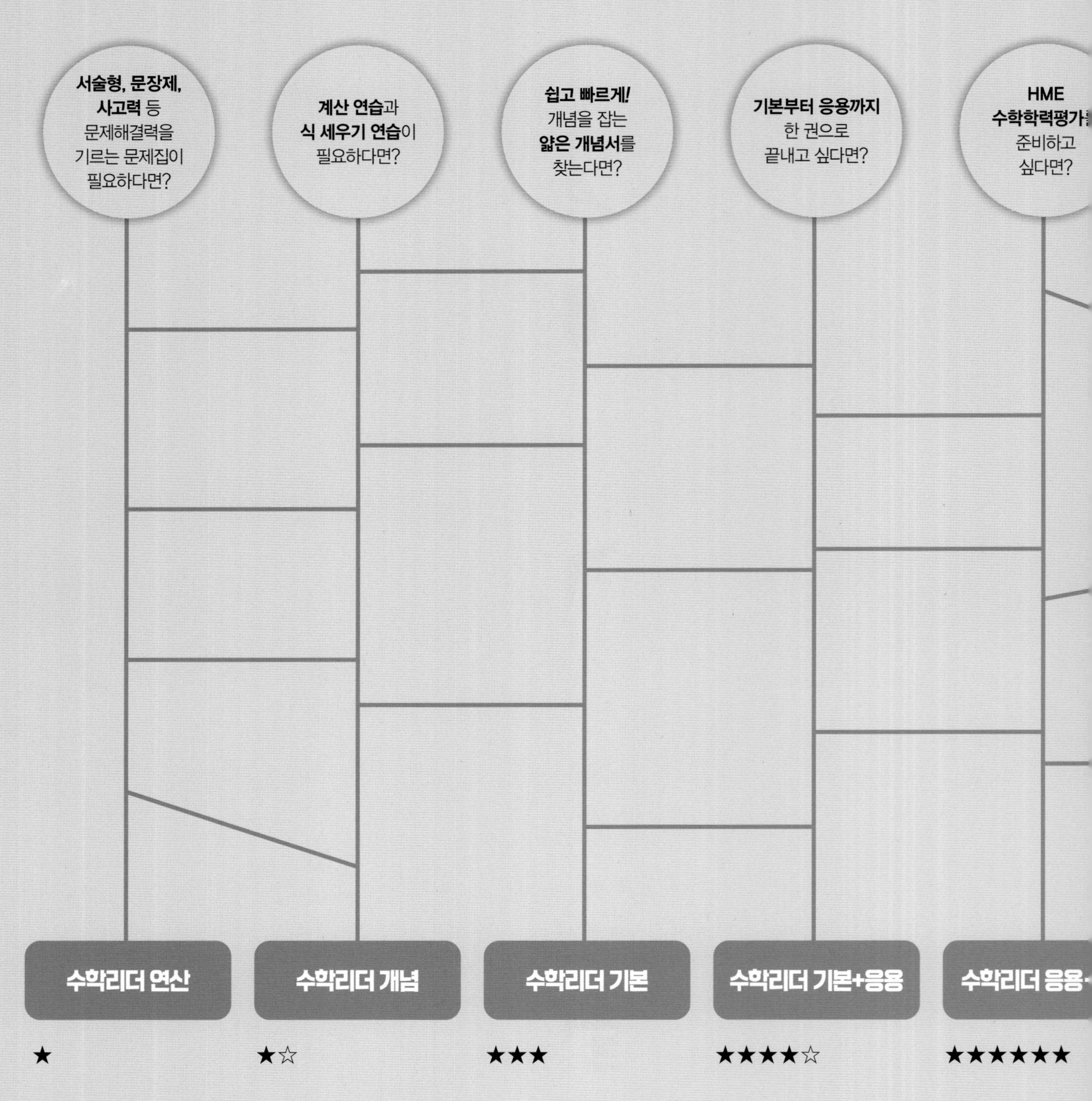

정답과 풀이　수학 4-1

정답과 해설
포인트 2가지

▶ 선생님이나 학부모가 쉽게 문제와 풀이를 한눈에 볼 수 있어요.

▶ 자세한 활동 수업에 대한 팁이 가득하게 들어 있어요.

교과서 개념 잡기

정답과 풀이 p.1

개념 ① 1000이 10개인 수 알아보기

1000이 10개인 수를 10000 또는 1만이라 쓰고, 만 또는 일만이라고 읽습니다.

9000보다 1000만큼 더 큰 수

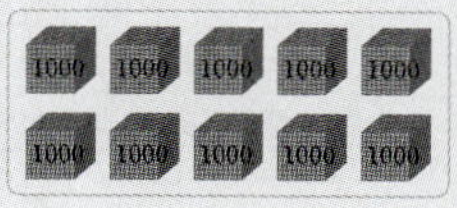

10000은
- 9000보다 1000만큼 더 큰 수
- 9900보다 100만큼 더 큰 수
- 9990보다 10만큼 더 큰 수
- 9999보다 1만큼 더 큰 수

개념 ② 다섯 자리 수 알아보기

· 10000이 3개, 1000이 6개, 100이 9개, 10이 5개, 1이 4개인 수

만의 자리	천의 자리	백의 자리	십의 자리	일의 자리
3	6	9	5	4

→ 쓰기 36954

36954 → 3만 6954
삼만 육천구백오십사

3	0	0	0	0	삼만
	6	0	0	0	육천
		9	0	0	구백
			5	0	오십
				4	사

→ 읽기 삼만 육천구백오십사

→ 36954 = 30000 + 6000 + 900 + 50 + 4

개념 Play 붙임딱지

왼쪽 지폐와 같은 가격이 되도록 오른쪽에 지폐 붙임딱지를 더 붙여 보세요.

6 · Start 4-1

---

1 □ 안에 알맞은 수나 말을 써넣으세요.

1000이 10개인 수를 **10000** 또는 1만이라 쓰고, **만** 또는 일만이라고 읽습니다.

❖ 1000이 10개인 수 → 쓰기 10000 또는 1만
읽기 만 또는 일만

2 그림을 보고 □ 안에 알맞은 수를 써넣으세요.

10000은 9900보다 **100** 만큼 더 큰 수입니다.

❖ 9900원에 100원을 더하면 10000원이 되므로 10000은 9900보다 100만큼 더 큰 수입니다.

3 다음을 수로 나타내고 읽어 보세요.

10000이 9개, 1000이 2개, 100이 1개, 10이 8개, 1이 6개인 수

쓰기 **92186**
읽기 **구만 이천백팔십육**

❖ 92186 → 9만 2186 → 구만 이천백팔십육

4 71583을 각 자리의 숫자가 나타내는 값의 합으로 나타내어 보세요.

만의 자리	천의 자리	백의 자리	십의 자리	일의 자리
7	1	5	8	3

71583 = 70000 + 1000 + **500** + **80** + **3**

❖ 백의 자리 숫자 5가 나타내는 값은 500, 십의 자리 숫자 8이 나타내는 값은 80, 일의 자리 숫자 3이 나타내는 값은 3입니다.

1 단원

1. 큰 수 · 7

교과서 개념 잡기

정답과 풀이 p.1

개념 ③ 십만, 백만, 천만 알아보기

· 100000이 10개, 100개, 1000개인 수

	쓰기	읽기
10개이면 →	100000 또는 10만	십만
100개이면 →	1000000 또는 100만	백만
1000개이면 →	10000000 또는 1000만	천만

100000이

· 100000이 3846개인 수

쓰기 38460000 또는 3846만   읽기 삼천팔백사십육만

3	8	4	6	0	0	0	0
천	백	십	일	천	백	십	일
			만				일

→ 38460000 = 30000000 + 8000000 + 400000 + 60000

· 1만, 10만, 100만, 1000만의 관계

1만 —10배→ 10만 —10배→ 100만 —10배→ 1000만

수를 10배 하면 0이 1개 늘어납니다.

개념 Play 붙임딱지

왼쪽과 같은 가격이 되도록 오른쪽에 지폐 붙임딱지를 더 붙여 보세요.

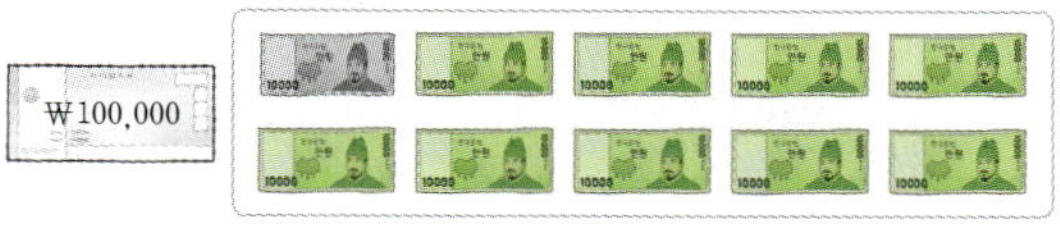

₩ 100,000

8 · Start 4-1

---

1 같은 수끼리 이어 보세요.

10000이 10개인 수		1000만
10000이 100개인 수		100만
10000이 1000개인 수		10만

2 12830000을 각 자리의 숫자가 나타내는 값의 합으로 나타내어 보세요.

1	2	8	3	0	0	0	0
천	백	십	일	천	백	십	일
			만				일

12830000 = **10000000** + 2000000 + 800000 + **30000**

❖ 천만의 자리 숫자 1이 나타내는 값은 10000000(1000만) 이고 만의 자리 숫자 3이 나타내는 값은 30000(3만)입니다.

3 빈칸에 알맞은 수나 말을 써넣으세요.

(1) 47030000 → **사천칠백삼만**
0인 자리는 읽지 않아요.

(2) **95260000** ← 구천오백이십육만

❖ (1) 4703|0000 → 4703만 → 사천칠백삼만
(2) 구천오백이십육만 → 9526만 → 95260000

4 보기 와 같이 수를 나타내어 보세요.

읽지 않은 자리에 0을 써요.

보기 천오백육십팔만 → 1568만 → 15680000

이천칠십사만 → **2074만** → **20740000**

1 단원

1. 큰 수 · 9

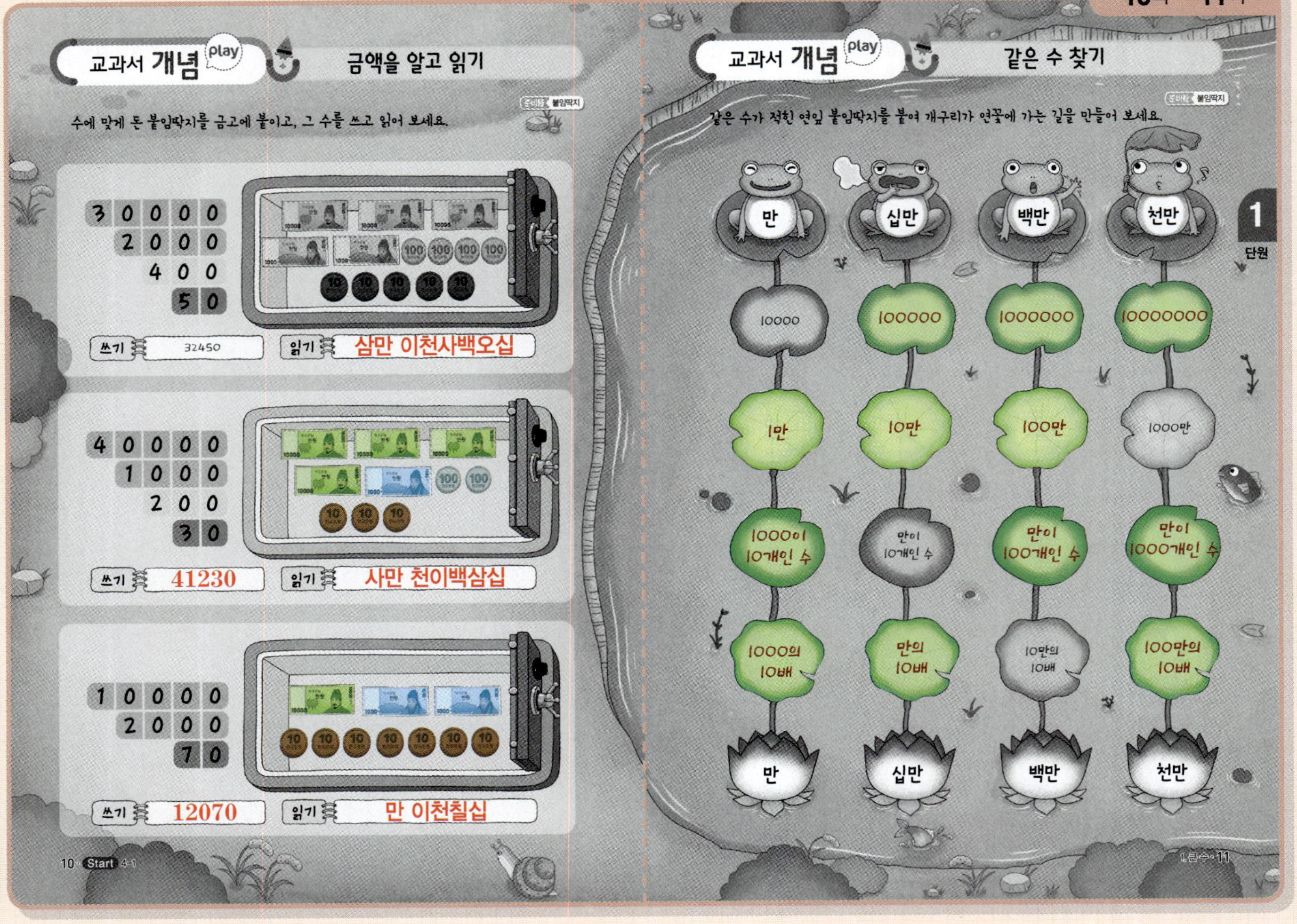

교과서 개념 play — 금액을 알고 읽기

수에 맞게 돈 붙임딱지를 금고에 붙이고, 그 수를 쓰고 읽어 보세요.

| 3 0 0 0 0 |
| 2 0 0 0 |
| 4 0 0 |
| 5 0 |

쓰기 **32450** 읽기 **삼만 이천사백오십**

| 4 0 0 0 0 |
| 1 0 0 0 |
| 2 0 0 |
| 3 0 |

쓰기 **41230** 읽기 **사만 천이백삼십**

| 1 0 0 0 0 |
| 2 0 0 0 |
| 7 0 |

쓰기 **12070** 읽기 **만 이천칠십**

교과서 개념 play — 같은 수 찾기

같은 수가 적힌 연잎 붙임딱지를 붙여 개구리가 연꽃에 가는 길을 만들어 보세요.

1단원

만	십만	백만	천만
10000	100000	1000000	10000000
1만	10만	100만	1000만
1000이 10개인 수	만이 10개인 수	만이 100개인 수	만이 1000개인 수
1000의 10배	만의 10배	10만의 10배	100만의 10배
만	십만	백만	천만

집중! 드릴 문제

정답과 풀이 p.2

1단원

[1~5] □ 안에 알맞은 수를 써넣으세요.

1 **10000** 은 9999보다 1만큼 더 큰 수입니다.

2 10000은 8000보다 **2000** 만큼 더 큰 수입니다.

3 10만은 10000이 **10** 개인 수입니다.

4 10만이 10개인 수는 **100만** 입니다. **(1000000)**

5 100만을 10배 하면 **1000만** 입니다. **(10000000)**

[6~10] 수를 읽어 보세요.

6 47530
사만 칠천오백삼십
✧ 47530 → 4만 7530
→ 사만 칠천오백삼십

7 281492
이십팔만 천사백구십이
✧ 281492 → 28만 1492
→ 이십팔만 천사백구십이

8 6527438
육백오십이만 칠천사백삼십팔
✧ 6527438 → 652만 7438
→ 육백오십이만 칠천사백삼십팔

9 12670475
천이백육십칠만 사백칠십오
✧ 12670475 → 1267만 475
→ 천이백육십칠만 사백칠십오

10 80306219
팔천삼십만 육천이백십구
✧ 80306219 → 8030만 6219
→ 팔천삼십만 육천이백십구

[11~15] 수로 나타내어 보세요.

11 육십일만
(610000)
✧ 육십일만 → 61만 → 610000

12 오백칠십사만
(5740000)
✧ 오백칠십사만 → 574만
→ 5740000

13 칠십이만 오천육백사십팔
(725648)
✧ 칠십이만 오천육백사십팔
→ 72만 5648 → 725648

14 오백사십오만 천이백팔십구
(5451289)
✧ 오백사십오만 천이백팔십구
→ 545만 1289 → 5451289

15 육천팔백만 천오백십
(68001510)
✧ 육천팔백만 천오백십
→ 6800만 1510 → 68001510

[16~20] 주어진 수에서 밑줄 친 숫자가 나타내는 값을 써 보세요.

16 35413
(10)
✧ 1은 십의 자리 숫자이므로 10을 나타냅니다.

17 254007
(7)
✧ 7은 일의 자리 숫자이므로 7을 나타냅니다.

18 73186908
(80000)
✧ 8은 만의 자리 숫자이므로 80000을 나타냅니다.

19 2137549
(2000000)
✧ 2는 백만의 자리 숫자이므로 2000000을 나타냅니다.

20 43456928
(40000000)
✧ 4는 천만의 자리 숫자이므로 40000000을 나타냅니다.

교과서 개념 확인 문제

1 규칙에 따라 빈칸에 알맞은 수를 써넣으세요.

| 9960 | 9970 | **9980** | 9990 | **10000** |

❖ 10씩 커지는 규칙입니다.

2 10000원이 되려면 각각의 돈이 얼마만큼 필요한지 써 보세요.

(1) → **10**장 (2) → **100**개

❖ (1) 1000이 10개이면 10000입니다.
(2) 100이 100개이면 10000입니다.

3 □ 안에 알맞은 수를 써넣으세요.

10000이 6개
1000이 8개
100이 2개 ─ 인 수는 **68273**입니다.
10이 7개
1이 3개

❖ 10000이 6개, 1000이 8개, 100이 2개, 10이 7개,
1이 3개인 수는 68273입니다.

4 빈칸에 알맞은 수나 말을 써넣으세요.

(1) 84219
팔만 사천이백십구

(2) **60731**
육만 칠백삼십일

❖ (1) 84219 ➜ 8만 4219 ➜ 팔만 사천이백십구
(2) 육만 칠백삼십일 ➜ 6만 731 ➜ 60731

5 수를 보고 물음에 답하세요.

41059

(1) 만의 자리 숫자는 무엇일까요?

(**4**)

(2) 숫자 5가 나타내는 값을 써 보세요.

(**50**)

❖ (1) 41059의 만의 자리 숫자는 4입니다.
(2) 5는 십의 자리 숫자이므로 50을 나타냅니다.

6 80915의 각 자리의 숫자와 나타내는 값을 알아보려고 합니다. 빈칸에 알맞은 수를 써넣으세요.

	만의 자리	천의 자리	백의 자리	십의 자리	일의 자리
숫자	8	**0**	**9**	**1**	**5**
나타내는 값	80000	**0**	**900**	**10**	**5**

❖ 자리의 숫자가 0이면 나타내는 값도 0입니다.
➜ 80915 = 80000 + 900 + 10 + 5

7 보기 와 같이 각 자리의 숫자가 나타내는 값의 합으로 나타내어 보세요.

보기
57842 = 50000 + 7000 + 800 + 40 + 2

(1) 37925 = **30000** + 7000 + **900** + **20** + **5**

(2) 48071 = 40000 + 8000 + **70** + **1**

교과서 개념 확인 문제

8 관계있는 것끼리 이어 보세요.

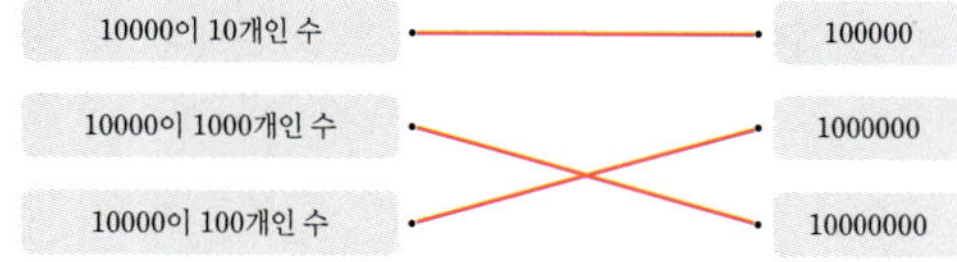

10000이 10개인 수	100000
10000이 1000개인 수	1000000
10000이 100개인 수	10000000

❖ 10000이 10개인 수 ➜ 10만 ➜ 100000
10000이 1000개인 수 ➜ 1000만 ➜ 10000000
10000이 100개인 수 ➜ 100만 ➜ 1000000

9 빈칸에 알맞은 수나 말을 써넣으세요.

(1) 76530000
칠천육백오십삼만

(2) **86970000**
팔천육백구십칠만

❖ (1) 76530000 ➜ 7653만 ➜ 칠천육백오십삼만
(2) 팔천육백구십칠만 ➜ 8697만 ➜ 86970000

10 수를 보고 □ 안에 알맞은 수를 써넣으세요.

95173602

(1) 만이 **9517**개, 일이 **3602**개인 수입니다.

(2) 천만의 자리 숫자는 **9**이고, **90000000**을 나타냅니다.

11 빈칸에 알맞은 수를 써넣으세요.

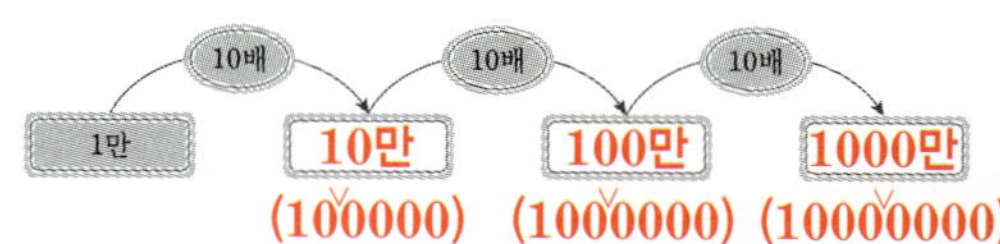

| 1만 | 10배 → **10만** | 10배 → **100만** | 10배 → **1000만** |
| | **(100000)** | **(1000000)** | **(10000000)** |

❖ 1만의 10배는 10만, 10만의 10배는 100만, 100만의 10배는
1000만입니다.

12 숫자 9가 나타내는 값을 각각 써 보세요.

31940000 59341700
㉠   ㉡

㉠ (**900000**), ㉡ (**9000000**)

❖ ㉠은 십만의 자리 숫자이므로 900000을 나타냅니다.
㉡은 백만의 자리 숫자이므로 9000000을 나타냅니다.

13 수 카드를 모두 한 번씩만 사용하여 가장 작은 다섯 자리 수를 만들고 읽어 보세요.

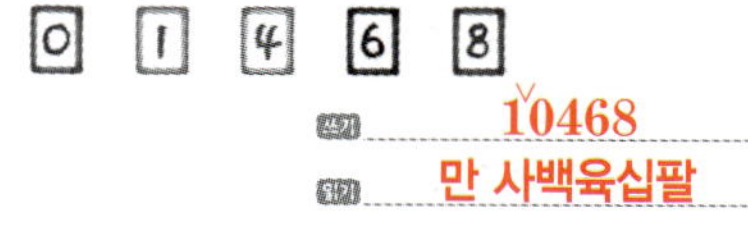

| 0 | 1 | 4 | 6 | 8 |

쓰기 **10468**
읽기 **만 사백육십팔**

❖ 만의 자리에 0을 사용하면 다섯 자리 수를 만들 수 없으므로
0 다음으로 작은 수인 1을 만의 자리에 쓰고 0을 쓴 다음 작은
수부터 순서대로 씁니다. ➜ 10468 ➜ 만 사백육십팔

14 50000개의 성냥개비를 한 상자에 1000개씩 담으려면 모두 몇 상자가 필요할까요?

(**50상자**)

❖ 1000이 10개이면 10000이므로 1000이 50개이면 50000입니다.
따라서 50000개의 성냥개비를 한 상자에 1000개씩 담으려면
모두 50상자가 필요합니다.

18쪽 ~ 19쪽

교과서 개념 잡기

개념 ④ 억 알아보기

- 1000만이 10개인 수를 100000000 또는 1억이라 쓰고, 억 또는 일억이라고 읽습니다.

	쓰기	읽기
1억이 10개이면 →	1000000000 또는 10억	십억
1억이 100개이면 →	10000000000 또는 100억	백억
1억이 1000개이면 →	100000000000 또는 1000억	천억

- 1억이 3515개인 수
  쓰기 351500000000 또는 3515억 읽기 삼천오백십오억

3	5	1	5	0	0	0	0	0	0	0	0
천	백	십	일	천	백	십	일	천	백	십	일
			억				만				일

→ 351500000000 = 300000000000 + 50000000000 + 1000000000 + 500000000

개념 ⑤ 조 알아보기

- 1000억이 10개인 수를 1000000000000 또는 1조라 쓰고, 조 또는 일조라고 읽습니다.

- 1조가 4728개인 수
  쓰기 4728000000000000 또는 4728조 읽기 사천칠백이십팔조

4	7	2	8	0	0	0	0	0	0	0	0	0	0	0	0
천	백	십	일	천	백	십	일	천	백	십	일	천	백	십	일
			조				억				만				일

→ 4728000000000000 = 4000000000000000 + 700000000000000 + 20000000000000 + 8000000000000

- 조 단위 수의 관계

  조 →(10배)→ 10조 →(10배)→ 100조 →(10배)→ 1000조

1 □ 안에 알맞은 수를 써넣으세요.
(1) 1000만이 10개인 수를 **100000000** (이)라 씁니다. **1억 또는**
(2) 1000억이 10개인 수를 **1000000000000** (이)라 씁니다. **또는 1조**

2 □ 안에 알맞은 수를 써넣고 읽어 보세요.

251000000000

2	5	1	0	0	0	0	0	0	0	0	0
천	백	십	일	천	백	십	일	천	백	십	일
			억				만				일

읽기 **이천오백십억**

✧ 251000000000 → 2510억 → 이천오백십억
       억   만

3 보기 와 같이 나타내어 보세요.

보기
9556370308022591 → 9556조 3703억 802만 2591

58685725525080 → **58조 6857억 2552만 5080**

✧ 58685725525080 → 58조 6857억 2552만 5080
    조   억   만

4 표를 보고 숫자 6이 나타내는 값을 써 보세요.

9	6	5	4	0	0	0	0	0	0	0	0	0	0	0	0
천	백	십	일	천	백	십	일	천	백	십	일	천	백	십	일
			조				억				만				일

✧ 백조의 자리 숫자 6이 나타내는 값은 **600000000000000**
  600000000000000(600조)입니다. **또는 600조**

20쪽 ~ 21쪽

교과서 개념 잡기

개념 ⑥ 뛰어 세기 → 일정한 수만큼 높아지는 관계

- 10000씩 뛰어 세기

  10000 - 20000 - 30000 - 40000 - 50000 - 60000

  → 10000씩 뛰어 세면 만의 자리 수가 1씩 커집니다.

- 10억씩 뛰어 세기

  632억 - 642억 - 652억 - 662억 - 672억 - 682억

  → 10억씩 뛰어 세면 십억의 자리 수가 1씩 커집니다.

개념 ⑦ 수의 크기를 비교하기

- 자리 수가 다른 경우
  → 자리 수가 많은 쪽이 더 큽니다.
  예 940000 < 2000000
     (6자리 수) (7자리 수)
- 자리 수가 같은 경우
  → 가장 높은 자리의 수부터 차례로 비교합니다.
  예 482600 < 485300
            (2<5)

> 수의 크기를 비교할 때에는 먼저 자리 수가 같은지 다른지부터 비교해 봐요.

수의 크기를 비교하는 방법
① 자리 수가 같은지 다른지 비교해 봅니다.
② 자리 수가 다르면 자리 수가 많은 쪽이 더 큽니다.
③ 자리 수가 같으면 가장 높은 자리의 수부터 차례로 비교하여 수가 큰 쪽이 더 큽니다.

개념 O X

✧ 수의 크기를 바르게 비교했으면 ○표, 아니면 ×표 하세요.

75000 > 540000
(5자리 수) (6자리 수)
(**×**)

571700 < 574200
(1 < 4)
(○)

1 10000씩 뛰어 세어 보세요.

59366 - 69366 - 79366 - **89366** - **99366** - 109366

✧ 10000씩 뛰어 세면 만의 자리 수가 1씩 커집니다.

2 얼마씩 뛰어 세었는지 써 보세요.

30억 3382만 — 40억 3382만 — 50억 3382만 — 60억 3382만 — 70억 3382만

(**10억**)

✧ 십억의 자리 수가 1씩 커지고 있으므로 10억씩 뛰어 세었습니다.

3 다음을 보고 수의 크기를 비교하여 ○ 안에 >, <를 알맞게 써넣으세요.

	십만	만	천	백	십	일
73900 →		7	3	9	0	0
245100 →	2	4	5	1	0	0

73900 < 245100

✧ 73900은 5자리 수이고 245100은 6자리 수이므로 자리 수가 많은 245100이 더 큰 수입니다.

4 두 수의 크기를 비교하여 ○ 안에 >, <를 알맞게 써넣으세요.
(1) 135억 1473만 4580 > 68억 9175만 9721
(2) 5762386525631 > 5497219634248

✧ (1) (11자리 수) > (10자리 수)
   (2) 자리 수가 같으므로 가장 높은 자리의 수부터 차례로 비교합니다.
   조의 자리 수가 같으므로 천억의 자리 수를 비교하면
   7 > 4입니다.
   따라서 5762386525631이 더 큽니다.

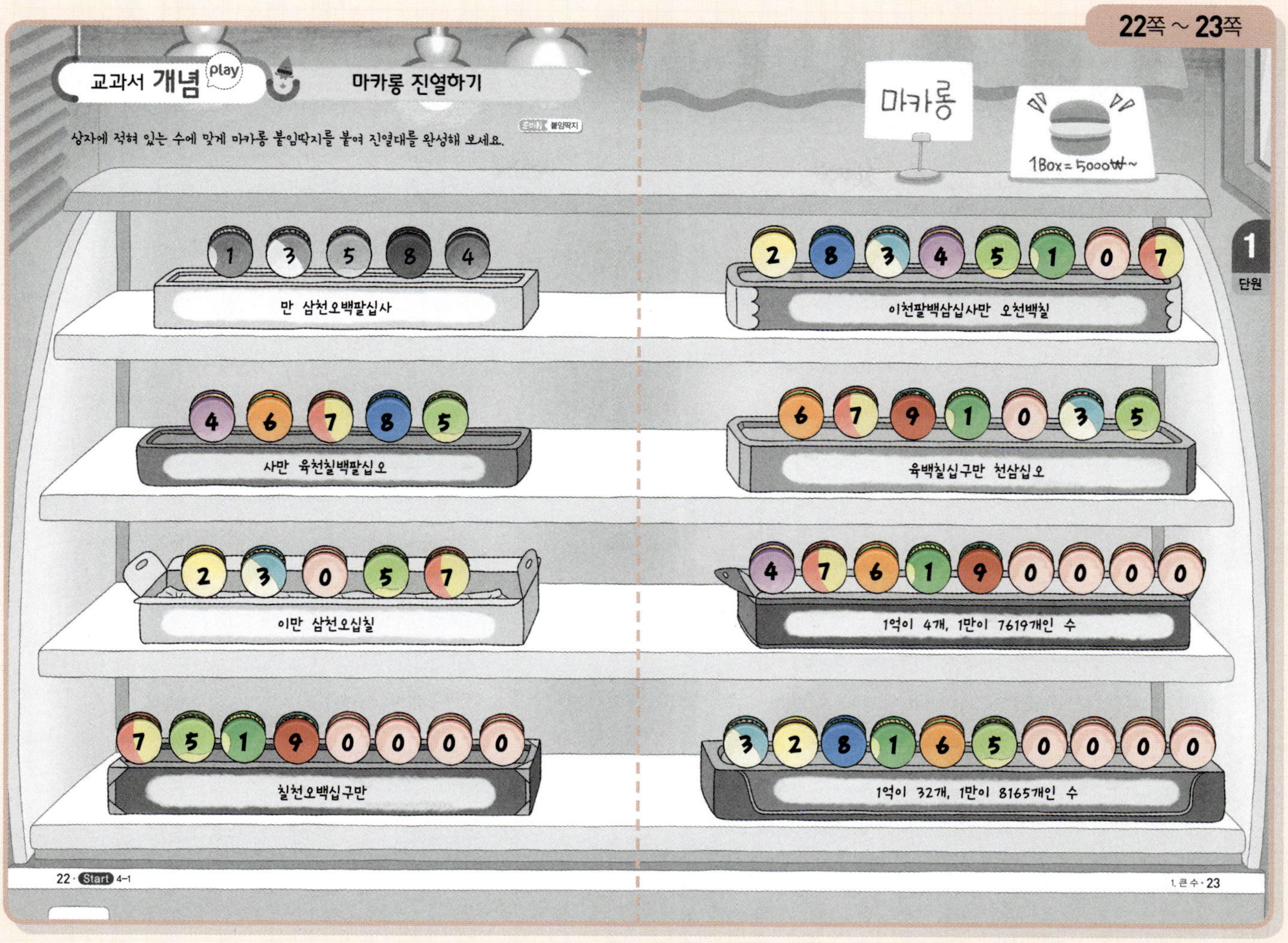

교과서 **개념** (play)   마카롱 진열하기

상자에 적혀 있는 수에 맞게 마카롱 붙임딱지를 붙여 진열대를 완성해 보세요.   붙임딱지

마카롱

1Box = 5000₩~

1 3 5 8 4
만 삼천오백팔십사

2 8 3 4 5 1 0 7
이천팔백삼십사만 오천백칠

4 6 7 8 5
사만 육천칠백팔십오

6 7 9 1 0 3 5
육백칠십구만 천삼십오

2 3 0 5 7
이만 삼천오십칠

4 7 6 1 9 0 0 0 0
1억이 4개, 1만이 7619개인 수

7 5 1 9 0 0 0 0
칠천오백십구만

3 2 8 1 6 5 0 0 0 0
1억이 32개, 1만이 8165개인 수

22 · Start 4-1

1
단원

1. 큰 수 · 23

집중! 드릴 문제

정답과 풀이 p.5

[1~5] 수를 읽어 보세요.

1
241950000
이억 사천백구십만
❖ 241950000 ➡ 2억 4195만
➡ 이억 사천백구십만

2
39150410000
삼백구십일억 오천사십일만
❖ 39150410000 ➡ 391억 5041만
➡ 삼백구십일억 오천사십일만

3
458001500000000
사백오십팔조 십오억
❖ 458001500000000 ➡ 458조 15억
➡ 사백오십팔조 십오억

4
973200000000000
구백칠십삼조 이천억
❖ 973200000000000 ➡ 973조
2000억 ➡ 구백칠십삼조 이천억

5
5010642054300000
오천십조 육천사백이십억 오천사백삼십만
❖ 5010642054300000
➡ 5010조 6420억 5430만
➡ 오천십조 육천사백이십억 오천사백삼십만

[6~10] 수로 나타내어 보세요.

6
육억 이천오백칠십이만
625720000
❖ 육억 이천오백칠십이만
➡ 6억 2572만 ➡ 625720000

7
사천오백억 삼천만
450030000000
❖ 사천오백억 삼천만 ➡ 4500억
3000만 ➡ 450030000000

8
이억 십
200000010
❖ 이억 십 ➡ 2억 10
➡ 200000010

9
구조 천억
9100000000000
❖ 구조 천억 ➡ 9조 1000억
➡ 9100000000000

10
이십팔억 일억 천만 사
28000110000004
❖ 이십팔억 일억 천만 사
➡ 28조 1억 1000만 4
➡ 28000110000004

[11~14] 뛰어 세기를 하였습니다. 얼마씩 뛰어 세었는지 써 보세요.

11
10만 — 20만 — 30만
40만 — 50만 — 60만
(**10만**)

12
440000 — 450000 — 460000
470000 — 480000 — 490000
(**10000**)

13
2억 3만 — 12억 3만 — 22억 3만
32억 3만 — 42억 3만 — 52억 3만
(**10억**)

14
604억 12만 — 604억 14만
604억 16만 — 604억 18만
(**2만**)

[15~19] 두 수의 크기를 비교하여 ○ 안에 >, <를 알맞게 써넣으세요.

15 640143 ⊙> 85627
❖ (6자리 수) > (5자리 수)

16 1495127 ⊙< 14678505
❖ (7자리 수) < (8자리 수)

17 40만 5419 ⊙< 3819725
❖ (6자리 수) < (7자리 수)

18 육천오백억 ⊙> 541990000000
❖ 육천오백억 ➡ 6500억 ➡ 650000000000
➡ 650000000000 > 541990000000
6 > 5

19 14100000000000 ⊙> 14조 200억
❖ 14100000000000 ➡ 14조 1000억
➡ 14조 1000억 > 14조 200억

1
단원

24 · Start 4-1

1. 큰 수 · 25

정답과 풀이 · **5**

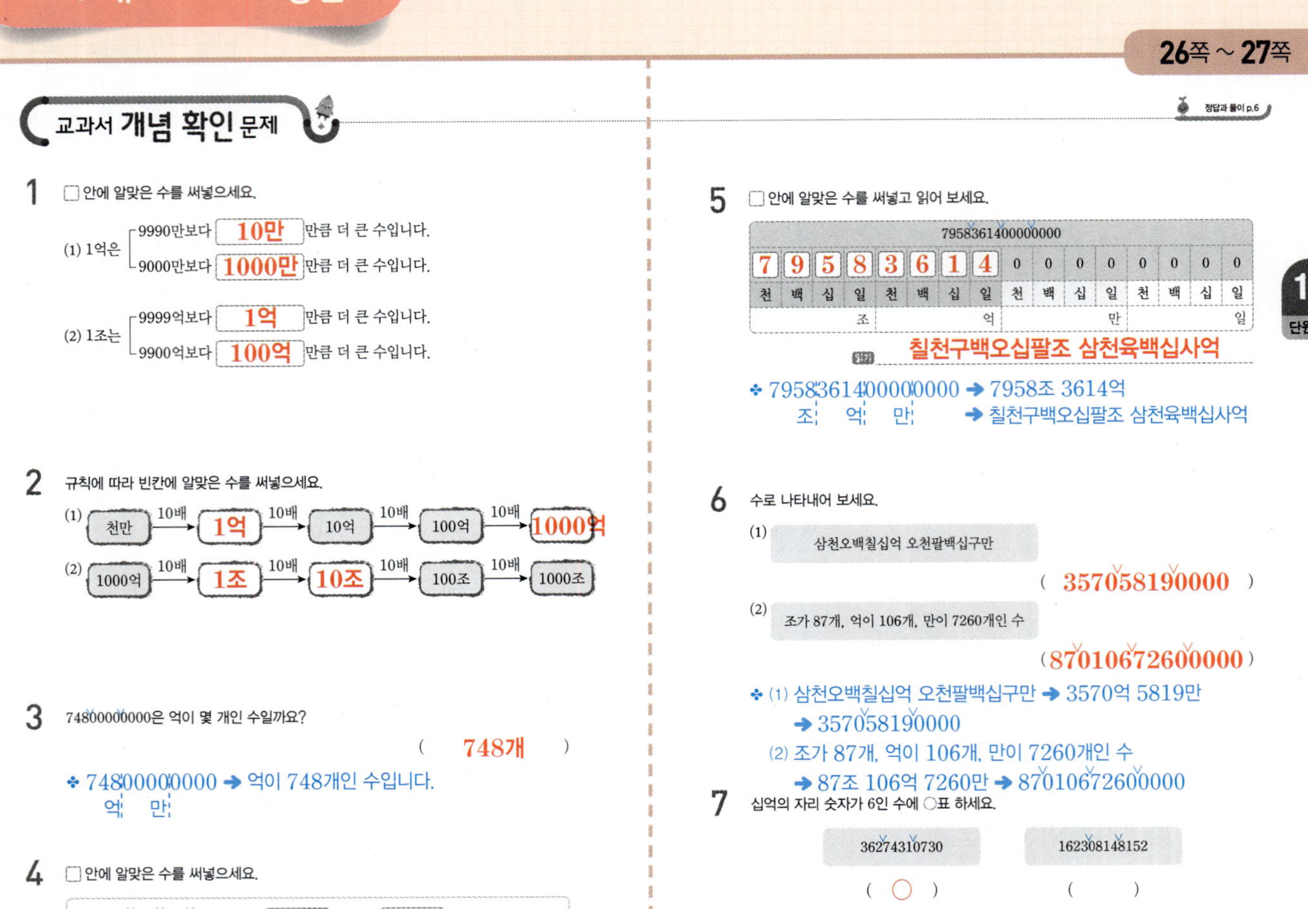

교과서 개념 확인 문제

정답과 풀이 p.6

1 ☐ 안에 알맞은 수를 써넣으세요.

(1) 1억은 ┌ 9990만보다 **10만** 만큼 더 큰 수입니다.
　　　　└ 9000만보다 **1000만** 만큼 더 큰 수입니다.

(2) 1조는 ┌ 9999억보다 **1억** 만큼 더 큰 수입니다.
　　　　└ 9900억보다 **100억** 만큼 더 큰 수입니다.

2 규칙에 따라 빈칸에 알맞은 수를 써넣으세요.

(1) 천만 →(10배) **1억** →(10배) 10억 →(10배) 100억 →(10배) **1000억**

(2) 1000억 →(10배) **1조** →(10배) **10조** →(10배) 100조 →(10배) 1000조

3 74800000000은 억이 몇 개인 수일까요?

(**748개**)

✚ 74800000000 → 억이 748개인 수입니다.

4 ☐ 안에 알맞은 수를 써넣으세요.

617309400000000은 조가 **617** 개, 억이 **3094** 개인 수입니다.

✚ 617309400000000 → 조가 617개, 억이 3094개인 수

5 ☐ 안에 알맞은 수를 써넣고 읽어 보세요.

7958361400000000															
7	9	5	8	3	6	1	4	0	0	0	0	0	0	0	0
천	백	십	일	천	백	십	일	천	백	십	일	천	백	십	일
			조				억				만				일

칠천구백오십팔조 삼천육백십사억

✚ 7958361400000000 → 7958조 3614억
→ 칠천구백오십팔조 삼천육백십사억

6 수로 나타내어 보세요.

(1) 삼천오백칠십억 오천팔백십구만

(**357058190000**)

(2) 조가 87개, 억이 106개, 만이 7260개인 수

(**87010672600000**)

✚ (1) 삼천오백칠십억 오천팔백십구만 → 3570억 5819만
→ 357058190000

(2) 조가 87개, 억이 106개, 만이 7260개인 수
→ 87조 106억 7260만 → 87010672600000

7 십억의 자리 숫자가 6인 수에 ○표 하세요.

36274310730	162308148152
(○)	( )

✚ 36274310730　　162308148152
　 └십억의 자리 숫자　　└백억의 자리 숫자

교과서 개념 확인 문제

정답과 풀이 p.6

8 100억씩 뛰어 세어 보세요.

1620억 — 1720억 — **1820억** — 1920억 — **2020억**

✚ 100억씩 뛰어 세면 백억의 자리 수가 1씩 커집니다.

9 10만씩 뛰어 세었습니다. ㉠에 알맞은 수를 구해 보세요.

347만 — ☐ — ☐ — ☐ — ㉠

(**387만**)

✚ 347만에서 10만씩 뛰어 세면
347만－357만－367만－377만－387만입니다.
따라서 ㉠에 알맞은 수는 387만입니다.

10 얼마씩 뛰어 세었는지 써 보세요.

(1) 3120억 — 4120억 — 5120억 — 6120억 — 7120억

(**1000억**)

(2) 102조 — 122조 — 142조 — 162조 — 182조

(**20조**)

✚ (1) 천억의 자리 수가 1씩 커지므로 1000억씩 뛰어 세었습니다.
(2) 십조의 자리 수가 2씩 커지므로 20조씩 뛰어 세었습니다.

11 뛰어 세어 빈칸에 알맞은 수를 써넣으세요.

4300만 — 4400만 — **4500만** — **4600만** — 4700만

✚ 백만의 자리 수가 1 커졌으므로 100만씩 뛰어 센 것입니다.

12 두 수의 크기를 비교하여 ○ 안에 >, <를 알맞게 써넣으세요.

(1) 11조 3250억 (**<**) 11조 3459억
　　　　　└ 2 < 4

(2) 5496219300000 (**>**) 사조 구천팔백삼십억 팔백만
　　　조 억 만

✚ 두 수의 자리 수가 같으므로 높은 자리의 수부터 차례로
비교합니다.

13 수로 나타낼 때 0은 모두 몇 개일까요?

이천팔백조 오백삼억 사천이백십만

(**9개**)

✚ 이천팔백조 오백삼억 사천이백십만
→ 2800조 503억 4210만 → 2800050342100000

14 가장 큰 수에 ○표, 가장 작은 수에 △표 하세요.

✚ 380425764 (9자리 수)
291436809 (9자리 수)
1045670418 (10자리 수)
억 만

| 380425764 ( ) |
| 291436809 (△) |
| 1045670418 (○) |

따라서 가장 큰 수는 1045670418이고 가장 작은 수는 291436809입니다.

15 ㉠이 나타내는 값은 ㉡이 나타내는 값의 몇 배일까요?

623642715
㉠　㉡

(**1000배**)

✚ ㉠은 억의 자리 수이므로 600000000을 나타내고 ㉡은 십만의
자리 수이므로 600000을 나타냅니다.
따라서 ㉠이 나타내는 값은 ㉡이 나타내는 값의 1000배입니다.

개념 확인평가

1. 큰 수

맞은 개수

정답과 풀이 p.7

1 ☐ 안에 알맞은 수를 써넣으세요.

10000은 9990보다 **10** 만큼 더 큰 수입니다.
9999 보다 1만큼 더 큰 수입니다.

✤ 10000은 9990보다 10만큼 더 큰 수이고 9999보다 1만큼 더 큰 수입니다.

2 ☐ 안에 알맞은 수를 써넣으세요.

10000이 4개
1000이 8개
100이 3개 인 수는 **48327** 입니다.
10이 2개
1이 7개

3 수를 쓰고 읽어 보세요.

만이 5360개인 수

쓰기 **53600000** 또는 **5360만**

읽기 **오천삼백육십만**

4 숫자 3이 나타내는 값은 얼마인지 써 보세요.

(1) 32400   (2) 43585

(**30000**)   (**3000**)

✤ (1) 3은 만의 자리 수이므로 30000을 나타냅니다.
(2) 3은 천의 자리 수이므로 3000을 나타냅니다.

---

1 단원

5 1억씩 뛰어 세어 보세요.

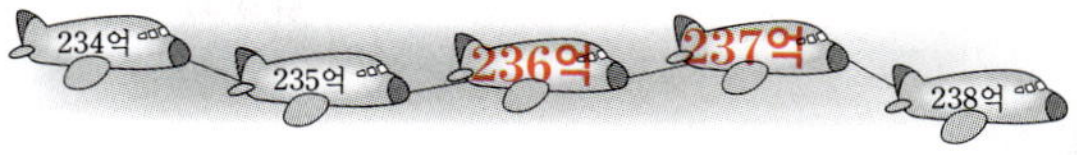

234억 235억 **236억** **237억** 238억

✤ 1억씩 뛰어 세면 억의 자리 수가 1씩 커집니다.

6 두 수의 크기를 비교하여 ○ 안에 >, <를 알맞게 써넣으세요.

347억 2921만 **>** 3629171548

✤ 3629171548 ➡ 36억 2917만 1548
두 수의 자리 수가 다르므로 자리 수가
더 많은 347억 2921만이 더 큰 수입니다.

7 뛰어 세어 빈칸에 알맞은 수를 써넣으세요.

6억 1870만 6억 1970만 **6억 2070만** **6억 2170만**

✤ 100만씩 뛰어 센 것이므로 백만의 자리 수를 1씩 크게 합니다.

8 ㉠과 ㉡을 수로 나타내어 보세요.

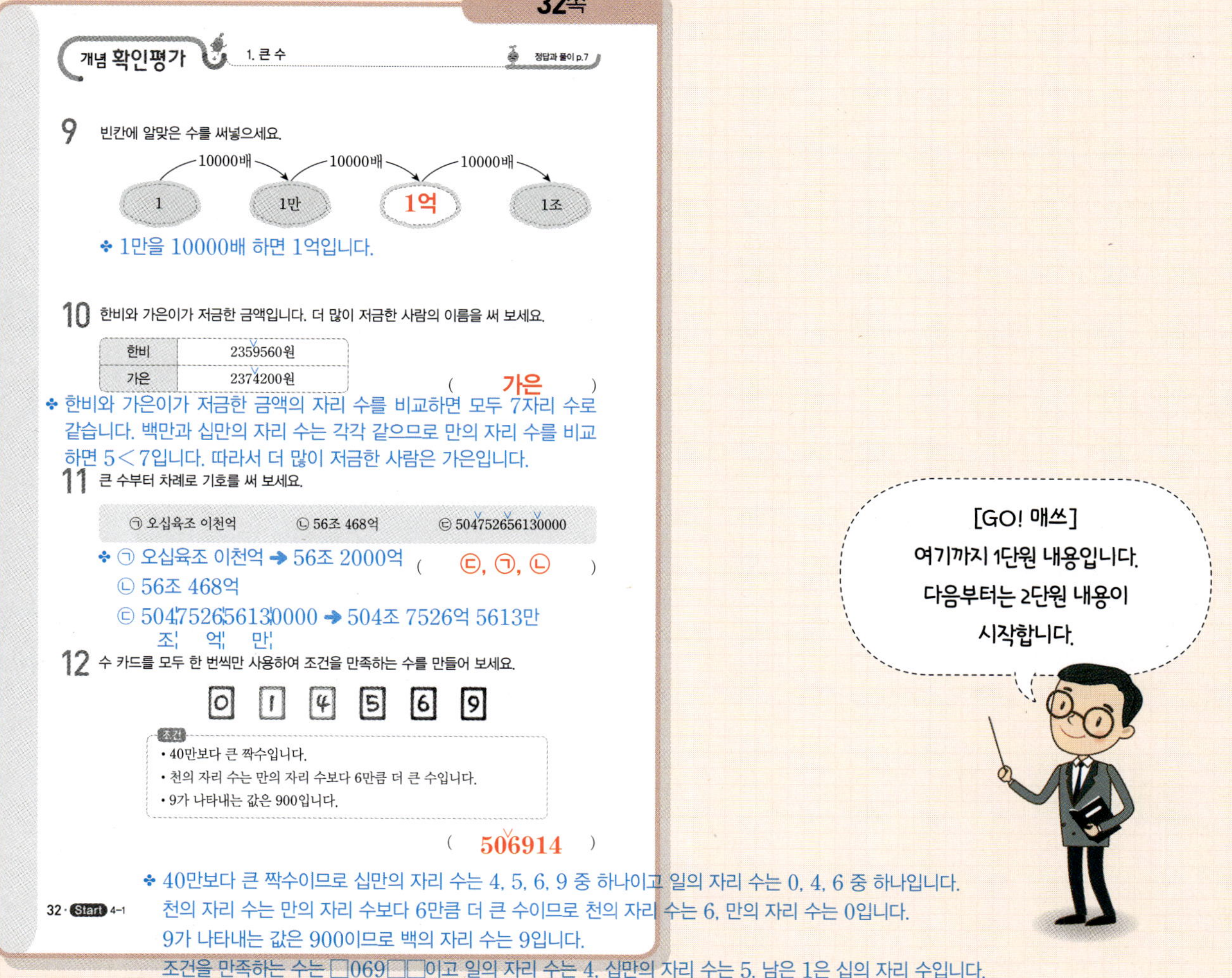

㉠ (**12000000000000**)
㉡ (**200000000**)

개념 확인평가

1. 큰 수

정답과 풀이 p.7

9 빈칸에 알맞은 수를 써넣으세요.

10000배 → 10000배 → 10000배 →

1 1만 **1억** 1조

✤ 1만을 10000배 하면 1억입니다.

10 한비와 가은이가 저금한 금액입니다. 더 많이 저금한 사람의 이름을 써 보세요.

한비	2359560원
가은	2374200원

(**가은**)

✤ 한비와 가은이가 저금한 금액의 자리 수를 비교하면 모두 7자리 수로 같습니다. 백만과 십만의 자리 수는 각각 같으므로 만의 자리 수를 비교하면 5<7입니다. 따라서 더 많이 저금한 사람은 가은입니다.

11 큰 수부터 차례로 기호를 써 보세요.

㉠ 오십육조 이천억 ㉡ 56조 468억 ㉢ 504752656130000

✤ ㉠ 오십육조 이천억 ➡ 56조 2000억   (**㉢, ㉠, ㉡**)
㉡ 56조 468억
㉢ 504752656130000 ➡ 504조 7526억 5613만
조 억 만

12 수 카드를 모두 한 번씩만 사용하여 조건을 만족하는 수를 만들어 보세요.

0 1 4 5 6 9

조건
• 40만보다 큰 짝수입니다.
• 천의 자리 수는 만의 자리 수보다 6만큼 더 큰 수입니다.
• 9가 나타내는 값은 900입니다.

(**506914**)

✤ 40만보다 큰 짝수이므로 십만의 자리 수는 4, 5, 6, 9 중 하나이고 일의 자리 수는 0, 4, 6 중 하나입니다.
천의 자리 수는 만의 자리 수보다 6만큼 더 큰 수이므로 천의 자리 수는 6, 만의 자리 수는 0입니다.
9가 나타내는 값은 900이므로 백의 자리 수는 9입니다.
조건을 만족하는 수는 ☐069☐☐이고 일의 자리 수는 4, 십만의 자리 수는 5, 남은 1은 십의 자리 수입니다.
따라서 조건을 만족하는 수는 506914입니다.

교과서 개념 잡기

정답과 풀이 p.8

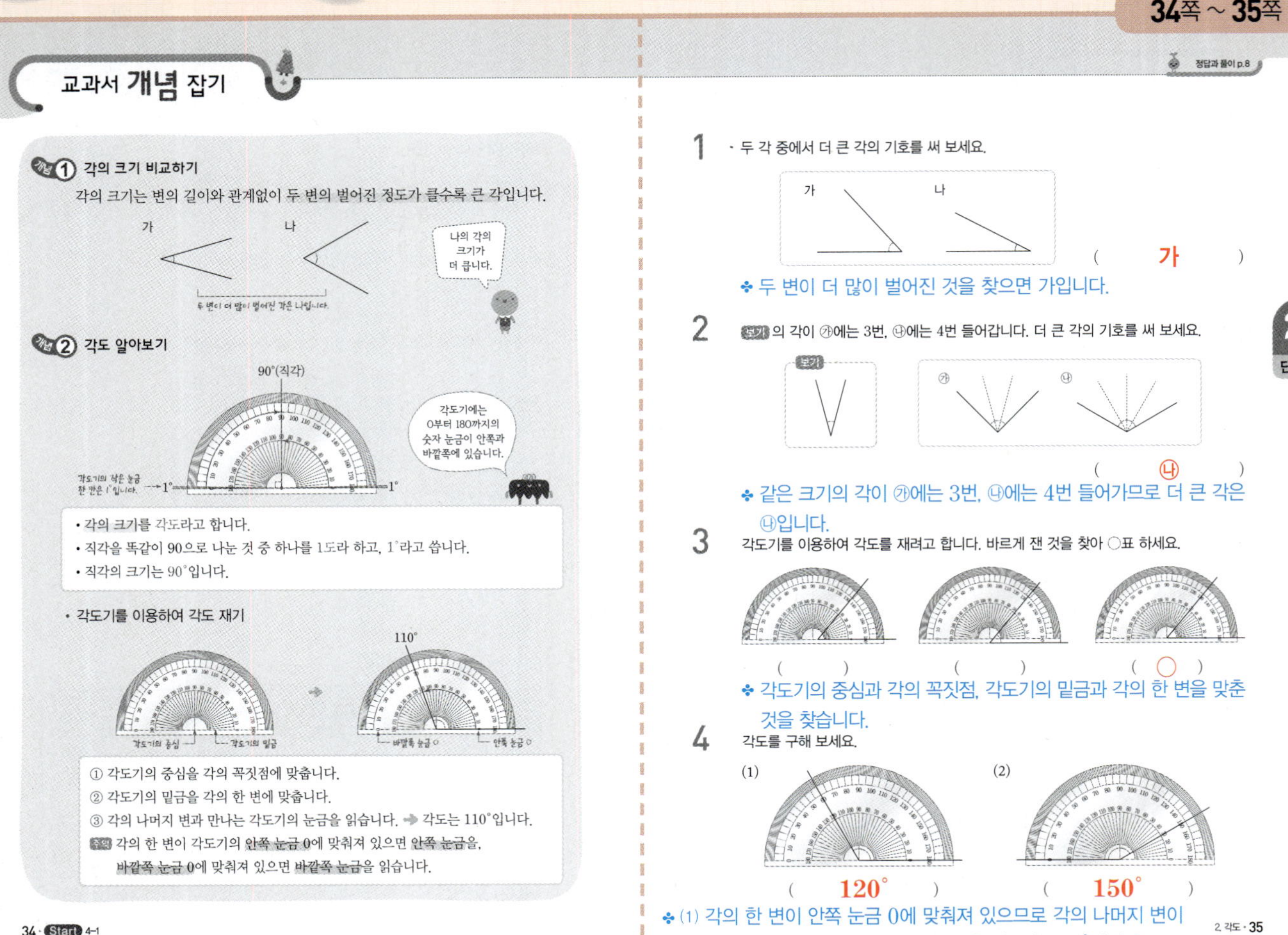

1 ・두 각 중에서 더 큰 각의 기호를 써 보세요.

가　　　나

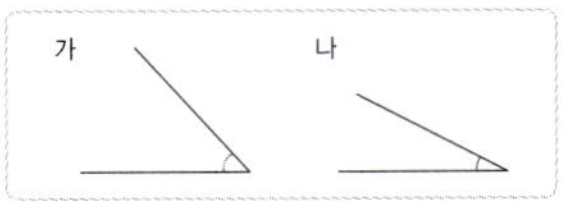

(**가**)

✤ 두 변이 더 많이 벌어진 것을 찾으면 가입니다.

2 보기 의 각이 ㉮에는 3번, ㉯에는 4번 들어갑니다. 더 큰 각의 기호를 써 보세요.

보기　　　㉮　　　㉯

(**㉯**)

✤ 같은 크기의 각이 ㉮에는 3번, ㉯에는 4번 들어가므로 더 큰 각은 ㉯입니다.

3 각도기를 이용하여 각도를 재려고 합니다. 바르게 잰 것을 찾아 ○표 하세요.

( )　　　( )　　　(○)

✤ 각도기의 중심과 각의 꼭짓점, 각도기의 밑금과 각의 한 변을 맞춘 것을 찾습니다.

4 각도를 구해 보세요.

(1)　　　　(2)

(**120°**)　　　(**150°**)

✤ (1) 각의 한 변이 안쪽 눈금 0에 맞춰져 있으므로 각의 나머지 변이 각도기의 안쪽 눈금과 만나는 부분을 읽으면 120°입니다.

(2) 각의 한 변이 바깥쪽 눈금 0에 맞춰져 있으므로 각의 나머지 변이 각도기의 바깥쪽 눈금과 만나는 부분을 읽으면 150°입니다.

2 단원

교과서 개념 잡기

정답과 풀이 p.8

개념 ③ 예각과 둔각 알아보기
각도가 0°보다 크고 직각보다 작은 각을 예각이라고 합니다.
각도가 직각보다 크고 180°보다 작은 각을 둔각이라고 합니다.

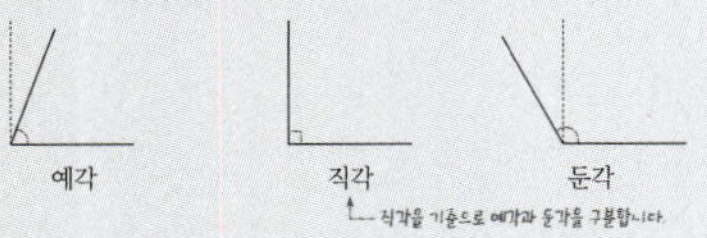

예각　　　직각　　　둔각

직각을 기준으로 예각과 둔각을 구분합니다.

개념 ④ 각 그리기
각도가 90°인 각 ㄱㄴㄷ 그리기

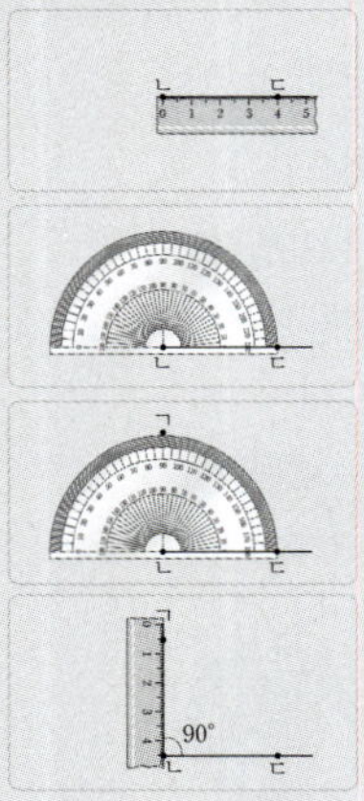

① 자를 이용하여 각의 한 변인 변 ㄴㄷ을 그립니다.

② 각도기의 중심과 점 ㄴ을 맞추고, 각도기의 밑금과 각의 한 변인 변 ㄴㄷ을 맞춥니다.

③ 각도기의 밑금에서 시작하여 각도가 90°가 되는 눈금에 점 ㄱ을 표시합니다.

④ 각도기를 떼고, 자를 이용하여 변 ㄱㄴ을 그어 각도가 90°인 각 ㄱㄴㄷ을 완성합니다.

1 각을 보고 예각, 둔각 중 어느 것인지 □ 안에 써넣으세요.

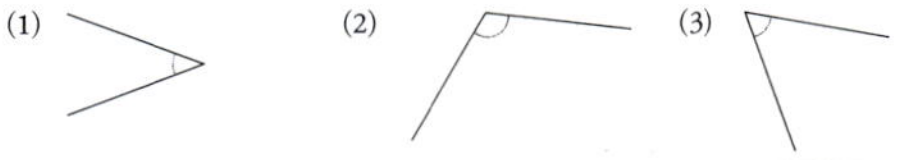

(1)　　　(2)　　　(3)

예각　　　**둔각**　　　**예각**

✤ (1), (3) 각도가 0°보다 크고 직각보다 작은 각이므로 예각입니다.
(2) 각도가 직각보다 크고 180°보다 작은 각이므로 둔각입니다.

2 130°인 각을 그리려고 합니다. 그리는 과정을 순서대로 써 보세요.

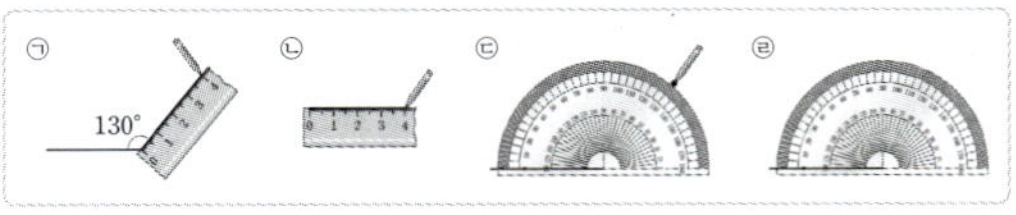

㉠　　　㉡　　　㉢　　　㉣
130°

㉡ ➡ ㉣ ➡ ㉢ ➡ ㉠

✤ ㉡ 각의 한 변을 그립니다.
➡ ㉣ 각도기의 중심과 각의 꼭짓점을 맞추고, 각도기의 밑금과 각의 한 변을 맞춥니다.
➡ ㉢ 각도기의 밑금에서 시작하여 각도가 130°가 되는 눈금에 점을 찍습니다.
➡ ㉠ 각도기를 떼고, 자를 이용하여 나머지 변을 그어 각도가 130°인 각을 완성합니다.

3 주어진 각도의 각을 각도기 위에 그려 보세요.

(1) 50°　　　(2) 120°

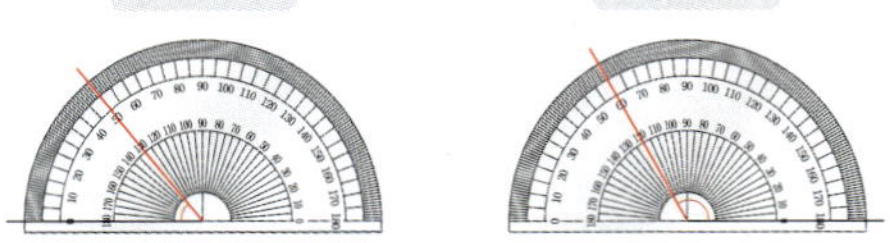

✤ (1) 각의 한 변이 바깥쪽 눈금 0에 맞춰져 있으므로 바깥쪽 눈금이 50°가 되는 곳에 점을 찍고 점과 각의 꼭짓점을 이어 각을 그립니다.
(2) 각의 한 변이 안쪽 눈금 0에 맞춰져 있으므로 안쪽 눈금이 120°가 되는 곳에 점을 찍고 점과 각의 꼭짓점을 이어 각을 그립니다.

2 단원

교과서 개념 play · 즐거운 체육 시간

흥민이네 반 학생들이 지그재그 달리기를 하고 있습니다. 길이 끊겨있는 곳에 알맞은 각도 붙임딱지를 붙이고 지나온 예각, 직각, 둔각의 수를 써 보세요.

집중! 드릴 문제

정답과 풀이 p.9

[1~5] 각의 크기가 큰 순서대로 1, 2, 3을 써 보세요.

1 
(3)　(1)　(2)

❖ 두 변이 가장 많이 벌어진 각부터 순서대로 1, 2, 3을 씁니다.

2 
(1)　(2)　(3)

3 
(2)　(1)　(3)

4 
(1)　(2)　(3)

5 
(2)　(3)　(1)

[6~9] 각도를 구해 보세요.

6 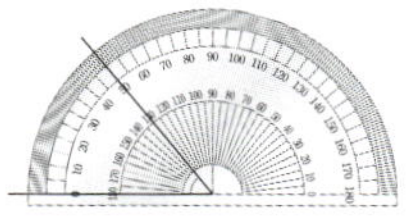
(50°)

7 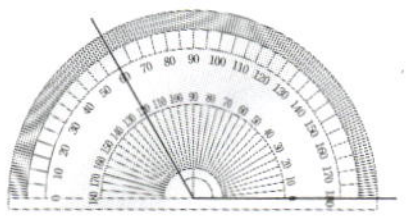
(120°)

8 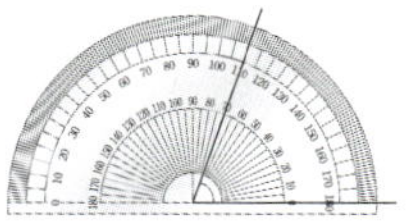
(70°)

9 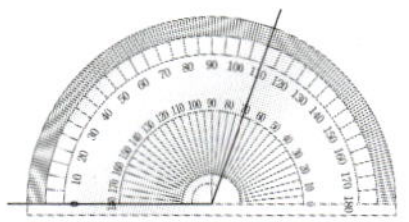
(110°)

[10~13] 예각이면 '예', 둔각이면 '둔'이라고 써 보세요.

10 
(둔)

11 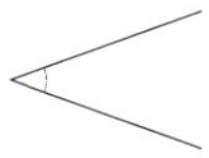
(예)

12 
(예)

13 
(둔)

[14~17] 주어진 각도의 각을 각도기 위에 그려 보세요.

14 40°

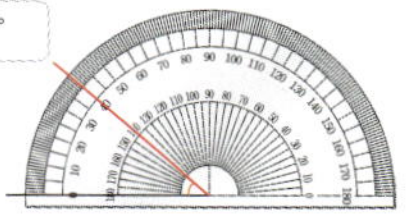

15 130°

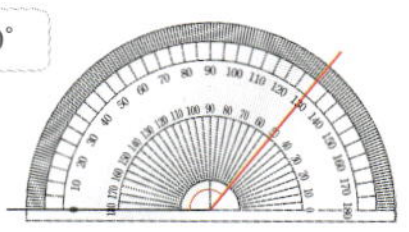

16 90°

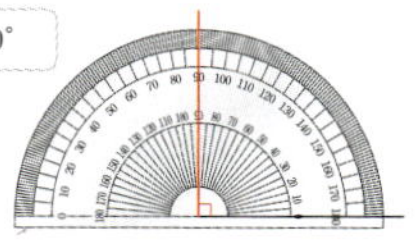

17 170°

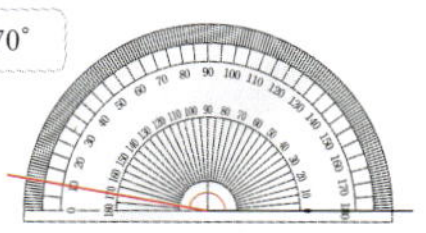

교과서 개념 확인 문제

정답과 풀이 p.10

1 두 각 중에서 더 작은 각을 찾아 기호를 써 보세요.

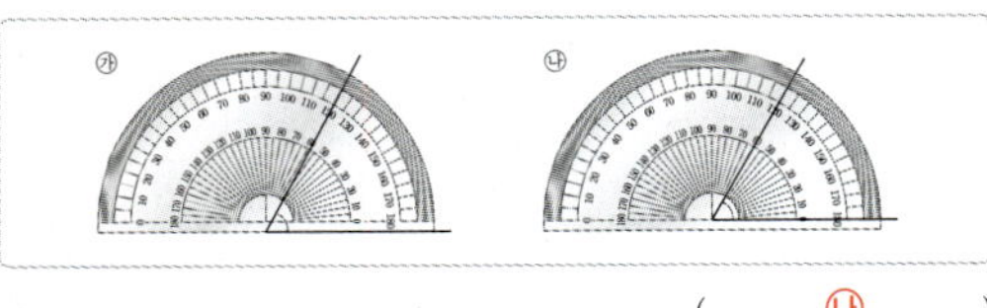

(㉠)

❖ 두 변의 벌어진 정도가 더 작은 각을 찾으면 ㉠입니다.

2 각도를 바르게 잰 것을 찾아 기호를 써 보세요.

(㉴)

❖ 각의 꼭짓점을 각도기의 중심에, 각의 한 변을 각도기의 밑금에 맞춘 것은 ㉴입니다.

3 부채의 부챗살이 이루는 각의 크기는 일정합니다. 가장 크게 벌어진 부채를 찾아 ○표 하세요.

 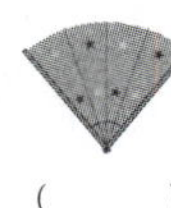 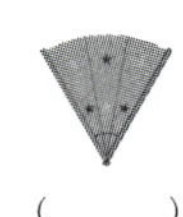 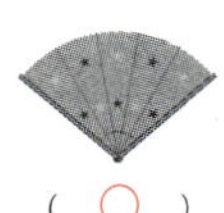

( ) ( ) (○)

❖ 일정한 크기의 각이 각각 4개, 3개, 5개 있습니다.

4 각도기의 작은 눈금 한 칸은 몇 도를 나타낼까요?

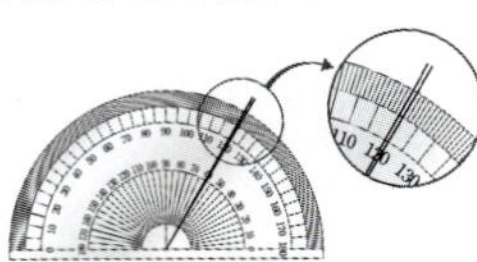

(1°)

❖ 각도기의 작은 눈금 한 칸은 1°를 나타냅니다.

5 각도기를 이용하여 각도를 재어 보세요.

(1) (70°)   (2) (135°)

6 각도기를 이용하여 도형의 각도를 재어 □ 안에 알맞은 수를 써넣으세요.

(1) 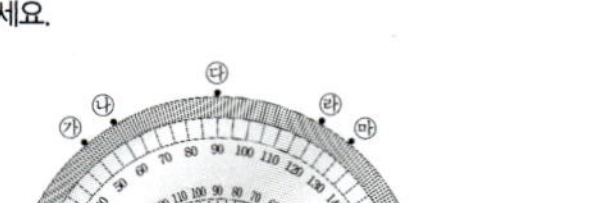   (2)

(1) 25°, 125°, 30
(2) 130°, 90, 60, 80°

교과서 개념 확인 문제

정답과 풀이 p.10

7 각도기와 자를 이용하여 주어진 각도의 각을 그려 보세요.

(1) 55°   예   (2) 120°   예

8 각도를 바르게 읽은 사람은 누구일까요?

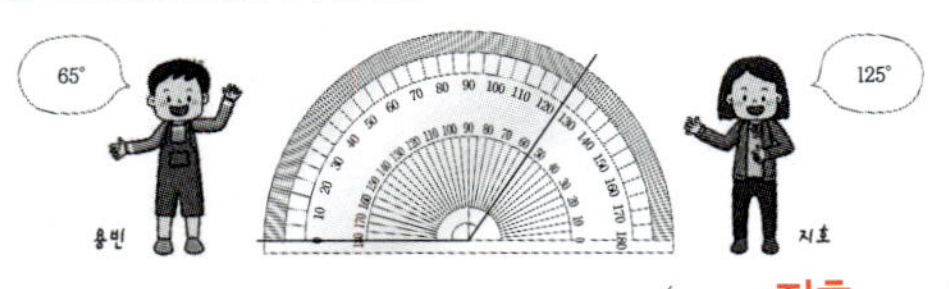

(지호)

❖ 각의 한 변이 바깥쪽 눈금 0에 맞춰져 있으므로 바깥쪽 눈금을 읽으면 125°입니다.
따라서 각도를 바르게 읽은 사람은 지호입니다.

9 주어진 각이 예각, 직각, 둔각 중 어느 것인지 □ 안에 써넣으세요.

(1) 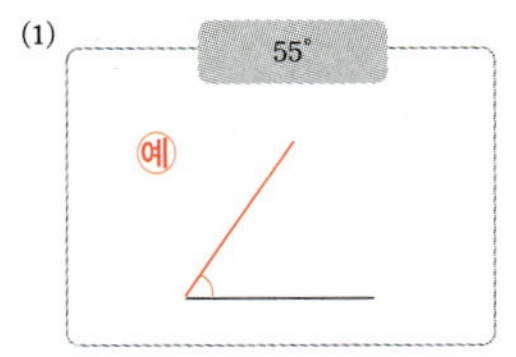   (2) 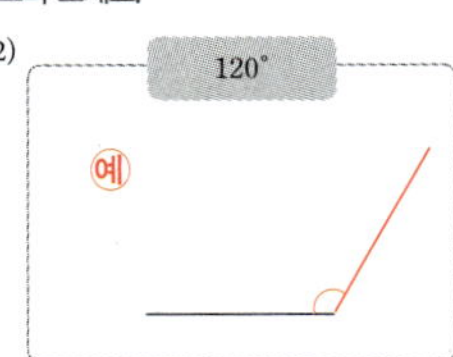   (3)

(1) 둔각   (2) 예각   (3) 직각

❖ (1) 각도가 직각보다 크고 180°보다 작으므로 둔각입니다.
(2) 각도가 0°보다 크고 90°보다 작으므로 예각입니다.

10 각도기를 이용하여 크기가 130°인 각 ㄱㄷㄷ을 그리려고 합니다. 점 ㄱ을 어디에 찍어야 하는지 기호를 써 보세요.

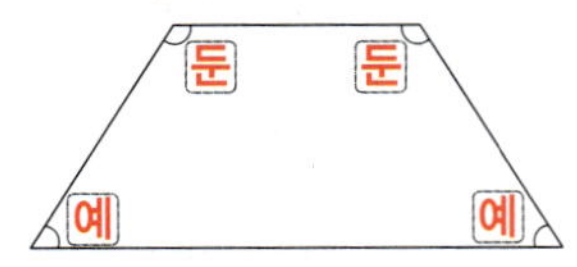

(㉮)

❖ 변 ㄴㄷ이 안쪽 눈금 0에 맞춰져 있으므로 안쪽 눈금이 130°가 되는 곳에 점 ㄱ을 찍어야 합니다.

11 예각은 '예', 둔각은 '둔'이라고 □ 안에 써넣으세요.

둔, 둔, 예, 예

❖ 직각보다 작은 각에는 '예', 직각보다 큰 각에는 '둔'이라고 써넣습니다.

12 다음 중 둔각은 모두 몇 개일까요?

| 30° | 110° | 90° | 85° | 95° | 150° |

(3개)

❖ 둔각은 90°보다 크고 180°보다 작은 각입니다.
둔각을 모두 찾아 보면 110°, 95°, 150°로 3개입니다.

교과서 개념 잡기

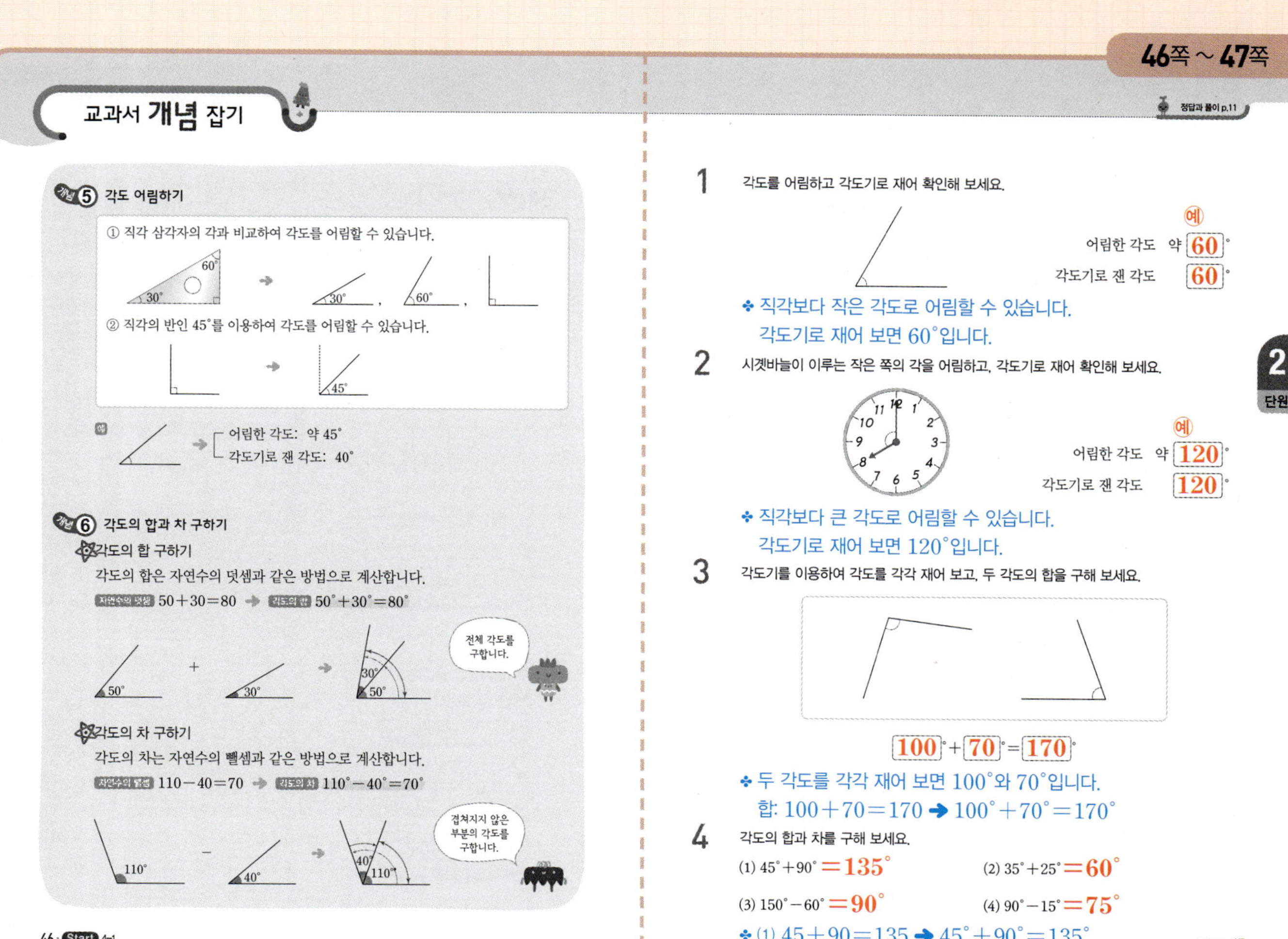

개념 5 각도 어림하기

① 직각 삼각자의 각과 비교하여 각도를 어림할 수 있습니다.

② 직각의 반인 45°를 이용하여 각도를 어림할 수 있습니다.

어림한 각도: 약 45°
각도기로 잰 각도: 40°

개념 6 각도의 합과 차 구하기

각도의 합 구하기
각도의 합은 자연수의 덧셈과 같은 방법으로 계산합니다.
자연수의 덧셈 $50+30=80$ ➡ 각도의 합 $50°+30°=80°$

전체 각도를 구합니다.

각도의 차 구하기
각도의 차는 자연수의 뺄셈과 같은 방법으로 계산합니다.
자연수의 뺄셈 $110-40=70$ ➡ 각도의 차 $110°-40°=70°$

겹쳐지지 않은 부분의 각도를 구합니다.

46 · Start 4-1

---

1 각도를 어림하고 각도기로 재어 확인해 보세요.

어림한 각도 약 **60**°
각도기로 잰 각도 **60**°

✛ 직각보다 작은 각도로 어림할 수 있습니다.
각도기로 재어 보면 60°입니다.

2 시곗바늘이 이루는 작은 쪽의 각을 어림하고, 각도기로 재어 확인해 보세요.

어림한 각도 약 **120**°
각도기로 잰 각도 **120**°

✛ 직각보다 큰 각도로 어림할 수 있습니다.
각도기로 재어 보면 120°입니다.

3 각도기를 이용하여 각도를 각각 재어 보고, 두 각도의 합을 구해 보세요.

100° + **70**° = **170**°

✛ 두 각도를 각각 재어 보면 100°와 70°입니다.
합: $100+70=170$ ➡ $100°+70°=170°$

4 각도의 합과 차를 구해 보세요.
(1) $45°+90°=$ **135**° (2) $35°+25°=$ **60**°
(3) $150°-60°=$ **90**° (4) $90°-15°=$ **75**°

✛ (1) $45+90=135$ ➡ $45°+90°=135°$
(2) $35+25=60$ ➡ $35°+25°=60°$
(3) $150-60=90$ ➡ $150°-60°=90°$
(4) $90-15=75$ ➡ $90°-15°=75°$

2. 각도 · 47

교과서 개념 잡기

개념 7 삼각형의 세 각의 크기의 합

방법1 각도기로 재어서 삼각형의 세 각의 크기의 합 구하기

각도	㉠	㉡	㉢
	60°	60°	60°

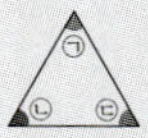

➡ (삼각형의 세 각의 크기의 합)
$=60°+60°+60°=180°$

방법2 삼각형을 세 조각으로 잘라서 삼각형의 세 각의 크기의 합 구하기

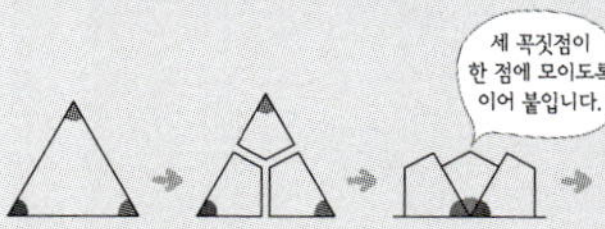

세 꼭짓점이 한 점에 모이도록 이어 붙입니다.

(삼각형의 세 각의 크기의 합)
=(직선이 이루는 각도)=180°

삼각형의 세 각의 크기의 합은 항상 180°입니다.

개념 8 사각형의 네 각의 크기의 합

방법1 사각형을 네 조각으로 잘라서 사각형의 네 각의 크기의 합 구하기

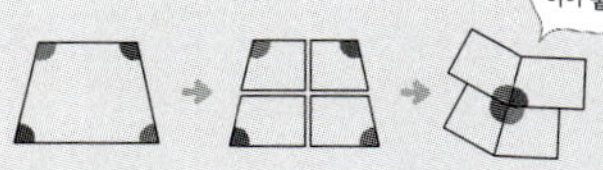

네 꼭짓점이 한 점에 모이도록 이어 붙입니다.

(사각형의 네 각의 크기의 합)
=(한 바퀴)=360°

방법2 사각형을 삼각형 2개로 나누어 사각형의 네 각의 크기의 합 구하기

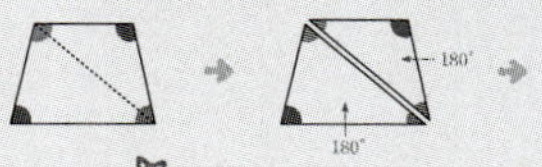

(사각형의 네 각의 크기의 합)
$=180°×2=360°$

사각형의 네 각의 크기의 합은 항상 360°입니다.

48 · Start 4-1

---

1 삼각형의 세 각의 크기를 각도기로 각각 재어 빈칸에 알맞은 각도를 써넣고 ㉠, ㉡, ㉢의 각도의 합을 구해 보세요.

각도	㉠	㉡	㉢
	110°	**40**°	**30**°

㉠ + ㉡ + ㉢ = 110° + **40**° + **30**° = **180**°

✛ 각도기로 재어 보면 ㉠=110°, ㉡=40°, ㉢=30°입니다.
➡ ㉠ + ㉡ + ㉢ = 110° + 40° + 30° = 180°

2 □ 안에 알맞은 수를 써넣으세요.
(1) 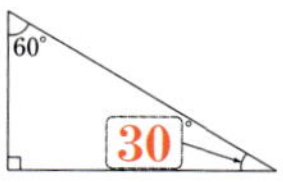 **30**   (2) 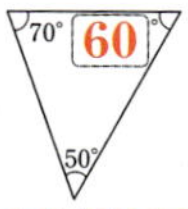 **60**

✛ (1) 삼각형의 세 각의 크기의 합은 180°이므로
$60°+90°+□=180°$, $□=180°-60°-90°=30°$입니다.
(2) $70°+50°+□=180°$, $□=180°-70°-50°=60°$입니다.

3 다음 사각형의 네 각의 크기의 합을 구해 보세요.

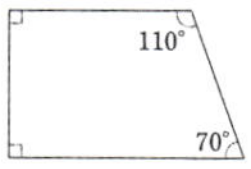

(사각형의 네 각의 크기의 합)
$=90°+90°+70°+$ **110**° $=$ **360**°

4 □ 안에 알맞은 수를 써넣으세요.
(1) 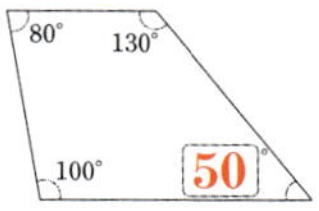 **50**   (2) 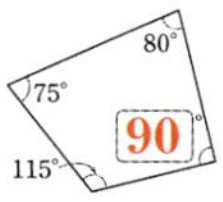 **90**

✛ (1) 사각형의 네 각의 크기의 합은 360°이므로
$80°+100°+□+130°=360°$, $□=360°-80°-100°-130°=50°$입니다.
(2) $75°+115°+□+80°=360°$, $□=360°-75°-115°-80°=90°$

2. 각도 · 49

교과서 개념 Play · 알맞은 각도 알아보기

삼각형을 세 조각으로 잘라서 오른쪽에 세 꼭짓점이 한 점에 모이도록 붙임딱지를 붙여 보세요.
그리고 □ 안에 알맞은 수를 써넣으세요.

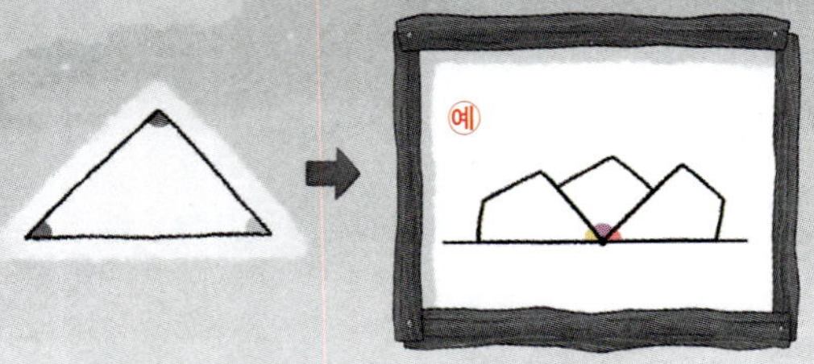

따라서 삼각형의 세 각의 크기의 합은 **180** 입니다.

각도의 합과 차를 계산한 값이 □ 안의 각도와 같은 것끼리 이어 보세요.

- $40° + 35°$ =75°
- $90° - 25°$ =65°
- $75° + 50°$ =125°
- $175° - 105°$ =70°
- $30° + 100°$ =130°

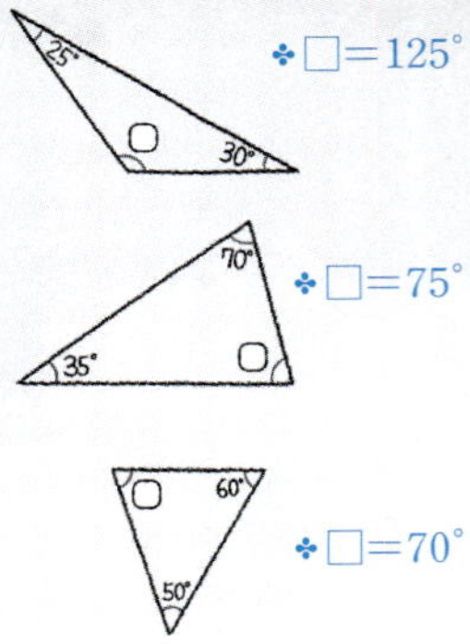

✧ □ = 125°
✧ □ = 75°
✧ □ = 70°

사각형을 네 조각으로 잘라서 오른쪽에 네 꼭짓점이 한 점에 모이도록 붙임딱지를 붙여 보세요.
그리고 □ 안에 알맞은 수를 써넣으세요.

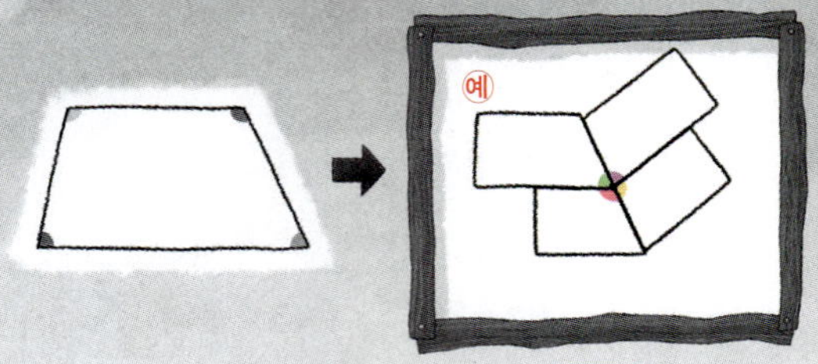

따라서 사각형의 네 각의 크기의 합은 **360** 입니다.

각도의 합과 차를 계산한 값이 □ 안의 각도와 같은 것끼리 이어 보세요.

- $37° + 33°$ =70°
- $50° + 55°$ =105°
- $180° - 65°$ =115°
- $42° + 38°$ =80°
- $100° - 25°$ =75°

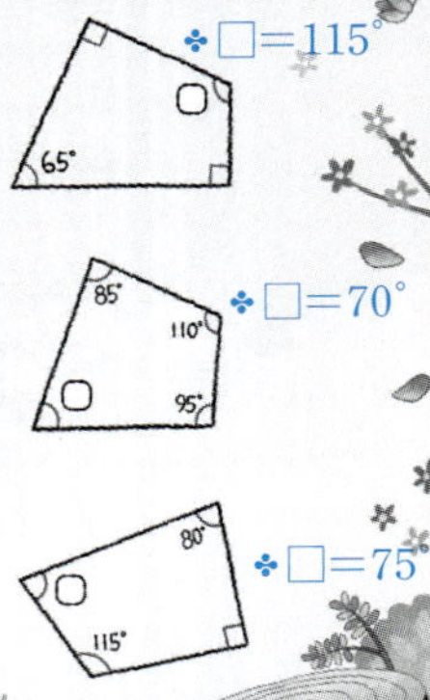

✧ □ = 115°
✧ □ = 70°
✧ □ = 75

집중! 드릴 문제

정답과 풀이 p.12

[1~3] 각도를 어림하고 각도기로 재어 확인해 보세요.

1 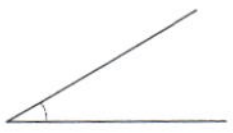
어림한 각도 약 **30**° (예)
각도기로 잰 각도 **30**°

2 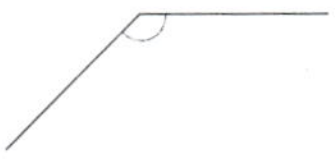
어림한 각도 약 **135**° (예)
각도기로 잰 각도 **135**°

3 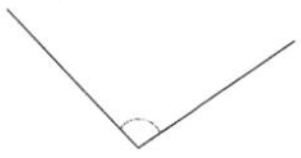
어림한 각도 약 **100**° (예)
각도기로 잰 각도 **100**°

[4~9] 각도의 합과 차를 구해 보세요.

4 $90° + 20°$ = **110°**

5 $30° + 45°$ = **75°**

6 $120° + 55°$ = **175°**

7 $160° - 10°$ = **150°**

8 $55° - 35°$ = **20°**

9 $180° - 125°$ = **55°**

[10~13] □ 안에 알맞은 수를 써넣으세요.

10 **30**

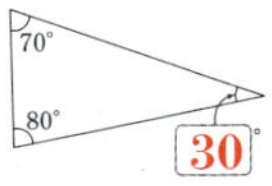

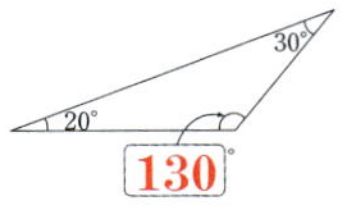

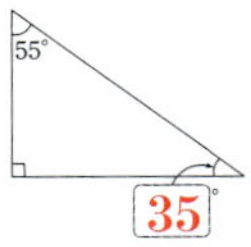

11 **130**

12 **35**

13 **75**

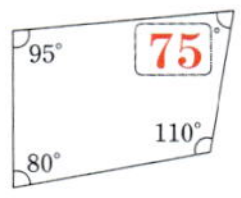

[14~17] ㉠과 ㉡의 각도의 합을 구해 보세요.

14 (**100°**)

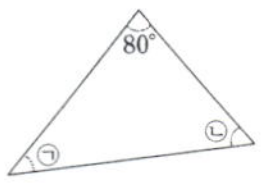

15 (**55°**)

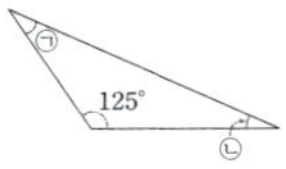

16 (**155°**)

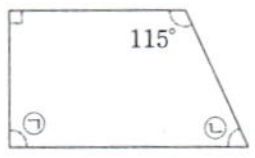

17 (**125°**)

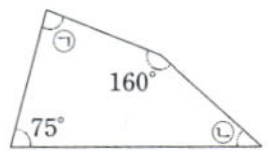

교과서 개념 확인 문제

정답과 풀이 p.13

1 ㉠의 각을 어림하려고 합니다. 알맞은 것에 ○표 하세요.

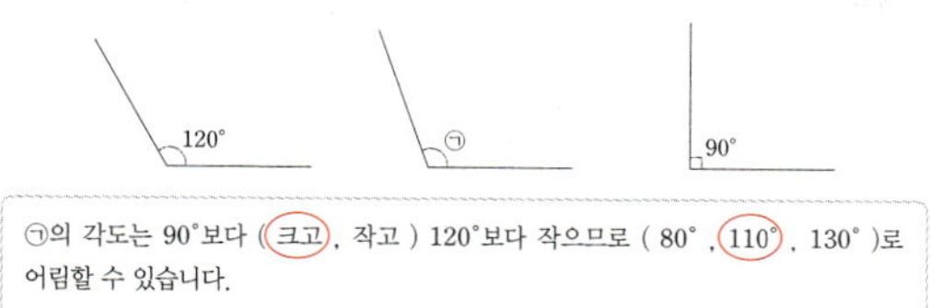

㉠의 각도는 90°보다 (크고), 작고) 120°보다 작으므로 (80°, (110°), 130°)로 어림할 수 있습니다.

2 [보기]의 각을 이용하여 오른쪽 각의 크기를 어림하고, 각도기로 재어 확인해 보세요.

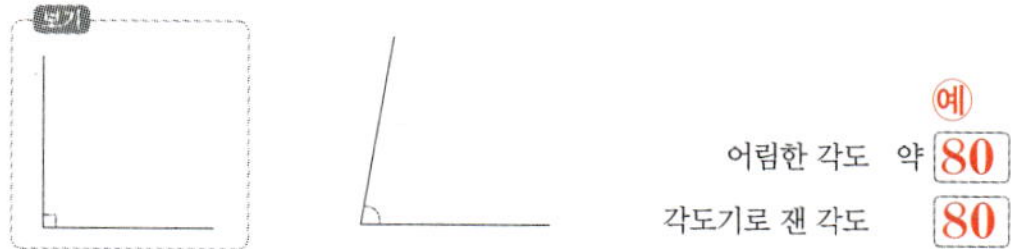

어림한 각도 약 **80**°

각도기로 잰 각도 **80**°

❖ 직각인 90°보다 조금 작으므로 80°로 어림할 수 있습니다.
각도기로 재어 보면 80°입니다.

3 주어진 각도의 각을 어림하여 그려 보세요.

(1) 95° (2) 45°

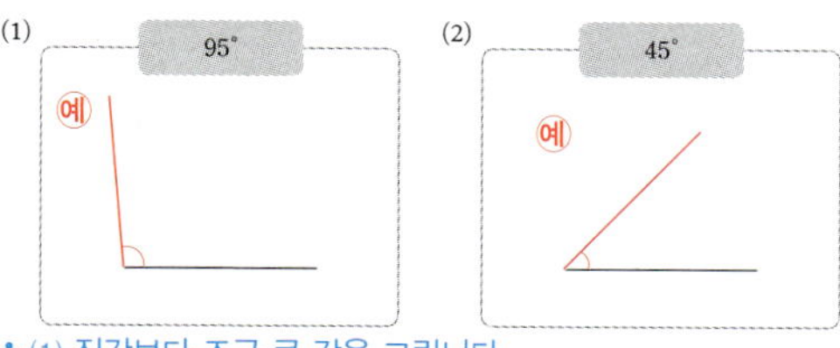

❖ (1) 직각보다 조금 큰 각을 그립니다.
(2) 90°의 반쯤 되는 각을 그립니다.

4 □ 안에 알맞은 수를 써넣으세요.

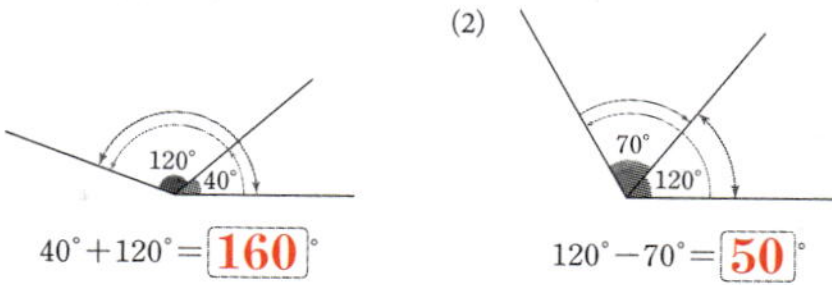

(1) $40° + 120° = \boxed{160}°$

(2) $120° - 70° = \boxed{50}°$

❖ (1) $40 + 120 = 160 \rightarrow 40° + 120° = 160°$
(2) $120 - 70 = 50 \rightarrow 120° - 70° = 50°$

5 두 각도의 합과 차를 구해 보세요.

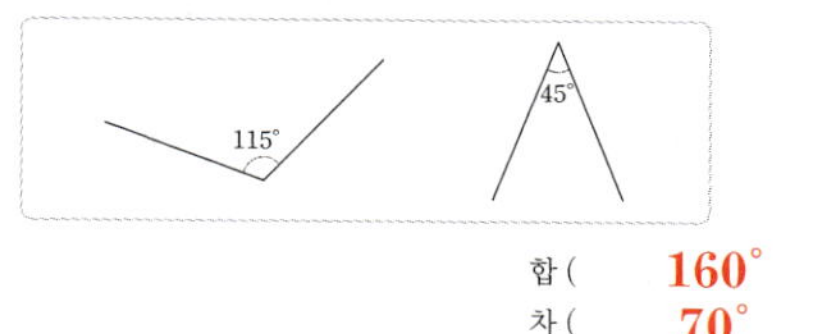

합 (**160°**)
차 (**70°**)

❖ 합: $115° + 45° = 160°$
차: $115° - 45° = 70°$

6 각도의 합과 차를 구해 보세요.

(1) $30° + 95° = \mathbf{125}°$ (2) $155° - 80° = \mathbf{75}°$

(3) $74° + 97° = \mathbf{171}°$ (4) $250° - 105° = \mathbf{145}°$

교과서 개념 확인 문제

정답과 풀이 p.13

7 각도기로 재어 □ 안에 알맞은 각도를 써넣으세요.

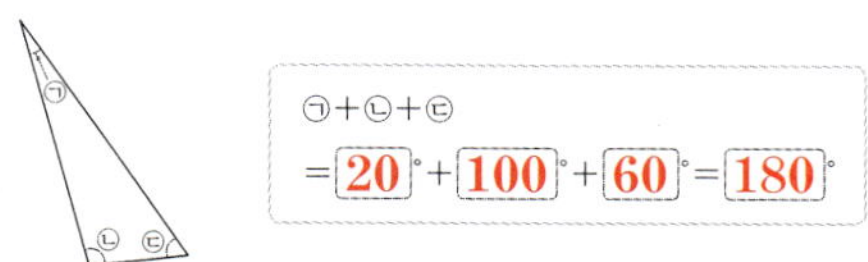

$㉠ + ㉡ + ㉢ = \boxed{20}° + \boxed{100}° + \boxed{60}° = \boxed{180}°$

❖ 각도기를 이용하여 세 각의 크기를 각각 재어 보면
㉠=20°, ㉡=100°, ㉢=60°입니다.
$\rightarrow ㉠ + ㉡ + ㉢ = 20° + 100° + 60° = 180°$

8 □ 안에 알맞은 수를 써넣으세요.

(1) **70** (2) **30**

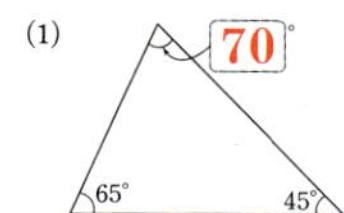
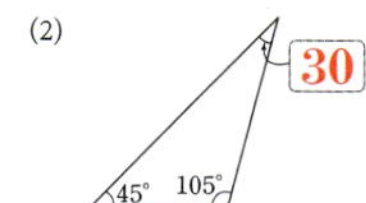

❖ (1) 삼각형의 세 각의 크기의 합은 180°이므로 $65° + 45° + □ = 180°$입니다.
$\rightarrow □ = 180° - 65° - 45° = 70°$
(2) 삼각형의 세 각의 크기의 합은 180°이므로 $45° + 105° + □ = 180°$입니다.
$\rightarrow □ = 180° - 45° - 105° = 30°$

9 □ 안에 알맞은 수를 써넣으세요.

(1) **45** (2) **130**

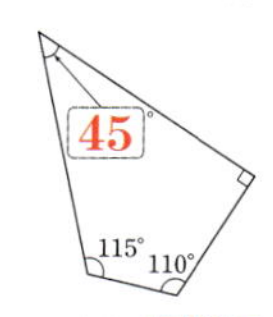
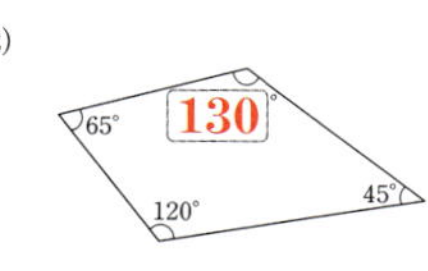

❖ (1) 사각형의 네 각의 크기의 합은 360°이므로
$□ + 115° + 110° + 90° = 360°$입니다.
$\rightarrow □ = 360° - 115° - 110° - 90° = 45°$

10 ㉠과 ㉡의 각도의 합을 구해 보세요.

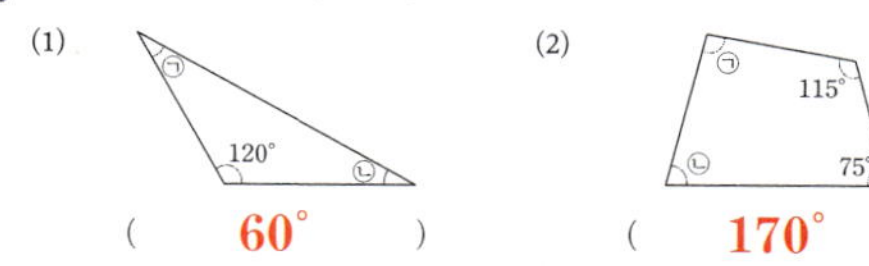

(1) (**60°**) (2) (**170°**)

❖ (1) $㉠ + ㉡ + 120° = 180°$
$\rightarrow ㉠ + ㉡ = 180° - 120° = 60°$
(2) $㉠ + ㉡ + 75° + 115° = 360°$
$\rightarrow ㉠ + ㉡ = 360° - 75° - 115° = 170°$

11 사각형을 잘라서 네 꼭짓점이 한 점에 모이도록 겹치지 않게 이어 붙였습니다. ㉠의 각도를 구해 보세요.

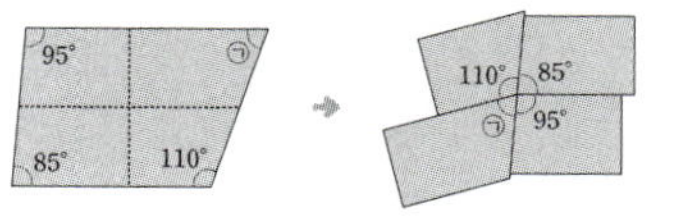

(**70°**)

❖ $110° + ㉠ + 95° + 85° = 360°$
$\rightarrow ㉠ = 360° - 110° - 95° - 85° = 70°$

12 ㉠의 각도를 구해 보세요.

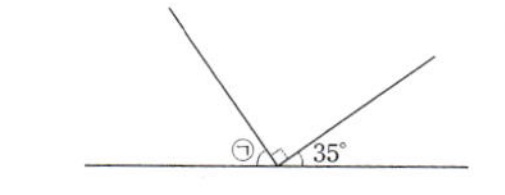

(**55°**)

❖ 직선이 이루는 각도는 180°이므로 $㉠ + 90° + 35° = 180°$입니다.
$\rightarrow ㉠ = 180° - 90° - 35° = 55°$

(2) 사각형의 네 각의 크기의 합은 360°이므로
$65° + 120° + 45° + □ = 360°$입니다.
$\rightarrow □ = 360° - 65° - 120° - 45° = 130°$

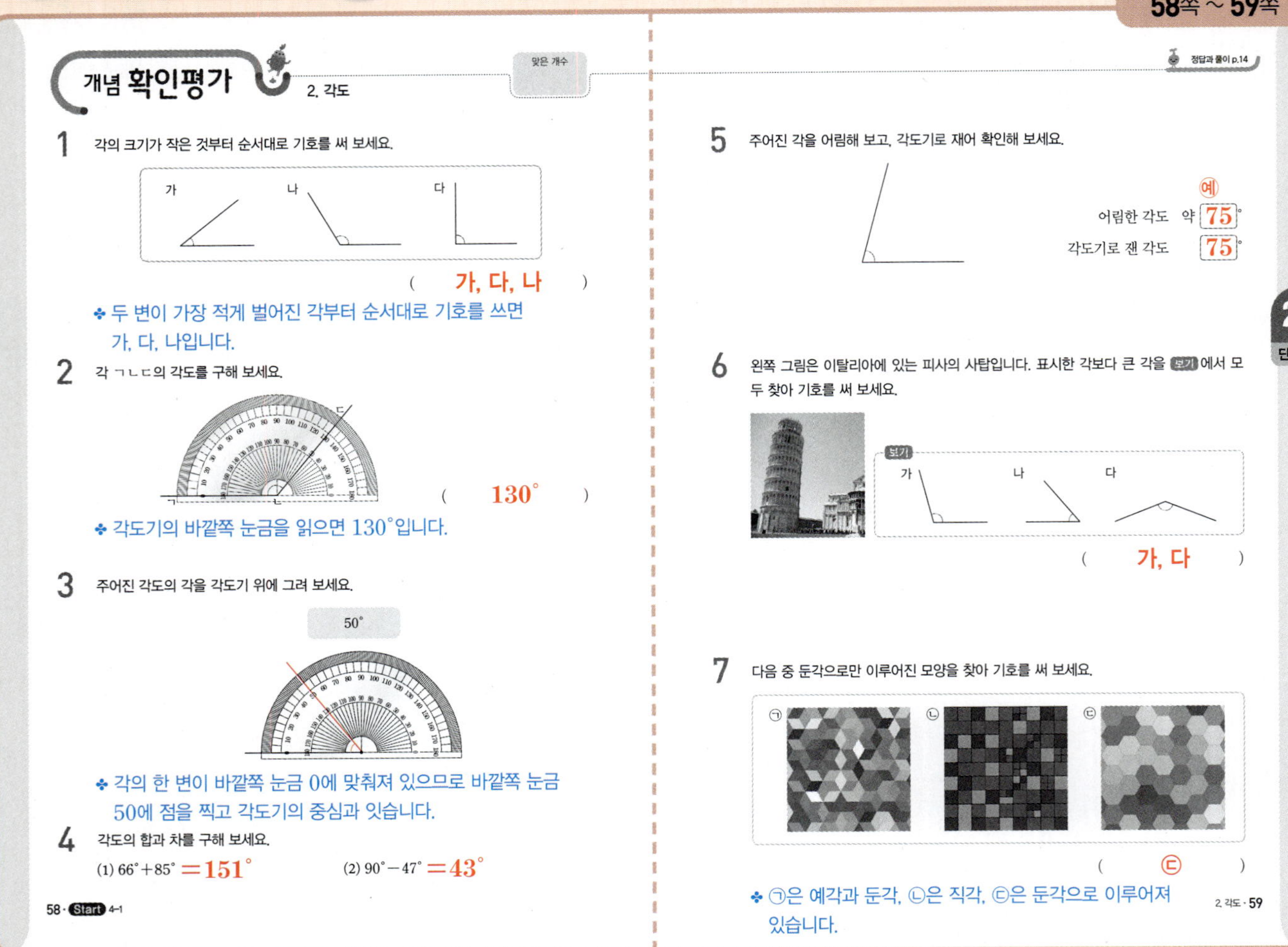

개념 확인평가   2. 각도   맞은 개수   정답과 풀이 p.14

1 각의 크기가 작은 것부터 순서대로 기호를 써 보세요.

가   나   다

(가, 다, 나)

❖ 두 변이 가장 적게 벌어진 각부터 순서대로 기호를 쓰면 가, 다, 나입니다.

2 각 ㄱㄴㄷ의 각도를 구해 보세요.

(130°)

❖ 각도기의 바깥쪽 눈금을 읽으면 130°입니다.

3 주어진 각도의 각을 각도기 위에 그려 보세요.

50°

❖ 각의 한 변이 바깥쪽 눈금 0에 맞춰져 있으므로 바깥쪽 눈금 50에 점을 찍고 각도기의 중심과 잇습니다.

4 각도의 합과 차를 구해 보세요.
(1) $66° + 85° = 151°$ (2) $90° - 47° = 43°$

5 주어진 각을 어림해 보고, 각도기로 재어 확인해 보세요.

어림한 각도 약 75°   **예**
각도기로 잰 각도 75°

6 왼쪽 그림은 이탈리아에 있는 피사의 사탑입니다. 표시한 각보다 큰 각을 **보기** 에서 모두 찾아 기호를 써 보세요.

보기

가   나   다

(가, 다)

7 다음 중 둔각으로만 이루어진 모양을 찾아 기호를 써 보세요.

㉠   ㉡   ㉢

(㉢)

❖ ㉠은 예각과 둔각, ㉡은 직각, ㉢은 둔각으로 이루어져 있습니다.

개념 확인평가   2. 각도   정답과 풀이 p.14

8 ㉠과 ㉡의 각도의 합을 구해 보세요.

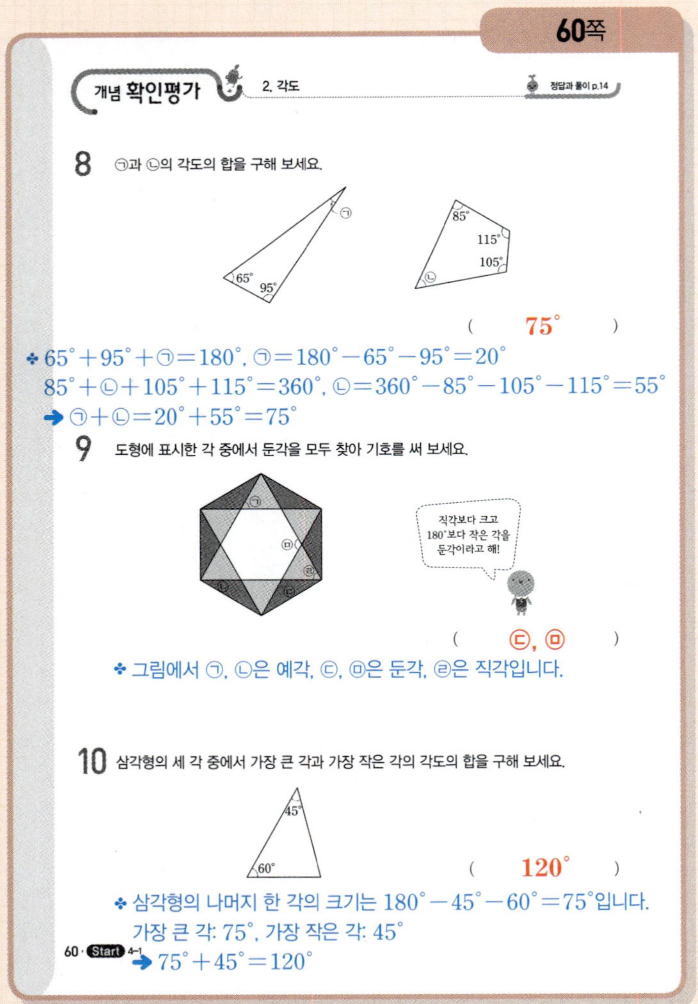

(75°)

❖ $65° + 95° + ㉠ = 180°$, $㉠ = 180° - 65° - 95° = 20°$
$85° + ㉡ + 105° + 115° = 360°$, $㉡ = 360° - 85° - 105° - 115° = 55°$
➡ $㉠ + ㉡ = 20° + 55° = 75°$

9 도형에 표시한 각 중에서 둔각을 모두 찾아 기호를 써 보세요.

(㉢, ㉣)

❖ 그림에서 ㉠, ㉡은 예각, ㉢, ㉣은 둔각, ㉣은 직각입니다.

10 삼각형의 세 각 중에서 가장 큰 각과 가장 작은 각의 각도의 합을 구해 보세요.

45°
60°

(120°)

❖ 삼각형의 나머지 한 각의 크기는 $180° - 45° - 60° = 75°$입니다.
가장 큰 각: 75°, 가장 작은 각: 45°
➡ $75° + 45° = 120°$

교과서 개념 잡기

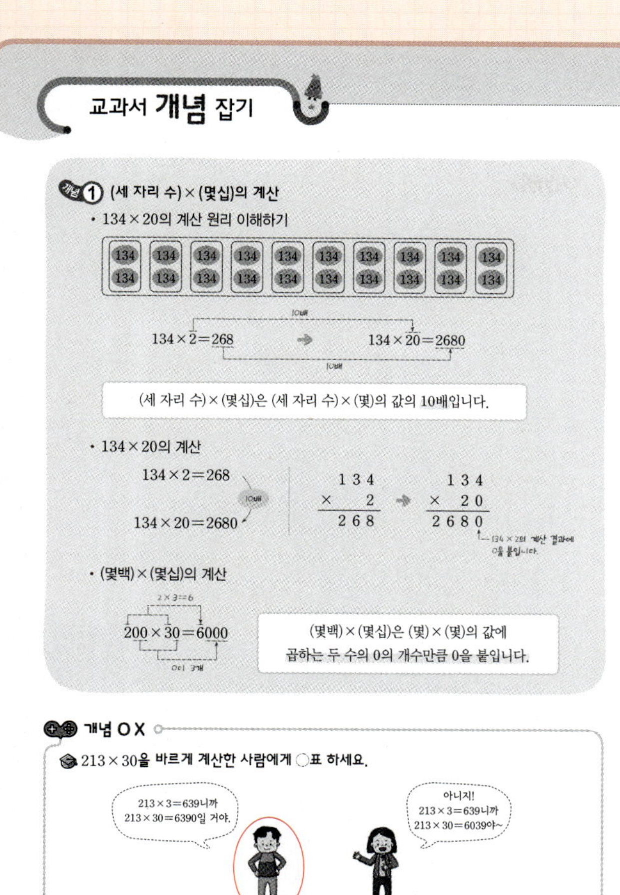

개념 ① (세 자리 수) × (몇십)의 계산

• 134 × 20의 계산 원리 이해하기

$$134 \times 2 = 268 \quad \rightarrow \quad 134 \times 20 = 2680$$

(세 자리 수) × (몇십)은 (세 자리 수) × (몇)의 값의 10배입니다.

• 134 × 20의 계산

$$134 \times 2 = 268$$
$$134 \times 20 = 2680$$

• (몇백) × (몇십)의 계산

$$200 \times 30 = 6000$$

(몇백) × (몇십)은 (몇) × (몇)의 값에 곱하는 두 수의 0의 개수만큼 0을 붙입니다.

개념 O X

213 × 30을 바르게 계산한 사람에게 ○표 하세요.

62 · Start 4-1

1 주어진 식을 이용하여 □ 안에 알맞은 수를 써넣으세요.

(1) $300 \times 3 = 900$ ⟶ **10**배
$300 \times 30 = $ **9000**

(2) $367 \times 4 = 1468$ ⟶ **10**배
$367 \times 40 = $ **14680**

✦ (1) 30은 3의 10배이므로 $300 \times 3 = 900$ ➜ $300 \times 30 = 9000$입니다.
(2) 40은 4의 10배이므로 $367 \times 4 = 1468$ ➜ $367 \times 40 = 14680$입니다.

2 보기 와 같이 계산해 보세요.

보기
$297 \times 7 = 2079$ ➜ $297 \times 70 = 20790$

$184 \times 6 = 1104$ ➜ $184 \times 60 = $ **11040**

✦ 60은 6의 10배이므로 $184 \times 60 = 11040$입니다.

3 계산해 보세요.

(1) $300 \times 40 = $ **12000**

(2) $148 \times 60 = $ **8880**

(3) $319 \times 30 = $ **9570**

4 빈칸에 알맞은 수를 써넣으세요.

(1) $800 \rightarrow \times 30 \rightarrow$ **24000**

(2) $613 \rightarrow \times 40 \rightarrow$ **24520**

3. 곱셈과 나눗셈 · 63

교과서 개념 잡기

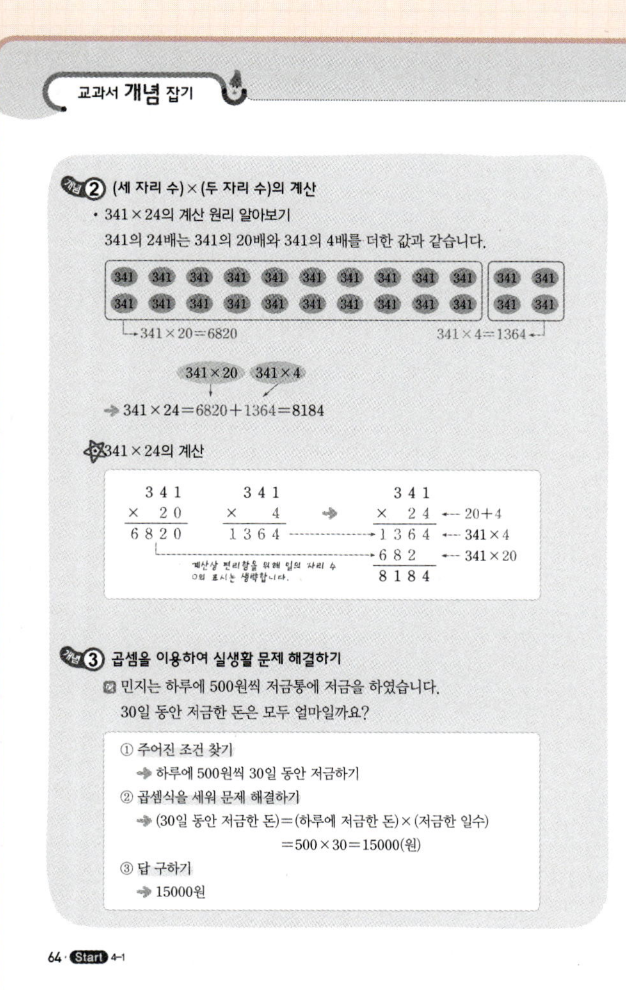

개념 ② (세 자리 수) × (두 자리 수)의 계산

• 341 × 24의 계산 원리 알아보기
341의 24배는 341의 20배와 341의 4배를 더한 값과 같습니다.

$$341 \times 20 = 6820 \qquad 341 \times 4 = 1364$$

$$\rightarrow 341 \times 24 = 6820 + 1364 = 8184$$

341 × 24의 계산

$$341 \times 20 = 6820 \qquad 341 \times 4 = 1364 \qquad \rightarrow \qquad 341 \times 24 = 8184$$

개념 ③ 곱셈을 이용하여 실생활 문제 해결하기

민지는 하루에 500원씩 저금통에 저금을 하였습니다. 30일 동안 저금한 돈은 모두 얼마일까요?

① 주어진 조건 찾기
➜ 하루에 500원씩 30일 동안 저금하기

② 곱셈식을 세워 문제 해결하기
➜ (30일 동안 저금한 돈) = (하루에 저금한 돈) × (저금한 일수)
= 500 × 30 = 15000(원)

③ 답 구하기
➜ 15000원

64 · Start 4-1

1 다음 식에서 ㉠이 실제로 나타내는 값에 ○표 하세요.

$$\begin{array}{r} 684 \\ \times \ 73 \\ \hline 2052 \\ 4788 \ \leftarrow ㉠ \\ \hline 49932 \end{array}$$

4788 ( )　　　47880 (○)

✦ ㉠은 684×70을 계산한 값이므로 실제로는 47880을 나타냅니다.

2 □ 안에 알맞은 수를 써넣어 667×29를 계산해 보세요.

$667 \times 29 = $ **13340** $ + $ **6003**
$ = $ **19343**

$$\begin{array}{r} 667 \\ \times \ 29 \\ \hline \textbf{6003} \ \leftarrow 667 \times \textbf{9} \\ \textbf{13340} \ \leftarrow 667 \times \textbf{20} \\ \hline \textbf{19343} \end{array}$$

3 떡볶이 1인분의 열량은 304 킬로칼로리입니다. 떡볶이 20인분의 열량은 모두 몇 킬로칼로리인지 구해 보세요.

6080 킬로칼로리

✦ (떡볶이 20인분의 열량) = (떡볶이 1인분의 열량) × (떡볶이 양)
= $304 \times 20 = 6080$ (킬로칼로리)

4 음료수를 컵 한 개에 150 mL씩 담았습니다. 컵 15개에 담은 음료수의 양은 모두 몇 mL인지 구해 보세요.

(**2250 mL**)

✦ (컵 15개에 담은 음료수의 양)
= (컵 한 개에 담은 음료수의 양) × (컵의 수)
= $150 \times 15 = 2250$ (mL)

3. 곱셈과 나눗셈 · 65

66쪽 ~ 67쪽

교과서 개념 play 식물 키우기

붙임딱지

식물의 잎과 깨진 화분 속에 적혀있는 곱셈식을 계산하여 알맞은 계산 결과가 적힌 잎 붙임딱지와 화분 붙임딱지를 붙여 보세요.

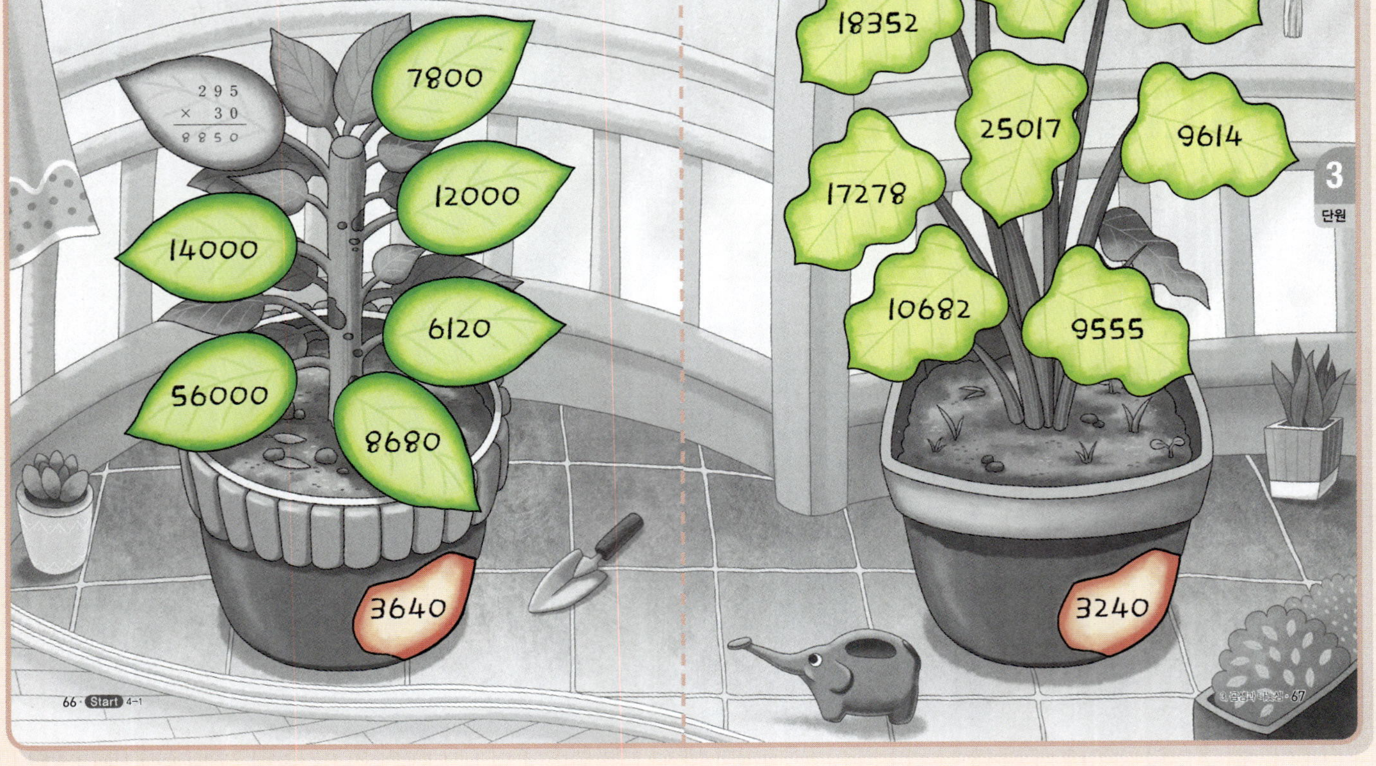

295
× 30
8850
7800
12000
14000
6120
56000
8680
3640
18612
28246
18352
25017
9614
17278
10682
9555
3240

3 단원

68쪽 ~ 69쪽

집중! 드릴 문제

정답과 풀이 p.16

[1~5] 계산해 보세요.

1 $500 \times 30 = 15000$

2 $700 \times 90 = 63000$

3 $173 \times 90 = 15570$

4 $503 \times 40 = 20120$

5 $928 \times 60 = 55680$

[6~9] □ 안에 알맞은 수를 써넣으세요.

6 431×29: 3879, 8620, 12499

7 352×17: 2464, 3520, 5984

8 608×34: 2432, 18240, 20672

9 862×19: 7758, 8620, 16378

[10~13] 계산해 보세요.

10 829×13: 2487, 829, 10777

11 663×27: 4641, 1326, 17901

12 604×37: 4228, 1812, 22348

13 587×46: 3522, 2348, 27002

[14~18] 계산 결과를 비교하여 ○ 안에 >, =, <를 알맞게 써넣으세요.

14 300×70 (>) 400×50
✤ $21000 > 20000$

15 510×40 (<) 286×90
✤ $20400 < 25740$

16 198×45 (<) 360×27
✤ $8910 < 9720$

17 915×38 (>) 742×46
✤ $34770 > 34132$

18 620×91 (>) 898×57
✤ $56420 > 51186$

3 단원

교과서 **개념 확인 문제**

정답과 풀이 p.17

1 다음 표를 완성하여 253×20의 값을 구해 보세요.

	천의 자리	백의 자리	십의 자리	일의 자리		결과
253×2		**5**	**0**	**6**	→	**506**
253×20	**5**	**0**	**6**	**0**	→	**5060**

❖ 253×20은 253×2의 10배이므로 253×2를 계산한 값에 0을 1개 붙입니다.

2 ☐ 안에 알맞은 수를 써넣으세요.

(1) $126 \times 8 = \boxed{1008}$
$126 \times 80 = \boxed{10080}$

$\begin{array}{r} 1\,2\,6 \\ \times\ \ 8\,0 \\ \hline \boxed{10080} \end{array}$

(2) $738 \times 4 = \boxed{2952}$
$738 \times 40 = \boxed{29520}$

$\begin{array}{r} 7\,3\,8 \\ \times\ \ 4\,0 \\ \hline \boxed{29520} \end{array}$

❖ (1) 126×80은 126×8의 10배입니다.
(2) 738×40은 738×4의 10배입니다.

3 계산 결과에 맞게 선으로 이어 보세요.

500×60		12000
70×800		30000
400×30		56000

❖ $\cdot 500 \times 60 = 30000$ $\cdot 70 \times 800 = 56000$
$\cdot 400 \times 30 = 12000$

4 700×40을 계산하려고 합니다. $7 \times 4 = 28$에서 8을 써야 하는 자리를 찾아 기호를 써 보세요.

$\begin{array}{r} 7\,0\,0 \\ \times\ \ \ 4\,0 \\ \hline ㉠\,㉡\,㉢\,㉣\,㉤ \end{array}$

(**㉡**)

❖ $\begin{array}{r} 7\,0\,0 \\ \times\ \ \ 4\,0 \\ \hline 2\,8\,0\,0\,0 \end{array}$

5 ☐ 안에 알맞은 수를 써넣으세요.

418×20 $418 \times \boxed{3}$

$418 \times 23 = \boxed{8360} + \boxed{1254}$
$= \boxed{9614}$

6 계산해 보세요.

(1) $\begin{array}{r} 7\,3\,9 \\ \times\ \ 8\,7 \\ \hline 5173 \\ 5912\ \ \\ \hline 64293 \end{array}$

(2) $\begin{array}{r} 3\,5\,7 \\ \times\ \ 2\,4 \\ \hline 1428 \\ 714\ \ \\ \hline 8568 \end{array}$

(3) $\begin{array}{r} 9\,0\,8 \\ \times\ \ 6\,1 \\ \hline 908 \\ 5448\ \ \\ \hline 55388 \end{array}$

교과서 **개념 확인 문제**

정답과 풀이 p.17

7 계산 결과에 맞게 선으로 이어 보세요.

838×50		19630
755×26		41900
296×62		18352

❖ $\cdot 838 \times 50 = 41900$
$\cdot 755 \times 26 = 19630$
$\cdot 296 \times 62 = 18352$

8 빈 곳에 알맞은 수를 써넣으세요.

$\times$	246	50	$\boxed{12300}$
63			
$\boxed{15498}$			

❖ $246 \times 50 = 12300$, $246 \times 63 = 15498$

9 가장 큰 수와 가장 작은 수의 곱을 구해 보세요.

32	28	409	514

(**14392**)

❖ 가장 큰 수: 514, 가장 작은 수: 28
➡ $514 \times 28 = 14392$

10 잘못 계산한 곳을 찾아 ○표 한 후 바르게 계산해 보세요.

$\begin{array}{r} 4\,0\,9 \\ \times\ \ 3\,6 \\ \hline 2454 \\ \boxed{1227} \\ \hline 3681 \end{array}$ → $\begin{array}{r} 4\,0\,9 \\ \times\ \ 3\,6 \\ \hline 2454 \\ 1227\ \ \\ \hline 14724 \end{array}$

❖ $409 \times 30 = 12270$이므로 1227을 왼쪽으로 한 칸 옮겨 쓰거나 12270이라고 씁니다.

11 곱이 큰 것부터 순서대로 ○ 안에 1, 2, 3을 써넣으세요.

1 $\begin{array}{r} 3\,1\,9 \\ \times\ \ 7\,3 \\ \hline 957 \\ 2233\ \ \\ \hline 23287 \end{array}$

2 $\begin{array}{r} 4\,2\,0 \\ \times\ \ 3\,6 \\ \hline 2520 \\ 1260\ \ \\ \hline 15120 \end{array}$

3 $\begin{array}{r} 5\,0\,7 \\ \times\ \ 1\,9 \\ \hline 4563 \\ 507\ \ \\ \hline 9633 \end{array}$

❖ $319 \times 73 = 23287$, $420 \times 36 = 15120$, $507 \times 19 = 9633$
➡ $23287 > 15120 > 9633$

12 1년을 365일로 계산할 때, 28년은 모두 며칠인지 구해 보세요.

식 **$365 \times 28 = 10220$**
답 **10220일**

❖ $365 \times 28 = 10220$(일)

교과서 개념 잡기

정답과 풀이 p.18

개념 ④ (세 자리 수)÷(몇십)의 계산

· 150÷50의 계산
50에 곱해서 150이 되는 수를 찾습니다.

$50×2=100$
$50×3=150$
$50×4=200$

$$50)\overline{150} \qquad 3$$
$$\underline{150} \leftarrow 50×3$$
$$0$$

➡ $150÷50=3$

· 293÷50의 계산
50의 곱셈식에서 293이 어느 곱셈식 결과의 사이에 있는지 찾습니다.

$50×4=200$
$50×5=250$
$50×6=300$

$$50)\overline{293} \qquad 5$$
$$\underline{250} \leftarrow 50×5$$
$$43$$

➡ $293÷50=5\cdots43$

개념 ⑤ (두 자리 수)÷(두 자리 수), (세 자리 수)÷(두 자리 수)의 계산

· 69÷17의 계산
나눗셈의 계산 과정에서 뺄 수 없을 때에는 몫을 작게 합니다.

(몫을 1만큼 더 작게 합니다.)

$$17)\overline{69} \qquad 5$$
$$85$$
(뺄 수 없습니다.)

$$17)\overline{69} \qquad 4$$
$$\underline{68}$$
$$1$$

➡ $69÷17=4\cdots1$

· 104÷17의 계산
나눗셈의 계산 과정에서 나머지가 나누는 수보다 크면 몫을 크게 합니다.

(몫을 1만큼 더 크게 합니다.)

$$17)\overline{104} \qquad 5$$
$$85$$
$$19$$

$$17)\overline{104} \qquad 6$$
$$\underline{102}$$
$$2$$

➡ $104÷17=6\cdots2$

└ 나머지가 나누는 수 17보다 큽니다.

74 · Start 4-1

---

1 180÷30을 계산하려고 합니다. 물음에 답하세요.

(1) 180개의 수 모형을 30개씩 묶어 보고 몇 묶음인지 구해 보세요.

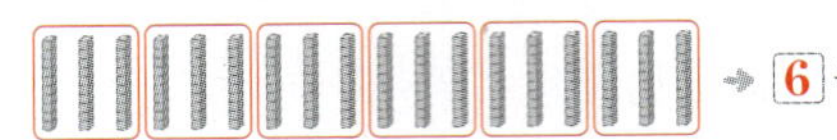

➡ **6** 묶음

(2) 180÷30의 몫을 구해 보세요.

$$180÷30=\boxed{6}$$

✿ (1) 180개의 수 모형을 30개씩 묶으면 6묶음입니다.

2 빈칸에 알맞은 수를 써넣고 480÷80의 몫을 구해 보세요.

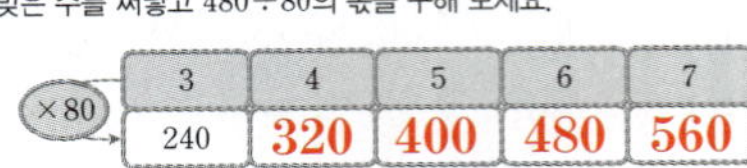

×80	3	4	5	6	7
	240	**320**	**400**	**480**	**560**

$$480÷80=\boxed{6}$$

✿ $6×80=480$ ➡ $480÷80=6$

3 다음은 나눗셈을 잘못 계산한 것입니다. 알맞은 말에 ○표 하고 바르게 계산해 보세요.

몫을 1만큼 더 (크게), 작게) 합니다.

$$16)\overline{98} \qquad 5$$
$$80$$
$$18$$

$$16)\overline{98} \qquad \boxed{6}$$
$$\boxed{96}$$
$$\boxed{2}$$

✿ 나머지가 나누는 수보다 크면 몫을 1만큼 더 크게 합니다.
➡ $98÷16=6\cdots2$

4 □ 안에 알맞은 수를 써넣으세요.

(1)
$$17)\overline{80} \qquad \boxed{4}$$
$$\boxed{68}$$
$$\boxed{12}$$

(2)
$$69)\overline{514} \qquad \boxed{7}$$
$$\boxed{483}$$
$$\boxed{31}$$

✿ (1) $17×4=68$, $17×5=85$이므로 몫은 4입니다.
➡ $80÷17=4\cdots12$

(2) $69×7=483$, $69×8=552$이므로 몫은 7입니다.
➡ $514÷69=7\cdots31$

3. 곱셈과 나눗셈 · 75

교과서 개념 잡기

정답과 풀이 p.18

개념 ⑥ 나누어떨어지는 (세 자리 수)÷(두 자리 수)의 계산

· 252÷14의 계산
14에 곱해서 252가 되는 수를 찾습니다.

몫의 십의 자리 수
$14×10=140$
$14×20=280$

몫의 일의 자리 수
$14×7=98$
$14×8=112$
$14×9=126$

$$14)\overline{252} \qquad 18$$
$$140 \leftarrow 14×10$$
$$112$$
$$112 \leftarrow 14×8$$
$$0$$

$$14)\overline{252} \qquad 18$$
$$14$$
$$112$$
$$112$$
$$0$$

➡ $252÷14=18$

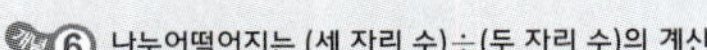
계산한 결과가 맞는지 확인하기
나누는 수에 몫을 곱해서 나누어지는 수가 되는지 확인합니다. ➡ $14×18=252$

개념 ⑦ 나머지가 있는 (세 자리 수)÷(두 자리 수)의 계산

· 327÷14의 계산
14의 곱셈식에서 327이 어느 곱셈식 결과의 사이에 있는지 찾습니다.

몫의 십의 자리 수
$14×20=280$
$14×30=420$

몫의 일의 자리 수
$14×3=42$
$14×4=56$

$$14)\overline{327} \qquad 23$$
$$280 \leftarrow 14×20$$
$$47$$
$$42 \leftarrow 14×3$$
$$5$$

$$14)\overline{327} \qquad 23$$
$$28$$
$$47$$
$$42$$
$$5$$

➡ $327÷14=23\cdots5$

계산한 결과가 맞는지 확인하기
나누는 수에 몫을 곱하고 나머지를 더해서 나누어지는 수가 되는지 확인합니다.
➡ $14×23=322$, $322+5=327$

76 · Start 4-1

---

1 726÷22의 몫을 구하는 데 필요한 곱셈식에 ○표 하고, □ 안에 알맞은 수를 써넣으세요.

$22×10=220$	$22×1=22$
$22×20=440$	$22×2=44$
⊙$22×30=660$	⊙$22×3=66$
$22×40=880$	$22×4=88$

$$22)\overline{726} \qquad \boxed{33}$$
$$\boxed{660} \leftarrow 22×\boxed{30}$$
$$\boxed{66}$$
$$\boxed{66} \leftarrow 22×\boxed{3}$$
$$\boxed{0}$$

✿ 726은 660과 880 사이에 있으므로 726÷22의 몫의 십의 자리 수는 3입니다.
$726-660=66$이고 $22×3=66$이므로 $726÷22=33$입니다.

2 표를 완성하고 784÷23을 계산해 보세요.

×	23		×	23
10	230		2	46
20	**460**		3	**69**
30	**690**		4	**92**
40	**920**		5	**115**

$$23)\overline{784} \qquad \boxed{34}$$
$$\boxed{690} \leftarrow 23×\boxed{30}$$
$$\boxed{94}$$
$$\boxed{92} \leftarrow 23×\boxed{4}$$
$$\boxed{2}$$

✿ 784는 690과 920 사이에 있으므로 784÷23의 몫의 십의 자리 수는 3입니다.
$784-690=94$이고 $23×4=920$이므로 $784÷23=34\cdots2$입니다.

3 □ 안에 알맞은 수를 써넣으세요.

(1)
$$12)\overline{336} \qquad \boxed{28}$$
$$\boxed{240}$$
$$\boxed{96}$$
$$\boxed{96}$$
$$\boxed{0}$$

(2)
$$27)\overline{410} \qquad \boxed{15}$$
$$\boxed{270}$$
$$\boxed{140}$$
$$\boxed{135}$$
$$\boxed{5}$$

3. 곱셈과 나눗셈 · 77

교과서 개념 play 성벽 수리하기

부서진 벽돌을 새 벽돌로 바꾸려고 합니다.
나눗셈을 계산하여 계산 결과가 적혀 있는 벽돌 붙임딱지를 부숴진 벽돌 위에 붙여 보세요.

3 단원

집중! 드릴 문제

정답과 풀이 p.19

[1~4] □ 안에 알맞은 수를 써넣으세요.

1
$$60 \overline{)\,2\,4\,0}$$
몫 **4**
2 4 0
0

2
$$20 \overline{)\,1\,8\,5}$$
몫 **9**
1 8 0
5

3
$$50 \overline{)\,3\,5\,3}$$
몫 **7**
3 5 0
3

4
$$90 \overline{)\,2\,8\,4}$$
몫 **3**
2 7 0
1 4

[5~8] 잘못 계산한 곳을 찾아 바르게 계산해 보세요.

5
$$21 \overline{)\,8\,0}$$ 몫 4, 8 4
→ $$21 \overline{)\,8\,0}$$ 몫 **3**, **6 3**, **1 7**

6
$$16 \overline{)\,1\,5\,1}$$ 몫 8, 1 2 8, 2 3
→ $$16 \overline{)\,1\,5\,1}$$ 몫 **9**, **1 4 4**, **7**

7
$$48 \overline{)\,2\,7\,9}$$ 몫 6, 2 8 8
→ $$48 \overline{)\,2\,7\,9}$$ 몫 **5**, **2 4 0**, **3 9**

8
$$19 \overline{)\,1\,5\,4}$$ 몫 7, 1 3 3, 2 1
→ $$19 \overline{)\,1\,5\,4}$$ 몫 **8**, **1 5 2**, **2**

[9~12] 계산해 보세요.

9
$$25 \overline{)\,3\,5\,0}$$ 몫 14
2 5
1 0 0
1 0 0
0
몫 **14**
나머지 **0**

10
$$42 \overline{)\,6\,7\,2}$$ 몫 16
4 2
2 5 2
2 5 2
0
몫 **16**
나머지 **0**

11
$$17 \overline{)\,9\,8\,9}$$ 몫 58
8 5
1 3 9
1 3 6
3
몫 **58**
나머지 **3**

12
$$28 \overline{)\,8\,8\,7}$$ 몫 31
8 4
4 7
2 8
1 9
몫 **31**
나머지 **19**

[13~15] 계산을 하고 결과를 확인해 보세요.

13
$$51 \overline{)\,8\,6\,7}$$ 몫 **17**
5 1
3 5 7
3 5 7
0
확인하기 $51 \times 17 = 867$

14
$$25 \overline{)\,9\,7\,5}$$ 몫 **39**
7 5
2 2 5
2 2 5
0
확인하기 $25 \times 39 = 975$

15
$$18 \overline{)\,6\,3\,7}$$ 몫 **35**
5 4
9 7
9 0
7
확인하기 $18 \times 35 = 630,$
$630 + 7 = 637$

3 단원

교과서 개념 확인 문제

정답과 풀이 p.20

1 빈칸에 알맞은 수를 써넣고 540÷90의 몫을 구해 보세요.

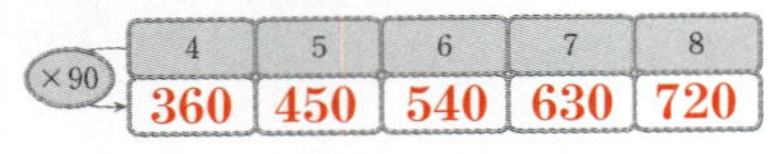

×90	4	5	6	7	8
	360	**450**	**540**	**630**	**720**

540÷90=**6**

✤ 6×90=540이므로 540÷90=6입니다.

2 □안에 알맞은 수를 써넣으세요.

(1) 160÷20=**8**　　　(2) 300÷60=**5**

(3)
$$70 \overline{)420}$$
몫 **6**, **420**, **0**

(4)
$$50 \overline{)350}$$
몫 **7**, **350**, **0**

3 나눗셈의 결과가 맞는지 확인하려고 합니다. □안에 알맞은 수를 써넣으세요.

(1) 638÷36=17…26

확인하기 36×**17**=**612**, **612**+**26**=**638**

(2) 950÷21=45…5

확인하기 21×**45**=**945**, **945**+**5**=**950**

4 나눗셈의 몫을 구하는 데 필요한 곱셈식에 ○표 하고, □안에 알맞은 수를 써넣으세요.

42×6=252
(42×7=294)
42×8=336
42×9=378

$$42 \overline{)317}$$
7, **294**, **23**

→ 317÷42=**7**…**23**

✤ 42의 곱셈식에서 317은 294와 336 사이에 있습니다.
따라서 몫은 7이고 나머지는 317−294=23입니다.

5 선생님은 사탕 281개를 30명의 학생들에게 똑같이 나누어 주려고 합니다. 한 사람에게 몇 개씩 나누어 줄 수 있고, 몇 개가 남는지 차례로 써 보세요.

(**9개**), (**11개**)

✤ 281÷30=9…11이므로 한 사람에게 9개씩 나누어 줄 수 있고 11개가 남습니다.

6 어떤 수를 37로 나눌 때 나올 수 없는 나머지에 ×표 하세요.

| 35 | 2 | 0 | **✕** | 20 |

✤ 나머지는 나누는 수보다 항상 작아야 합니다.

7 몫이 가장 큰 것에 ○표 하세요.

276÷14	638÷35	748÷41
(**○**)	( )	( )

✤ 276÷14=19…10, 638÷35=18…8,
748÷41=18…10

따라서 몫이 가장 큰 것은 276÷14입니다.

교과서 개념 확인 문제

정답과 풀이 p.20

8 772÷16을 계산하려고 합니다. 물음에 답하세요.

(1) 빈칸에 알맞은 수를 써넣으세요.

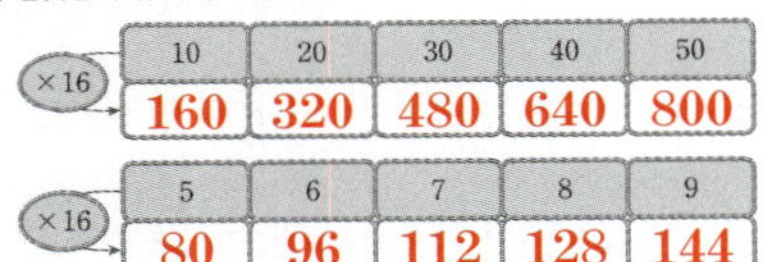

×16	10	20	30	40	50
	160	**320**	**480**	**640**	**800**

×16	5	6	7	8	9
	80	**96**	**112**	**128**	**144**

(2) 위 (1)을 이용하여 772÷16을 계산해 보세요.

$$16 \overline{)772}$$
48, **640** ← 16×**40**, **132**, 128 ← 16×**8**, **4**

→ 772÷16=**48**…**4**

✤ (2) 772는 640과 800 사이에 있으므로
772÷16의 몫의 십의 자리 수는 4입니다.
772−640=132이고 132는 128과 144 사이에 있으므로
몫의 일의 자리 수는 8입니다. → 772÷16=48…4

9 계산해 보세요.

(1)
$$63 \overline{)315}$$
5, **315**, **0**

(2)
$$14 \overline{)268}$$
19, **14**, **128**, **126**, **2**

(3) 682÷62=**11**

(4) 488÷16=**30**…**8**

10 몫이 두 자리 수인 나눗셈을 모두 찾아 ○표 하세요.

(569÷36)	288÷45	191÷25	(360÷17)

✤ 569÷36=15…29, 288÷45=6…18,
191÷25=7…16, 360÷17=21…3

11 나눗셈을 계산하여 □ 안에는 몫을, ○ 안에는 나머지를 써넣으세요.

(1) 

276 →(÷14)→ **19** … **10**

(2) 

862 →(÷68)→ **12** … **46**

✤ (1) 276÷14=19…10
(2) 862÷68=12…46

12 리본 하나를 만드는 데 끈 56 cm가 필요합니다. 끈 831 cm로 리본을 몇 개까지 만들 수 있고, 남는 끈의 길이는 몇 cm인지 차례로 써 보세요.

(**14개** , **47 cm**)

✤ 831÷56=14…47이므로 끈 831 cm로 리본을 14개까지 만들 수 있고 47 cm가 남습니다.

13 학생 408명이 35인승 버스에 타려고 합니다. 모든 학생이 타려면 버스는 몇 대가 필요할까요?

(**12대**)

✤ 408÷35=11…23이므로 모든 학생이 타려면 버스는 모두 11+1=12(대)가 필요합니다.
참고 버스가 11대 있으면 학생 23명이 탈 수 없습니다.

개념 확인평가
3. 곱셈과 나눗셈

맞은 개수

1 □ 안에 알맞은 수를 써넣으세요.

$$6 \times 2 = \boxed{12}$$
$$600 \times 20 = \boxed{12000}$$
$$0이 \boxed{3}개$$

✤ 600×20은 6×2에 0을 3개 붙인 것과 같습니다.
➔ $600 \times 20 = 12000$

2 빈칸에 알맞은 수를 써넣고 $145 \div 20$을 계산해 보세요.

$\times 20$	2	3	4	5	6	7	8
	40	**60**	**80**	**100**	**120**	**140**	**160**

$$145 \div 20 = \boxed{7} \cdots \boxed{5}$$

✤ 145는 140과 160 사이의 수이므로 몫은 7입니다.
➔ $145 \div 20 = 7 \cdots 5$

3 어떤 수를 16으로 나누었을 때 나머지가 될 수 없는 수는 어느 것일까요? … (**⑤**)

① 0 ② 1 ③ 5 ④ 15 ⑤ 16

✤ 나머지는 나누는 수 16보다 작아야 합니다.

4 곱셈을 해 보세요.

(1)
$$\begin{array}{r} 348 \\ \times \ 20 \\ \hline 6960 \end{array}$$

(2)
$$\begin{array}{r} 196 \\ \times \ 58 \\ \hline 1568 \\ 980 \\ \hline 11368 \end{array}$$

(3)
$$\begin{array}{r} 472 \\ \times \ 31 \\ \hline 472 \\ 1416 \\ \hline 14632 \end{array}$$

5 잘못 계산한 곳을 찾아 ○표 한 후 바르게 계산해 보세요.

$$\begin{array}{r} 143 \\ \times \ 28 \\ \hline 1144 \\ (286) \\ \hline 1430 \end{array} \rightarrow \begin{array}{r} 143 \\ \times \ 28 \\ \hline 1144 \\ 286 \\ \hline 4004 \end{array}$$
(예)

✤ 286은 143×20을 계산한 결과이므로 2860이라고 쓰거나 286을 왼쪽으로 한 칸 옮겨서 씁니다.

6 계산 결과를 비교하여 ○ 안에 >, =, <를 알맞게 써넣으세요.

$$271 \times 59 \quad \bigcirc\!\!> \quad 384 \times 40$$

✤ $271 \times 59 = 15989$, $384 \times 40 = 15360$
$15989 > 15360$

7 나눗셈을 해 보세요.

(1)
$$\begin{array}{r} 33 \\ 25\overline{)839} \\ 75 \\ \hline 89 \\ 75 \\ \hline 14 \end{array}$$
몫 **33** 나머지 **14**

(2)
$$\begin{array}{r} 32 \\ 24\overline{)791} \\ 72 \\ \hline 71 \\ 48 \\ \hline 23 \end{array}$$
몫 **32** 나머지 **23**

(3)
$$\begin{array}{r} 26 \\ 37\overline{)975} \\ 74 \\ \hline 235 \\ 222 \\ \hline 13 \end{array}$$
몫 **26** 나머지 **13**

개념 확인평가
3. 곱셈과 나눗셈

8 몫을 잘못 구한 것을 찾아 기호를 쓰고, 몫을 바르게 구해 보세요.

$$\bigcirc\ 960 \div 16 = 51 \qquad \bigcirc\ 240 \div 12 = 20$$

(**㉠**), 몫 (**60**)

✤ $960 \div 16 = 60$이므로 몫을 잘못 구한 것은 ㉠이고 몫은 60입니다.

9 길이가 339 cm인 철사가 있습니다. 이 철사를 26 cm씩 자르면 몇 도막이 되고 몇 cm가 남는지 차례로 써 보세요.

(**13도막**), (**1 cm**)

✤ $339 \div 26 = 13 \cdots 1$이므로 철사를 26 cm씩 자르면 13도막이 되고 1 cm가 남습니다.

10 나머지가 큰 것부터 차례로 기호를 써 보세요.

$$\bigcirc\ 133 \div 21 \qquad \bigcirc\ 125 \div 16 \qquad \bigcirc\ 135 \div 25$$
$$= 6 \cdots 7 \qquad\quad = 7 \cdots 13 \qquad\quad = 5 \cdots 10$$

(**㉡, ㉢, ㉠**)

✤ 나머지를 비교해 보면 $13 > 10 > 7$입니다.

11 주희는 500원짜리 동전 15개, 100원짜리 동전 20개를 가지고 있습니다. 주희가 가지고 있는 돈은 모두 얼마일까요?

(**9500원**)

✤ 500원짜리 동전 15개: $500 \times 15 = 7500$(원)
100원짜리 동전 20개: $100 \times 20 = 2000$(원)
따라서 주희가 가지고 있는 돈은 모두 $7500 + 2000 = 9500$(원)입니다.

교과서 개념 잡기

정답과 풀이 p.22

개념 1 점 이동하기

• 선을 따라 점을 이동하기

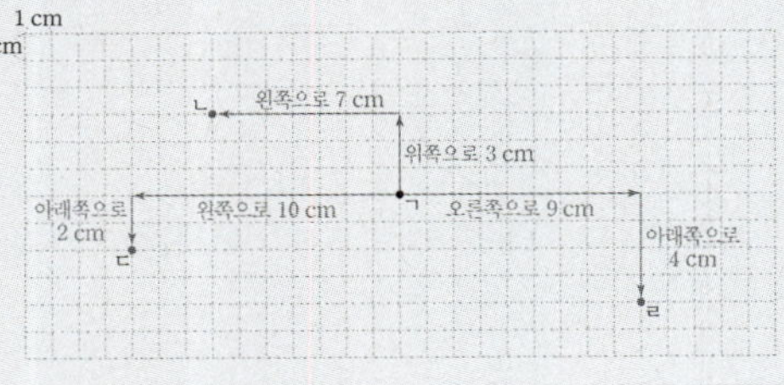

① 점 ㄱ을 위쪽으로 3 cm, 왼쪽으로 7 cm 이동한 곳은 점 ㄴ입니다.
② 점 ㄱ을 오른쪽으로 9 cm, 아래쪽으로 4 cm 이동한 곳은 점 ㄹ입니다.
③ 점 ㄱ이 점 ㄷ에 도착하려면 왼쪽으로 10 cm, 아래쪽으로 2 cm 이동해야 합니다.

개념 2 평면도형 밀기

• 모양 조각을 여러 방향으로 밀기

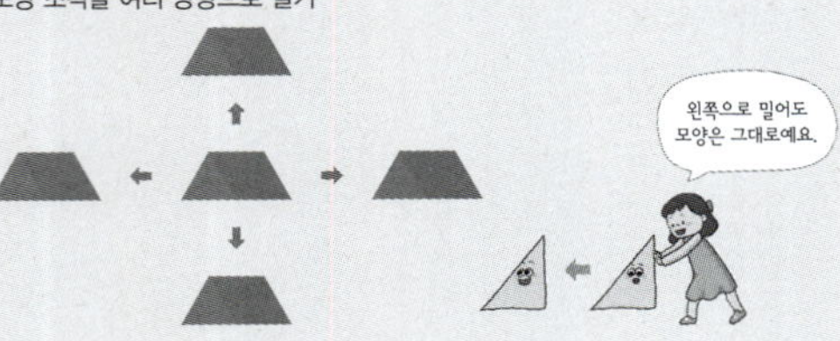

① 모양 조각을 여러 방향으로 밀어도 모양과 크기는 변하지 않습니다.
② 미는 방향에 따라 모양 조각의 위치만 변합니다.

1 그림을 보고 □ 안에 알맞은 기호나 수를 써넣으세요.

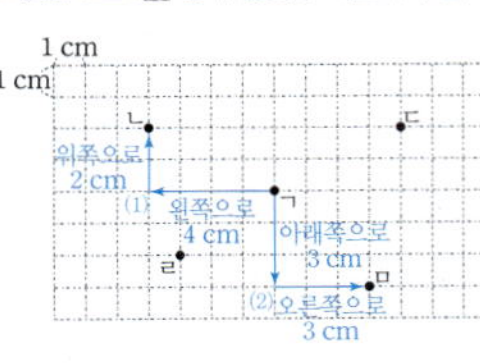

(1) 점 ㄱ을 왼쪽으로 4 cm, 위쪽으로 2 cm 이동하면 점 ㄴ 에 도착합니다.
(2) 점 ㄱ이 점 ㅁ에 도착하려면 아래쪽으로 **3** cm, 오른쪽으로 **3** cm 이동해야 합니다.

2 모양 조각을 오른쪽으로 밀었을 때의 모양을 찾아 ○표 하세요.

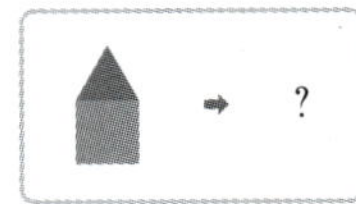  

(○)   (   )

✤ 모양 조각을 밀면 모양과 크기는 변하지 않고 위치만 변합니다.

3 도형을 주어진 방향으로 밀었을 때의 도형을 각각 완성해 보세요.

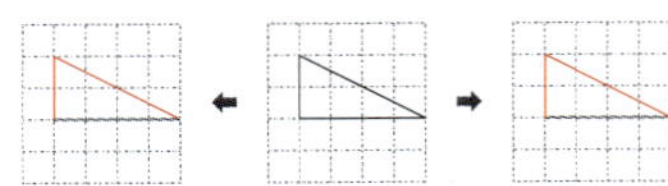

✤ 도형을 밀면 모양과 크기는 변하지 않고 위치만 변합니다.

4 도형을 왼쪽으로 7 cm 밀었을 때의 도형을 완성해 보세요.

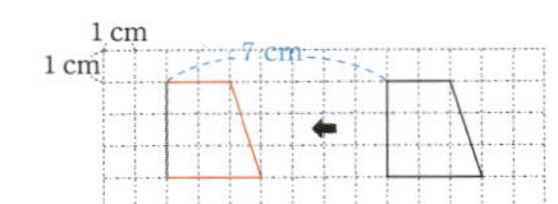

✤ 한 점을 기준으로 하여 왼쪽으로 7 cm 이동한 도형을 그립니다.

4 단원

교과서 개념 잡기

정답과 풀이 p.22

개념 3 평면도형 뒤집기

• 모양 조각을 여러 방향으로 뒤집기

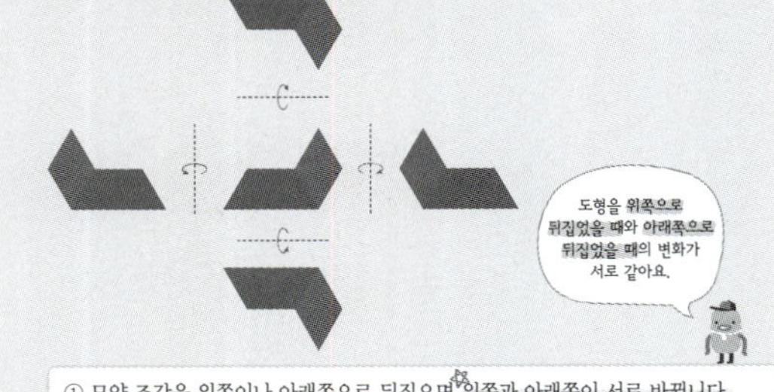

① 모양 조각을 위쪽이나 아래쪽으로 뒤집으면 위쪽과 아래쪽이 서로 바뀝니다.
② 모양 조각을 왼쪽이나 오른쪽으로 뒤집으면 왼쪽과 오른쪽이 서로 바뀝니다.

• 도형을 뒤집었을 때의 도형 알아보기

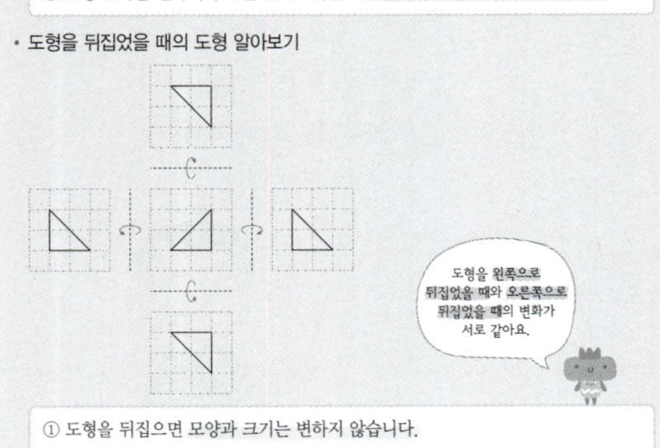

① 도형을 뒤집으면 모양과 크기는 변하지 않습니다.
② 뒤집는 방향에 따라 도형의 방향은 반대가 됩니다.

1 모양 조각을 오른쪽으로 뒤집었을 때의 모양을 찾아 ○표 하세요.

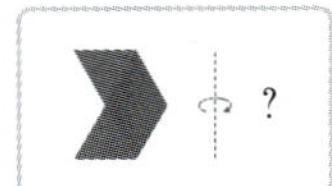  

(   )   (○)

✤ 모양 조각을 오른쪽으로 뒤집으면 왼쪽과 오른쪽이 서로 바뀝니다.

2 왼쪽 도형을 위쪽으로 뒤집었을 때의 도형을 찾아 ○표 하세요.

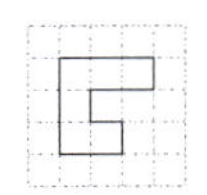 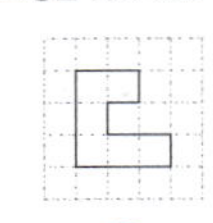 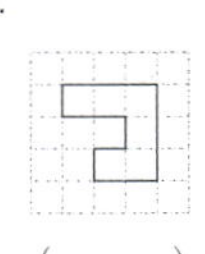

(○)   (   )

✤

3 도형을 주어진 방향으로 뒤집었을 때의 도형을 각각 완성해 보세요.

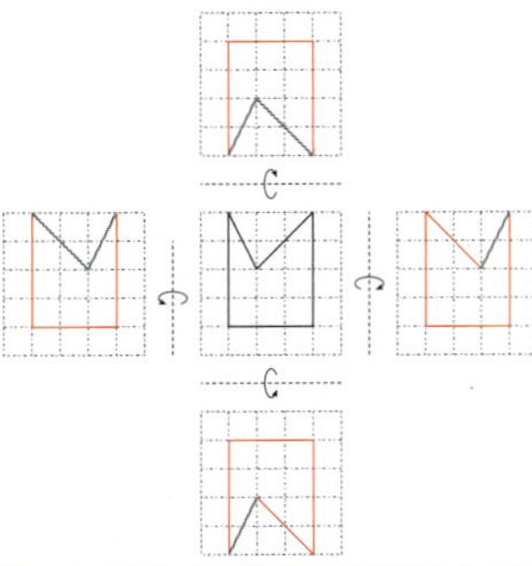

✤ 도형을 위쪽이나 아래쪽으로 뒤집으면 위쪽과 아래쪽이 서로 바뀌고,
도형을 왼쪽이나 오른쪽으로 뒤집으면 왼쪽과 오른쪽이 서로 바뀝니다.

4 단원

교과서 개념 play · 스테인드글라스 유리창 꾸미기

스테인드글라스 유리창을 꾸미려고 합니다.
도형을 주어진 방향으로 밀었을 때의 도형 붙임딱지를 붙여 보세요.

붙임딱지

도형을 주어진 방향으로 뒤집었을 때의 도형 붙임딱지를 붙여 보세요.

4 단원

94 · Start 4-1

4. 평면도형의 이동 · 95

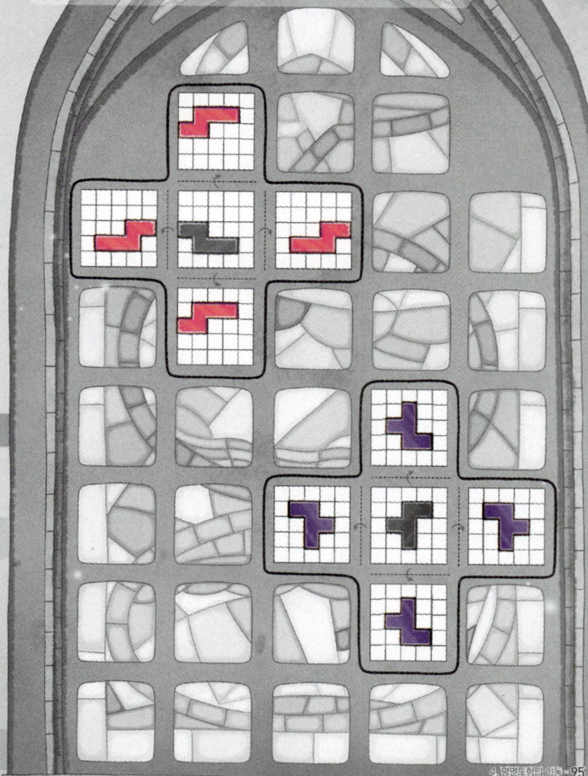

집중! 드릴 문제

정답과 풀이 p.23

[1~4] 점 ㄱ을 주어진 방향으로 이동했을 때의 위치에 점 ㄴ으로 표시해 보세요.

1 오른쪽으로 4 cm

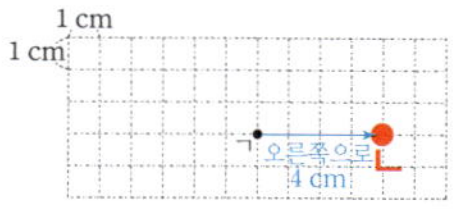

오른쪽으로
4 cm

2 왼쪽으로 3 cm

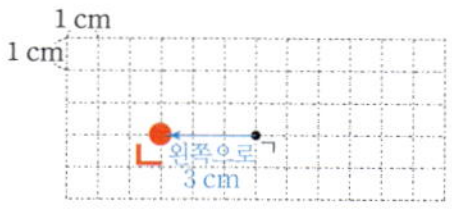

왼쪽으로
3 cm

3 위쪽으로 2 cm, 오른쪽으로 5 cm

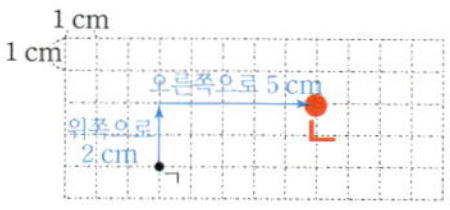

오른쪽으로 5 cm
위쪽으로
2 cm

4 왼쪽으로 4 cm, 아래쪽으로 3 cm

왼쪽으로
4 cm
아래쪽으로
3 cm

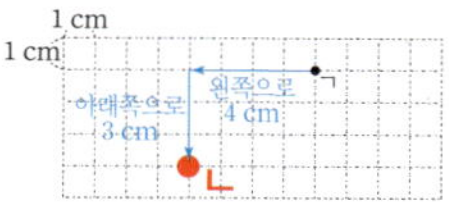

[5~9] 도형을 주어진 방향으로 6 cm 밀었을 때의 도형을 그려 보세요.

5

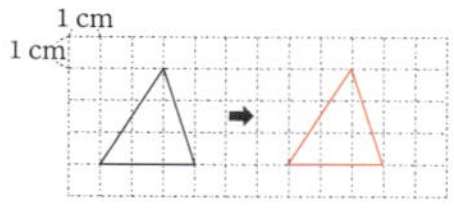

6

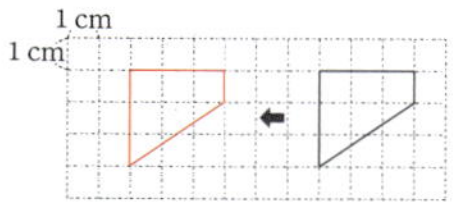

7

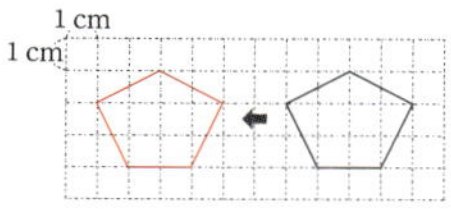

8

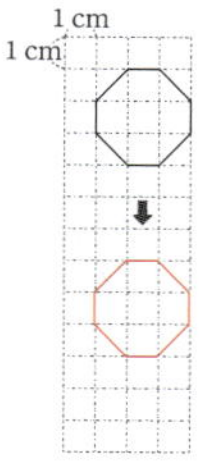

9

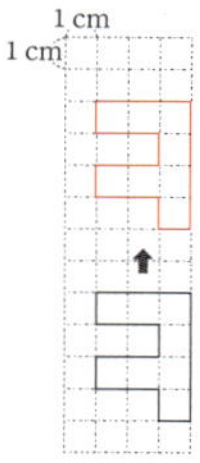

[10~13] 모양 조각을 뒤집은 방향으로 알맞은 것에 ○표 하세요.

10

뒤집기 전   뒤집은 후

(오른쪽 , (위쪽))

11

뒤집기 전   뒤집은 후

((오른쪽) , 위쪽)

12

뒤집기 전   뒤집은 후

(왼쪽 , (아래쪽))

13

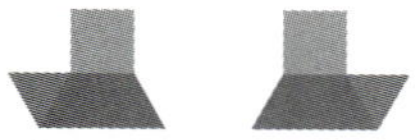

뒤집기 전   뒤집은 후

((왼쪽) , 아래쪽)

[14~18] 도형을 주어진 방향으로 뒤집었을 때의 도형을 그려 보세요.

14

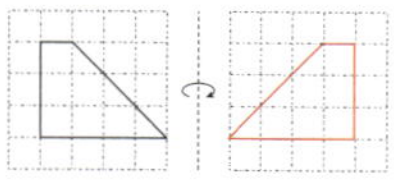

15

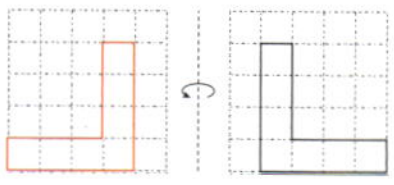

16

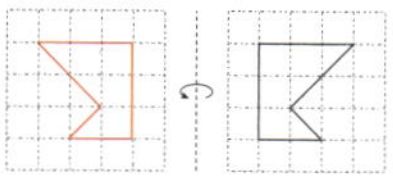

17 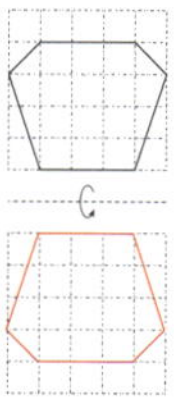   **18**

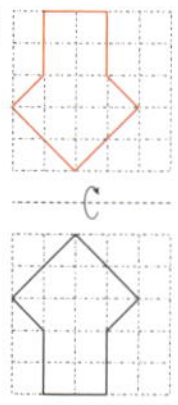

4 단원

96 · Start 4-1

4. 평면도형의 이동 · 97

교과서 개념 확인 문제

정답과 풀이 p.24

1 점을 어떻게 이동했는지 바르게 설명한 것의 기호를 찾아 써 보세요.

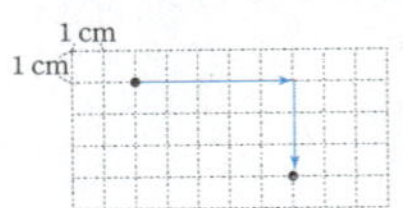

㉠ 점을 왼쪽으로 5 cm, 아래쪽으로 3 cm 이동했습니다.
㉡ 점을 오른쪽으로 5 cm, 아래쪽으로 3 cm 이동했습니다.

(㉡)

✤ 점을 오른쪽으로 5 cm, 아래쪽으로 3 cm 이동했습니다.

2 모양 조각을 왼쪽으로 밀었을 때의 모양을 찾아 ○표 하세요.

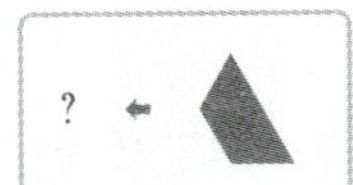 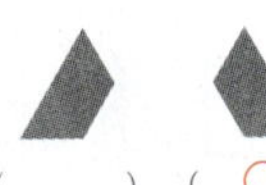 

( ) (○) ( )

✤ 모양 조각을 밀면 모양과 크기는 변하지 않고 위치만 변합니다.

3 도형을 오른쪽으로 8 cm 밀었을 때의 도형을 그려 보세요.

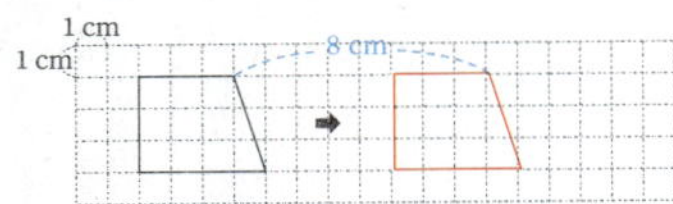

✤ 한 점을 기준으로 하여 오른쪽으로 8 cm 이동한 도형을 그립니다.

4 수 카드를 주어진 방향으로 밀었을 때의 수를 보고 바르게 설명한 것을 찾아 기호를 써 보세요.

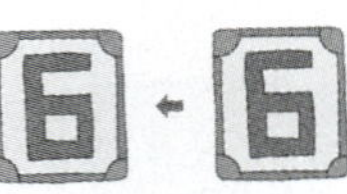

㉠ 수 카드를 왼쪽으로 밀면 모양과 위치가 모두 변합니다.
㉡ 수 카드를 왼쪽으로 밀면 모양은 변하지 않고 위치만 변합니다.

(㉡)

5 도형의 이동 방법을 설명해 보세요.

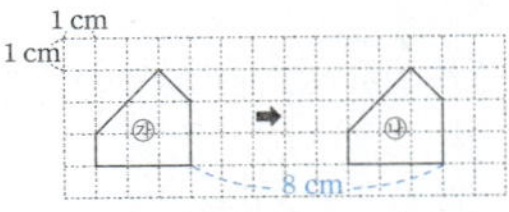

㉯ 도형은 ㉮ 도형을 오른쪽으로 **8** cm 밀어서 이동한 도형입니다.

✤ ㉯ 도형은 ㉮ 도형과 모양과 크기는 같지만 위치가 변하였습니다.

6 도형을 왼쪽으로 8 cm 밀고 위쪽으로 2 cm 밀었을 때의 도형을 그려 보세요.

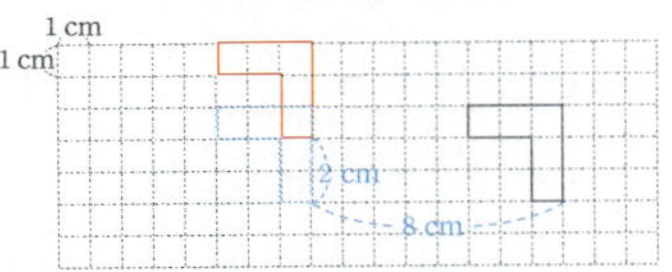

✤ 한 점을 기준으로 하여 왼쪽으로 8 cm 이동하고 위쪽으로 2 cm 이동한 도형을 그립니다.

4 단원

교과서 개념 확인 문제

정답과 풀이 p.24

7 보기 의 도형을 위쪽으로 뒤집은 도형을 찾아 ○표 하세요.

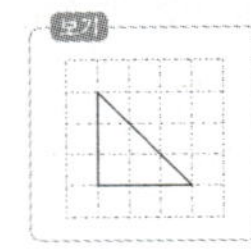 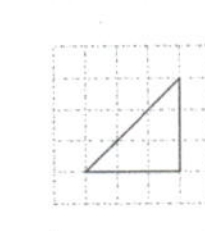 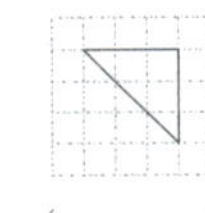 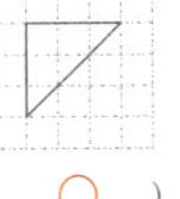

( ) ( ) (○)

✤ 도형을 위쪽으로 뒤집으면 위쪽과 아래쪽이 서로 바뀝니다.

8 도형을 왼쪽이나 오른쪽으로 뒤집었을 때의 도형을 그려 보세요.

(1) 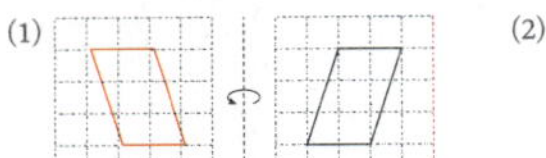 (2) 

✤ 도형을 왼쪽이나 오른쪽으로 뒤집으면 왼쪽과 오른쪽이 서로 바뀝니다.

9 도형을 위쪽이나 아래쪽으로 뒤집었을 때의 도형을 그려 보세요.

(1) 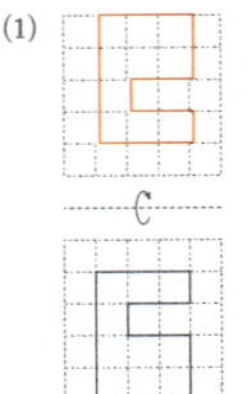 (2) 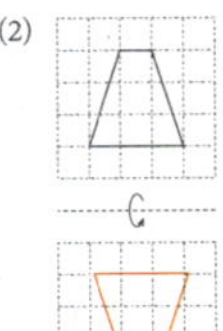 (3) 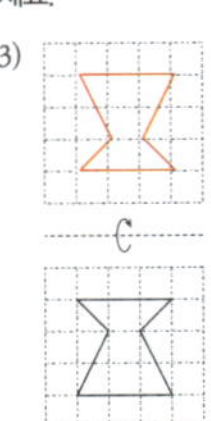

✤ 도형을 위쪽이나 아래쪽으로 뒤집으면 위쪽과 아래쪽이 서로 바뀝니다.

10 수 카드를 왼쪽으로 뒤집었을 때의 수를 써 보세요.

(1) 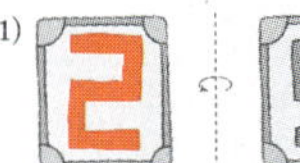 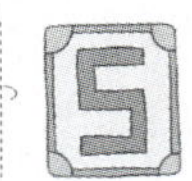 (2) 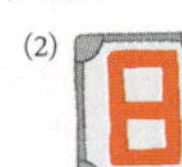 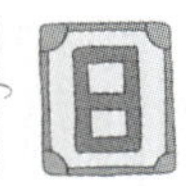

✤ 수 카드를 왼쪽으로 뒤집으면 왼쪽과 오른쪽이 서로 바뀝니다.

11 도형을 왼쪽과 오른쪽으로 뒤집었을 때의 모양을 보고 잘못 설명한 것을 찾아 기호를 써 보세요.

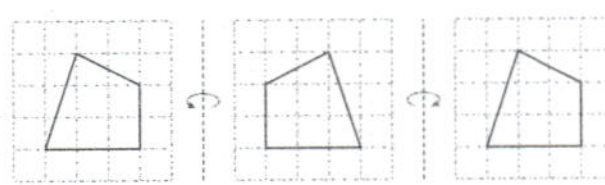

㉠ 도형을 왼쪽으로 뒤집으면 왼쪽과 오른쪽이 서로 바뀝니다.
㉡ 도형을 오른쪽으로 뒤집으면 모양과 크기가 변합니다.

(㉡)

✤ 도형을 뒤집으면 모양과 크기는 변하지 않고 도형의 방향이 뒤집는 방향에 따라 반대가 됩니다.

12 오른쪽 글자가 찍히도록 도장에 모양을 새기려고 합니다. 도장에 새겨야 할 모양을 그려 보세요.

✤ 종이에 찍힌 글자의 왼쪽과 오른쪽이 바뀐 모양을 도장에 새겨야 합니다.

4 단원

교과서 개념 잡기

개념 ④ 평면도형 돌리기

• 시계 방향으로 돌리기

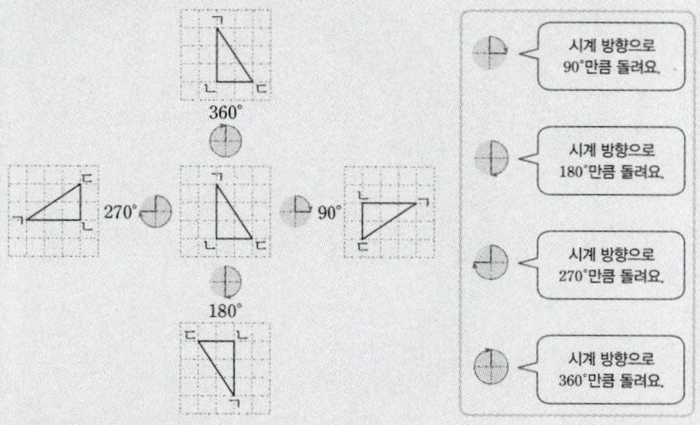

360°

270° · 90°

180°

시계 방향으로 90°만큼 돌려요.

시계 방향으로 180°만큼 돌려요.

시계 방향으로 270°만큼 돌려요.

시계 방향으로 360°만큼 돌려요.

• 시계 반대 방향으로 돌리기

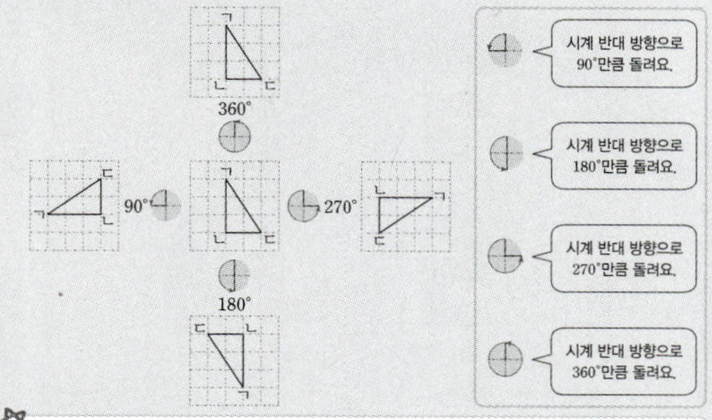

360°

90° · 270°

180°

시계 반대 방향으로 90°만큼 돌려요.

시계 반대 방향으로 180°만큼 돌려요.

시계 반대 방향으로 270°만큼 돌려요.

시계 반대 방향으로 360°만큼 돌려요.

화살표 끝이 가리키는 위치가 같으면 도형을 돌렸을 때의 변화가 서로 같습니다.

정답과 풀이 p.25

1 모양 조각을 시계 방향으로 90°만큼 돌렸을 때의 모양을 찾아 ○표 하세요.

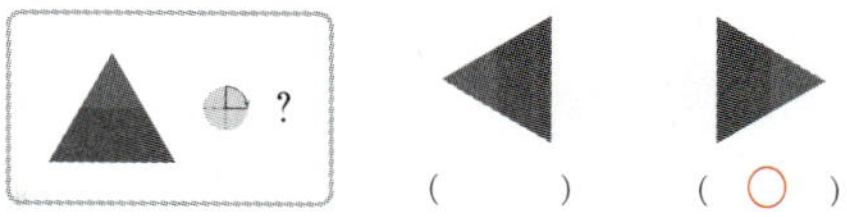

? ( ) (○)

❖ 모양 조각을 시계 방향으로 90°만큼 돌리면 위쪽 부분이 오른쪽으로 이동합니다.

2 도형을 시계 반대 방향으로 주어진 각도만큼 돌렸을 때의 도형을 찾아 이어 보세요.

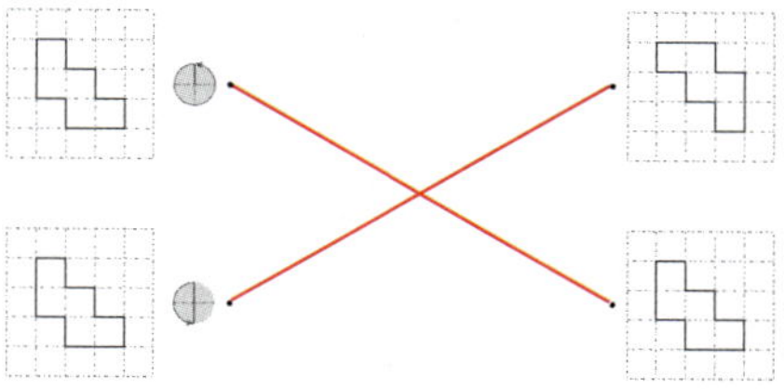

3 도형을 시계 반대 방향으로 90°만큼 돌렸을 때의 도형을 그려 보세요.

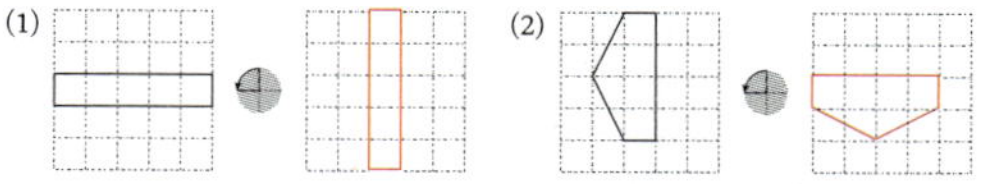

(1)   (2)

❖ 시계 반대 방향으로 90°만큼 돌리면 위쪽 부분이 왼쪽으로 이동합니다.

4 도형을 시계 방향으로 180°만큼 돌렸을 때의 도형을 그려 보세요.

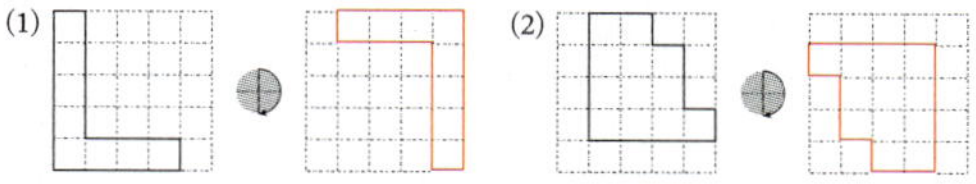

(1)   (2)

❖ 시계 방향으로 180°만큼 돌리면 위쪽 부분이 아래쪽으로 이동합니다.

교과서 개념 잡기

개념 ⑤ 평면도형 뒤집고 돌리기

• 오른쪽으로 뒤집고 시계 방향으로 90°만큼 돌리기

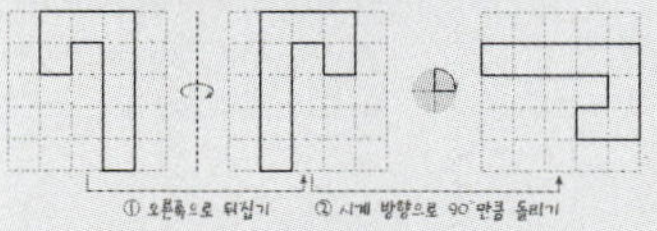

① 오른쪽으로 뒤집기   ② 시계 방향으로 90°만큼 돌리기

• 시계 방향으로 90°만큼 돌리고 오른쪽으로 뒤집기

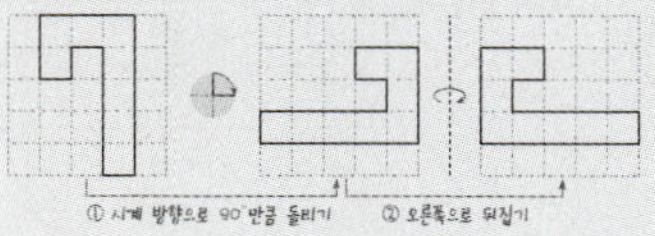

① 시계 방향으로 90°만큼 돌리기   ② 오른쪽으로 뒤집기

도형을 뒤집고 돌린 도형과 돌리고 뒤집은 도형은 같을 수도 있고, 다를 수도 있어요.

개념 ⑥ 무늬 꾸미기

• 밀기를 이용하여 규칙적인 무늬 만들기

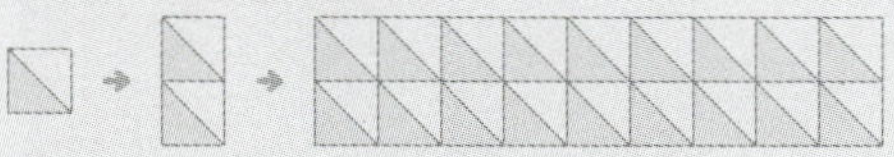

• 뒤집기를 이용하여 규칙적인 무늬 만들기

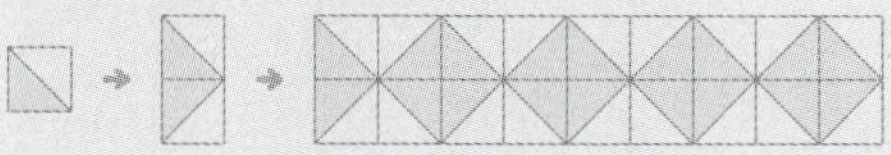

• 돌리기를 이용하여 규칙적인 무늬 만들기

정답과 풀이 p.25

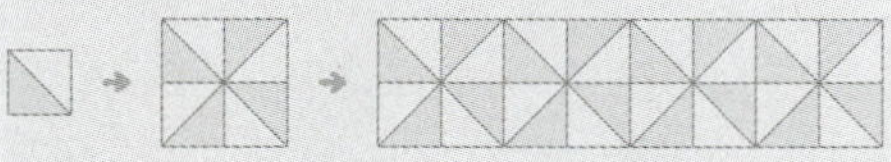

1 모양 조각을 아래쪽으로 뒤집고 시계 방향으로 90°만큼 돌렸습니다. 알맞은 것을 찾아 ○표 하세요.

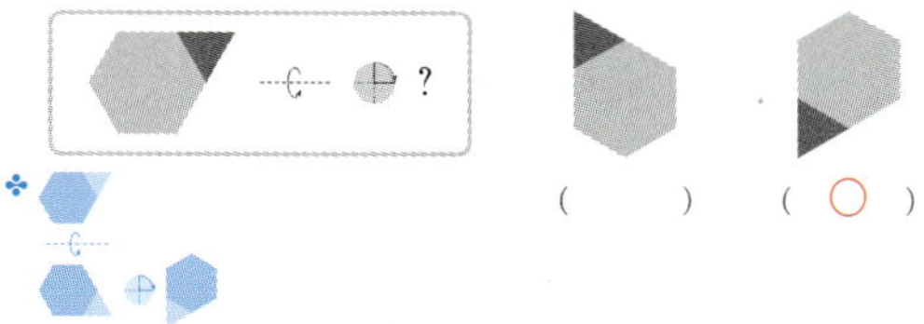

? ( ) (○)

❖

2 도형을 오른쪽으로 뒤집고 시계 반대 방향으로 180°만큼 돌렸을 때의 도형을 각각 그려 보세요.

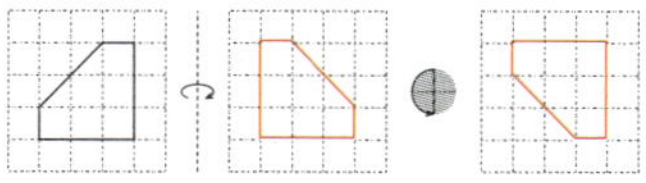

3 도형을 시계 방향으로 180°만큼 돌리고 오른쪽으로 뒤집었을 때의 도형을 각각 그려 보세요.

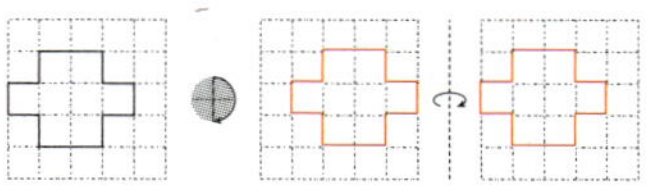

4 모양으로 밀기를 이용하여 규칙적인 무늬를 만들어 보세요.

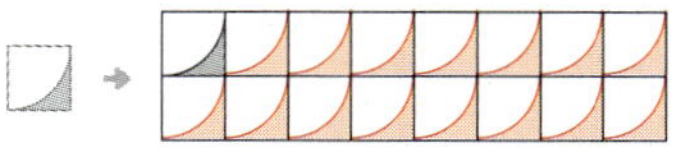

정답과 풀이 · **25**

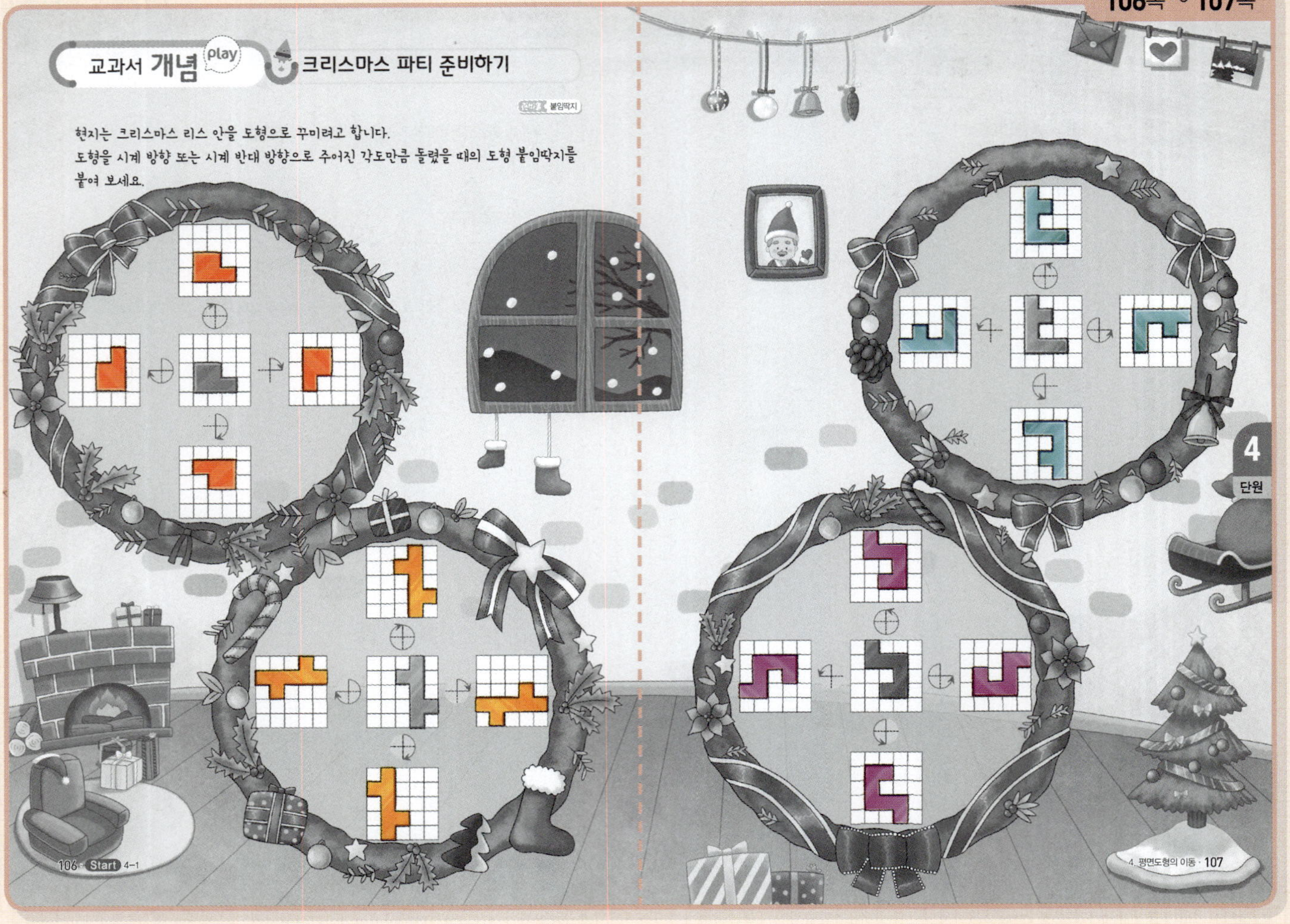

교과서 **개념** play 크리스마스 파티 준비하기

현지는 크리스마스 리스 안을 도형으로 꾸미려고 합니다.
도형을 시계 방향 또는 시계 반대 방향으로 주어진 각도만큼 돌렸을 때의 도형 붙임딱지를
붙여 보세요.

붙임딱지

4 단원

집중! 드릴 문제

정답과 풀이 p.26

[1~5] 도형을 시계 방향으로 주어진 각도만 큼 돌렸을 때의 도형을 그려 보세요.

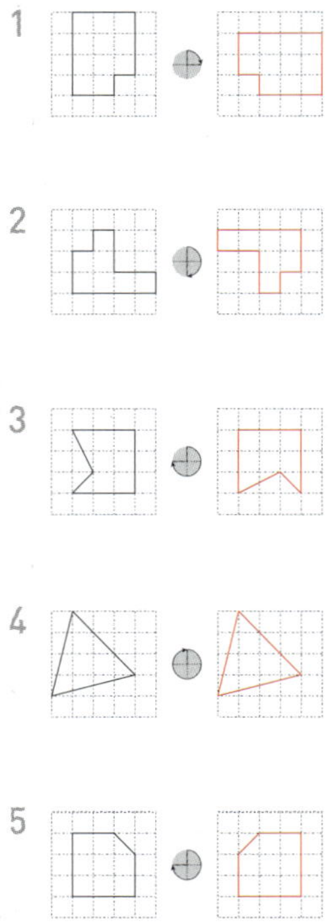

[6~10] 도형을 시계 반대 방향으로 주어진 각도만큼 돌렸을 때의 도형을 그려 보세요.

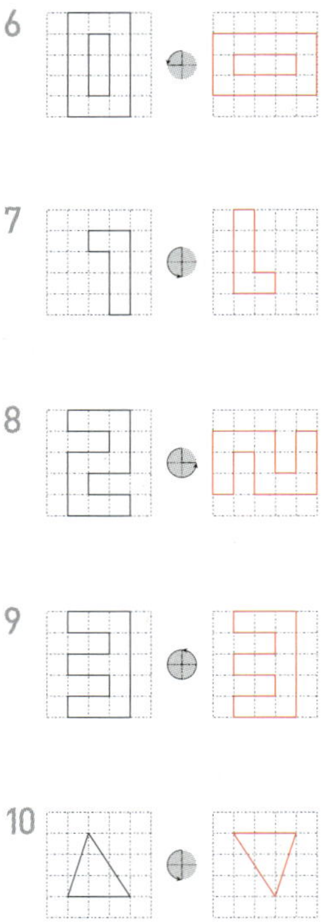

[11~14] 도형을 주어진 방향으로 뒤집고 돌 렸을 때의 도형을 각각 그려 보세요.

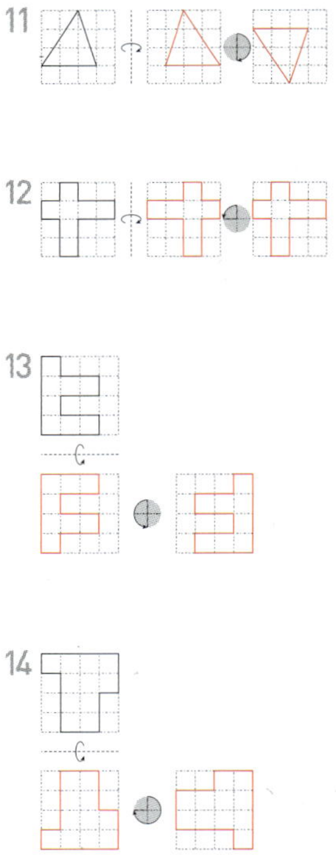

[15~19] 규칙에 따라 무늬를 만들었습니다. 빈칸을 채워 무늬를 완성해 보세요.

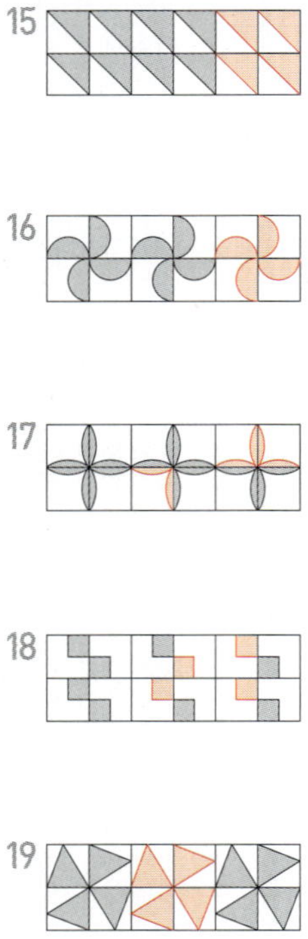

1

6

11

15

2

7

12

16

3

8

13

17

4

9

14

18

5

10

19

4 단원

교과서 **개념 확인** 문제

정답과 풀이 p.27

1 모양 조각을 시계 방향으로 90°만큼 돌렸습니다. 알맞은 것을 찾아 ○표 하세요.

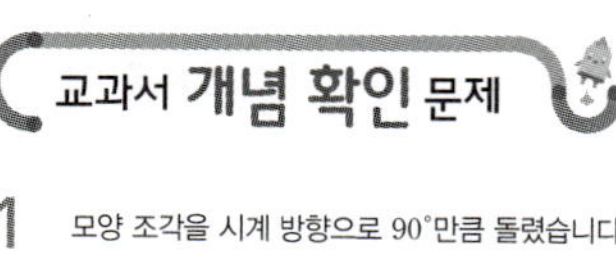

( ) ( ) (○)

❖ 모양 조각을 시계 방향으로 90°만큼 돌리면 위쪽 부분이 오른쪽으로 이동합니다.

2 도형을 시계 반대 방향으로 주어진 각도만큼 돌렸을 때의 도형을 각각 그려 보세요.

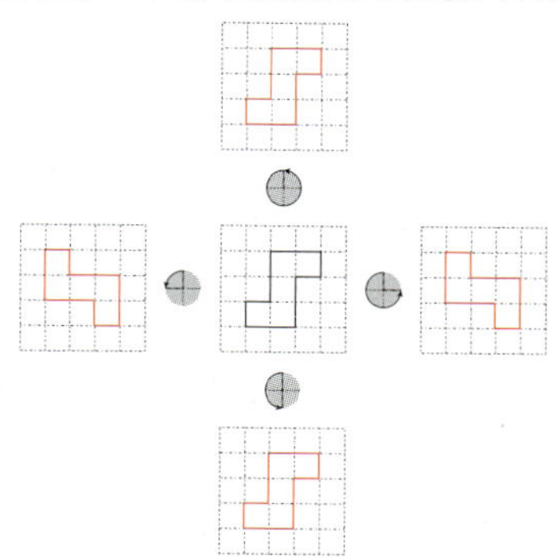

3 도형을 시계 방향으로 270°만큼 돌렸을 때의 도형을 그려 보세요.

(1) 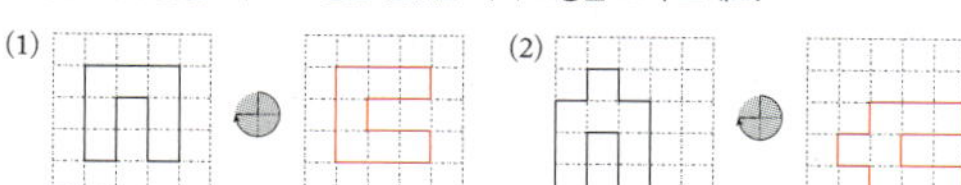 (2)

❖ 도형을 시계 방향으로 270°만큼 돌리면 위쪽 부분이 왼쪽으로 이동합니다.

4 알맞은 도형을 보기 에서 골라 □ 안에 기호를 써넣으세요.

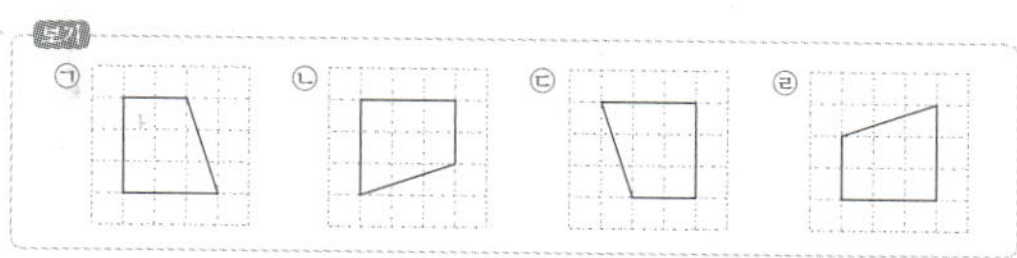

(1) ㉠ 도형을 시계 방향으로 90°만큼 돌리면 **ㄴ** 도형이 됩니다.

(2) ㉠ 도형을 시계 반대 방향으로 180°만큼 돌리면 **ㄷ** 도형이 됩니다.

5 모양으로 돌리기를 이용하여 만든 무늬를 찾아 ○표 하세요.

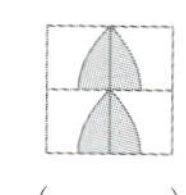 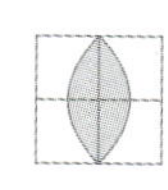 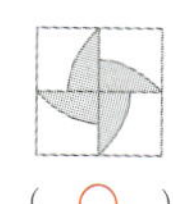 

( ) ( ) (○)

❖ 가장 오른쪽 무늬는 모양을 시계 방향으로 90°만큼 돌리는 것을 반복했습니다.

6 도형을 시계 반대 방향으로 180°만큼 돌리고 오른쪽으로 뒤집었을 때의 도형을 알아보려고 합니다. 보기 에서 알맞은 도형을 찾아 빈 곳에 기호를 써넣으세요.

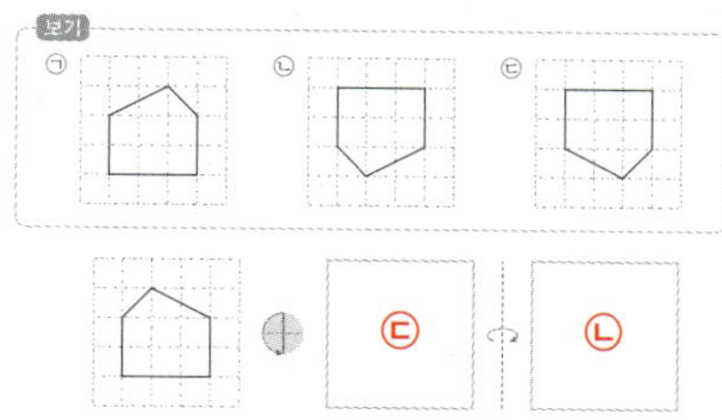

4 단원

교과서 **개념 확인** 문제

정답과 풀이 p.27

7 도형을 아래쪽으로 뒤집고 시계 방향으로 270°만큼 돌렸을 때의 도형을 각각 그려 보세요.

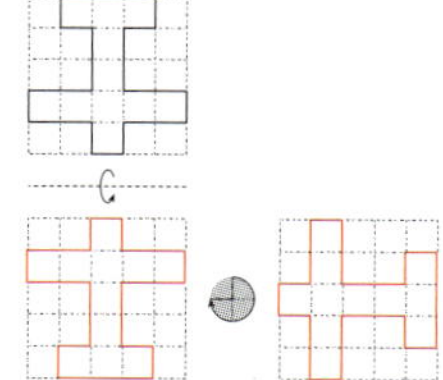

❖ 도형을 아래쪽으로 뒤집으면 위쪽과 아래쪽이 서로 바뀝니다.
도형을 시계 방향으로 270°만큼 돌리면 위쪽 부분이 왼쪽으로 이동합니다.

8 모양으로 돌리기를 이용하여 규칙적인 무늬를 만들어 보세요.

예 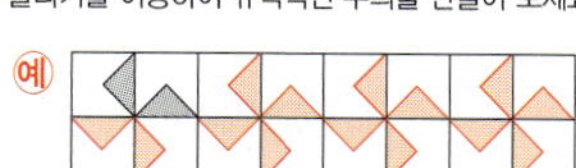

9 모양을 이용하여 규칙적인 무늬를 만들었습니다. 빈칸을 채워 무늬를 완성해 보세요.

10 세 자리 수가 적힌 수 카드를 시계 방향으로 180°만큼 돌렸을 때 만들어지는 수를 구해 보세요.

(**965**)

❖ 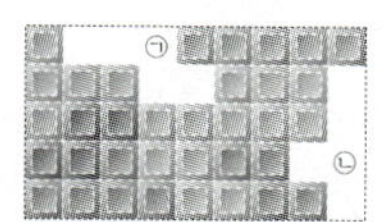

11 조각을 움직여서 직사각형을 완성하려고 합니다. 물음에 답하세요.

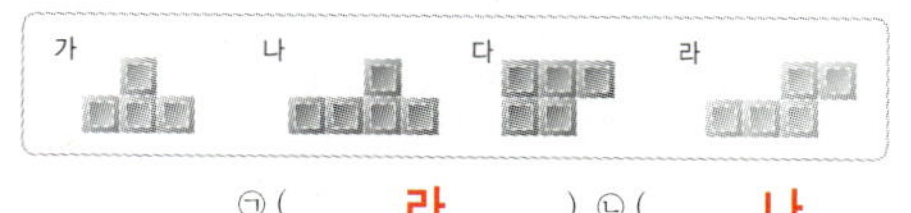

(1) ㉠, ㉡에 들어갈 수 있는 조각은 어느 것인지 찾아보세요.

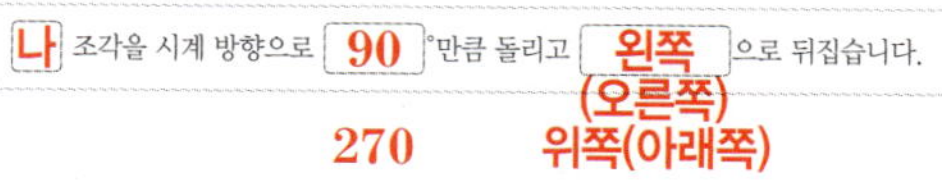

가 　 나 　 다 　 라

㉠ (**라**), ㉡ (**나**)

(2) 위 (1)에서 고른 조각을 이용하여 ㉡을 채우려면 어떻게 움직여야 하는지 설명해 보세요.

나 조각을 시계 방향으로 **90** °만큼 돌리고 **왼쪽** 으로 뒤집습니다.
270 **(오른쪽)**
위쪽(아래쪽)

4 단원

개념 확인평가　4. 평면도형의 이동

맞은 개수

정답과 풀이 p.28

1 점 ㄱ을 어떻게 움직이면 점 ㄴ의 위치로 옮길 수 있는지 □ 안에 알맞은 말이나 수를 써넣으세요.

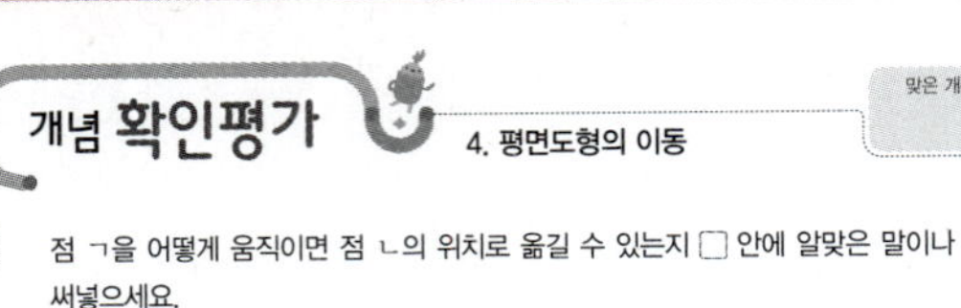

점 ㄱ을 　위　쪽으로 　2　cm, 　오른　쪽으로 　5　cm 이동합니다. **또는 오른쪽으로 5 cm, 위쪽으로 2 cm**

2 도형을 주어진 방향으로 밀었을 때의 도형을 각각 그려 보세요.

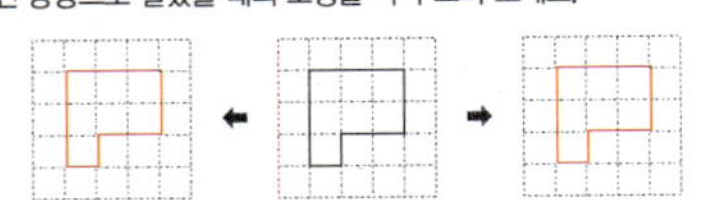

✦ 도형을 밀면 모양과 크기는 변하지 않고 위치만 변합니다.

3 뒤집기를 이용하여 규칙적인 무늬를 만들려고 합니다. 빈칸에 알맞은 도형은 어느 것일까요? …………………………………………………………………… (　③　)

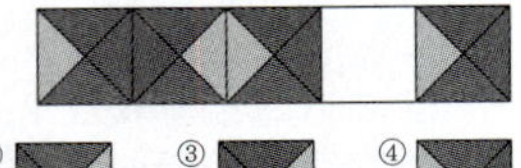

✦ ①번 도형을 오른쪽으로 뒤집기 하면서 만든 무늬입니다. 빈칸에 알맞은 도형은 ③번입니다.

4 보기 의 도형을 1번 뒤집었을 때 나올 수 있는 도형을 모두 찾아 ○표 하세요.

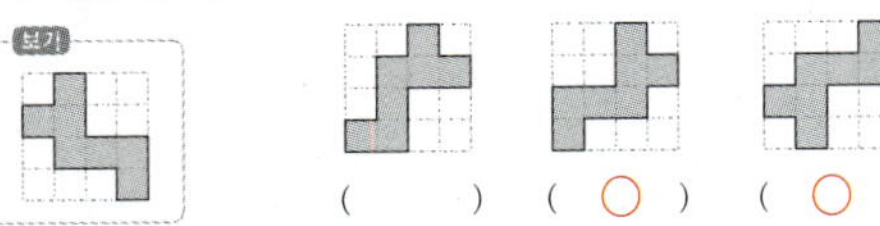

(　) (　○) (　○)

✦ 보기 의 도형을 왼쪽이나 오른쪽으로 뒤집었을 때 나오는 도형과 위쪽이나 아래쪽으로 뒤집었을 때 나오는 도형을 찾아 ○표 합니다.

5 ㉯ 도형을 밀어서 ㉮ 도형이 되었습니다. 도형의 이동 방법을 설명해 보세요.

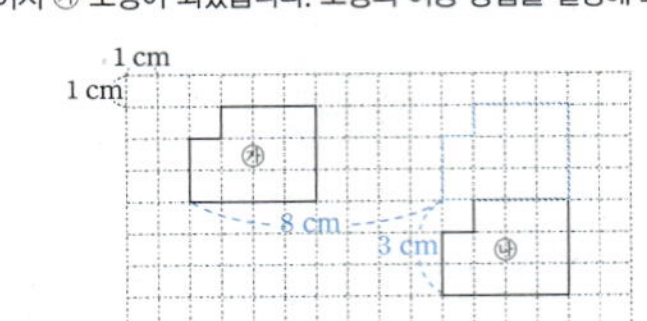

㉮ 도형은 ㉯ 도형을 위쪽으로 　3　cm 밀고 왼쪽으로 　8　cm 밀어서 이동한 도형입니다.

6 도형을 뒤집었을 때의 도형을 그려 보세요.

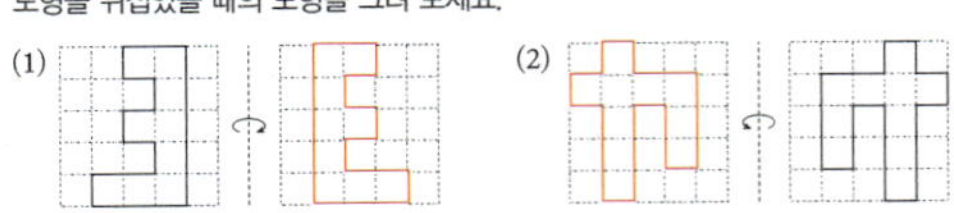

(1) 　　　　　(2)

7 조각을 움직여서 직사각형을 완성하려고 합니다. ㉠에 들어갈 수 있는 조각에 ○표 하세요.

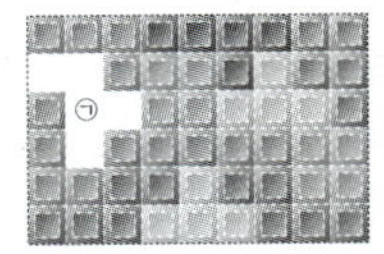  

(　○) (　)

4 단원

개념 확인평가　4. 평면도형의 이동

정답과 풀이 p.28

8 도형을 시계 방향으로 270°만큼 돌리고 오른쪽으로 뒤집었을 때의 도형을 각각 그려 보세요.

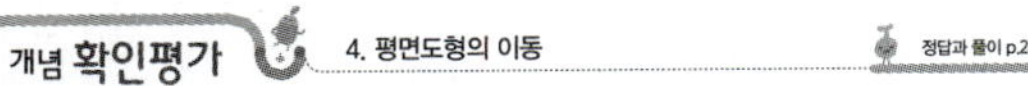

✦ 참고 도형을 시계 방향으로 270°만큼 돌린 것은 시계 반대 방향으로 90°만큼 돌린 것과 같습니다.

9 왼쪽 도형을 돌려서 오른쪽 도형이 되었습니다. 어떻게 돌린 것인지 모두 찾아 기호를 써 보세요.

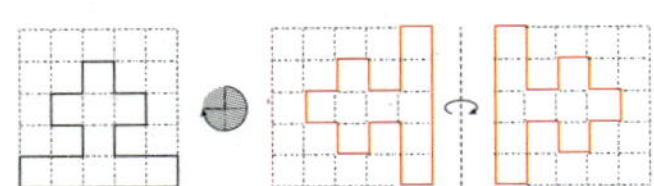

(　ⓛ, ⓒ 　)

✦ 왼쪽 도형의 위쪽 부분이 오른쪽 도형의 왼쪽에 있으므로 시계 반대 방향으로 90°만큼 돌린 것입니다. 시계 반대 방향으로 90°만큼 돌린 것은 시계 방향으로 270°만큼 돌린 것과 같으므로 답은 ⓛ, ⓒ입니다.

10 어떤 도형을 시계 방향으로 90°만큼 돌렸더니 오른쪽과 같은 도형이 되었습니다. 처음 도형을 그려 보세요.

처음 도형　　　움직인 도형

✦ 어떤 도형을 시계 방향으로 90°만큼 돌린 도형이므로 움직인 도형을 시계 반대 방향으로 90°만큼 돌리면 처음 도형입니다.

11 도형을 위쪽으로 2번 뒤집고 시계 방향으로 90°만큼 2번 돌렸을 때의 도형을 그려 보세요.

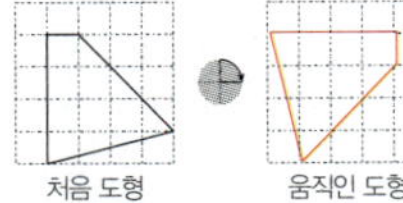

처음 도형　　　움직인 도형

✦ 도형을 위쪽으로 2번 뒤집으면 처음 도형과 같습니다. 도형을 시계 방향으로 90°만큼 2번 돌리는 것은 시계 방향으로 90°＋90°＝180°만큼 돌리는 것과 같습니다.

교과서 개념 잡기

개념 ① 막대그래프 알아보기

• 조사한 자료를 막대 모양으로 나타낸 그래프를 막대그래프라고 합니다.

기르고 싶은 동물별 학생 수

동물	병아리	강아지	고양이	토끼	합계
학생 수(명)	3	7	6	4	20

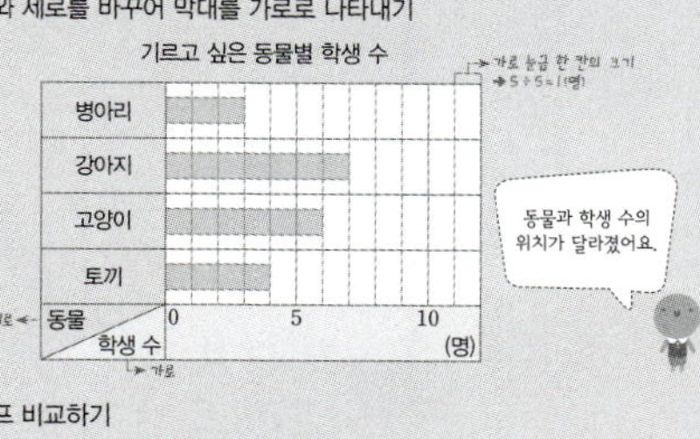

① 가로는 동물, 세로는 학생 수를 나타냅니다.
② 막대의 길이는 기르고 싶은 동물별 학생 수를 나타냅니다.
③ 세로 눈금 5칸이 5명을 나타내므로 세로 눈금 한 칸은 1명을 나타냅니다.

• 그래프의 가로와 세로를 바꾸어 막대를 가로로 나타내기

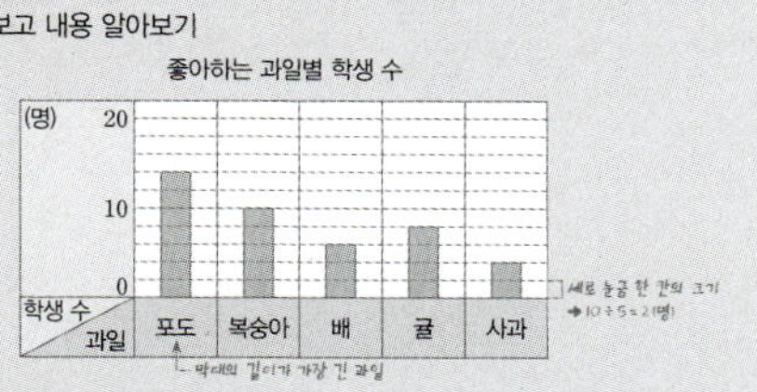

• 표와 막대그래프 비교하기

같은 점	기르고 싶은 동물별 학생 수를 나타냈습니다.
다른 점	표는 각 동물별 학생 수나 전체 학생 수를 알아보기 쉽습니다. 막대그래프는 막대의 길이로 크기 비교를 쉽게 할 수 있습니다.

118 · Start 4–1

---

1 유미네 반 학생들이 좋아하는 과목을 조사하여 나타낸 그래프입니다. □ 안에 알맞은 수나 말을 써넣으세요.

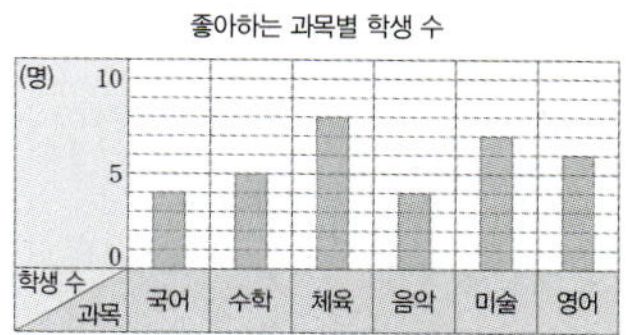

(1) 조사한 자료를 막대 모양으로 나타낸 그래프를 **막대그래프** 라고 합니다.

(2) 가로는 **과목** 을, 세로는 **학생 수** 를 나타냅니다.

(3) 세로 눈금 한 칸은 **1** 명을 나타냅니다.

2 인호네 반 학생들이 가고 싶은 나라를 조사하여 나타낸 표와 막대그래프입니다. 물음에 답하세요.

가고 싶은 나라별 학생 수

나라	미국	중국	태국	영국	합계
학생 수(명)	14	8	4	6	32

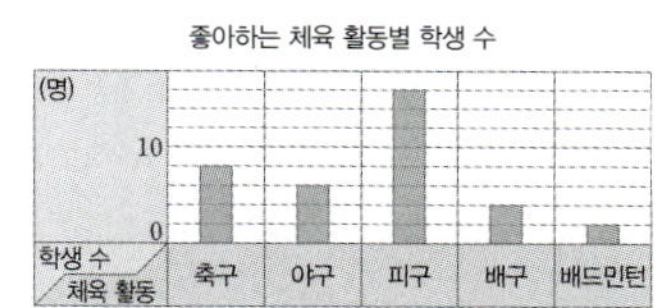

(1) 표와 막대그래프 중 전체 학생 수를 알아보기에 더 편리한 것은 어느 것일까요?
(**표**)

(2) 표와 막대그래프 중 가장 많은 학생들이 가고 싶은 나라를 한눈에 알아보기에 더 편리한 것은 어느 것일까요?
(**막대그래프**)

✤ (1) 표의 합계를 보면 전체 학생 수를 알아보기 편리합니다.
(2) 막대그래프의 막대의 길이를 보면 학생들이 가장 가고 싶은 나라를 한눈에 알아볼 수 있습니다.

5 단원

5. 막대그래프 · 119

교과서 개념 잡기

개념 ② 막대그래프의 내용 알아보기

• 막대그래프를 보고 내용 알아보기

좋아하는 과일별 학생 수

막대그래프에서 알 수 있는 내용

① 막대그래프에서 가로는 과일, 세로는 학생 수를 나타냅니다.
② 가장 많은 학생들이 좋아하는 과일은 막대의 길이가 가장 긴 포도입니다.
③ 가장 적은 학생들이 좋아하는 과일은 막대의 길이가 가장 짧은 사과입니다.
④ 세로 눈금 5칸이 10명을 나타내므로 세로 눈금 한 칸은 2명을 나타냅니다.
⑤ 귤을 좋아하는 학생 수는 세로 눈금 4칸이므로 $2 \times 4 = 8$(명)입니다.

개념 ○ X

어느 자동차 회사의 한 달 동안의 자동차 판매량을 조사하여 나타낸 막대그래프입니다. 막대그래프에 나타난 내용을 바르게 설명한 사람에 ○표, 잘못 설명한 사람에 ×표 하세요.

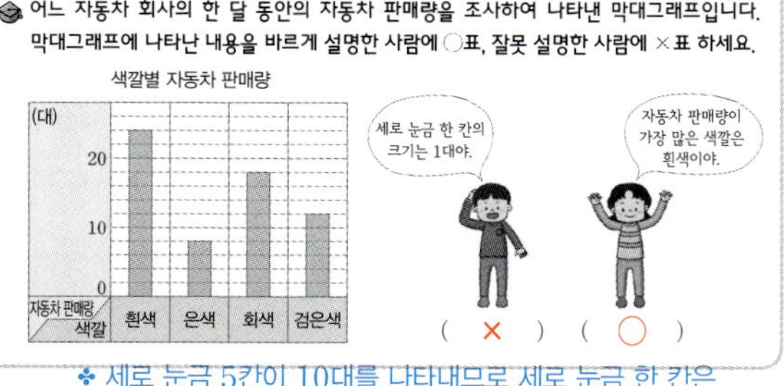

✤ 세로 눈금 5칸이 10대를 나타내므로 세로 눈금 한 칸은 $10 \div 5 = 2$(대)를 나타냅니다.
자동차 판매량이 가장 많은 색깔은 막대의 길이가 가장 긴 흰색입니다.

120 · Start 4–1

---

1 희철이네 반 학생들이 좋아하는 체육 활동을 조사하여 나타낸 막대그래프입니다. 물음에 답하세요.

좋아하는 체육 활동별 학생 수

(1) 가로와 세로는 각각 무엇을 나타낼까요?
가로 (**체육 활동**), 세로 (**학생 수**)

(2) 세로 눈금 한 칸은 몇 명을 나타낼까요?
(**2명**)

✤ (1) 가로는 체육 활동, 세로는 학생 수를 나타냅니다.
(2) 세로 눈금 5칸이 10명을 나타내므로 세로 눈금 한 칸은 $10 \div 5 = 2$(명)을 나타냅니다.

2 서우네 반 학생들이 좋아하는 영화 장르를 조사하여 나타낸 막대그래프입니다. 물음에 답하세요.

영화 장르별 학생 수

(1) 가장 많은 학생들이 좋아하는 영화 장르는 무엇일까요?
(**액션**)

(2) 액션 영화를 좋아하는 학생은 몇 명일까요?
(**14명**)

✤ (1) 막대의 길이가 가장 긴 것은 액션입니다.
(2) 가로 눈금 5칸이 5명을 나타내므로 가로 눈금 한 칸은 1명을 나타냅니다.
액션 영화를 좋아하는 학생은 가로 눈금 14칸이므로 14명입니다.

5 단원

5. 막대그래프 · 121

교과서 **개념** play 현장 체험 학습으로 가고 싶은 곳

현지네 반 학생들이 현장 체험 학습으로 가고 싶은 장소를 조사하여 나타낸 표와 막대그래프입니다. 표와 막대그래프를 보고 오른쪽에서 설명하고 있는 수나 말이 적힌 퍼즐 조각 붙임딱지를 찾아 붙여서 퍼즐을 완성해 보세요.

집중! 드릴 문제

정답과 풀이 p.30

[1~4] 은하네 반 학생들이 여름 방학에 배우고 싶은 과목을 조사하여 나타낸 막대그래프입니다. 막대그래프를 보고 알 수 있는 내용을 바르게 설명한 것에 ○표, 잘못 설명한 것에 ×표 하세요.

배우고 싶은 과목별 학생 수

(명) / 학생 수 / 과목 : 체육, 음악, 미술, 영어

1 가로에는 과목을 나타내었습니다.
(○)

2 세로에는 학생 수를 나타내었습니다.
(○)

3 가장 많은 학생들이 배우고 싶은 과목은 체육입니다.
(×)

❖ 가장 많은 학생들이 배우고 싶은 과목은 막대의 길이가 가장 긴 미술입니다.

4 세로 눈금 한 칸은 2명을 나타냅니다.
(×)

❖ 세로 눈금 한 칸은 1명을 나타냅니다.

[5~8] 준이네 반 학생들이 좋아하는 과일을 조사하여 나타낸 막대그래프입니다. 막대그래프를 보고 알 수 있는 내용을 바르게 설명한 것에 ○표, 잘못 설명한 것에 ×표 하세요.

좋아하는 과일별 학생 수

사과, 귤, 감, 복숭아 / 과일 / 학생 수 : 0, 5, 10 (명)

5 가로에는 과일을 나타내었습니다.
❖ 가로에는 학생 수를 (×) 나타내었습니다.

6 막대의 길이는 좋아하는 과일별 학생 수를 나타냅니다.
(○)

7 두 번째로 많은 학생들이 좋아하는 과일은 귤입니다.
(○)

❖ 두 번째로 막대의 길이가 긴 과일을 찾으면 귤입니다.

8 사과를 좋아하는 학생 수는 복숭아를 좋아하는 학생 수와 같습니다.
(○)

❖ 사과와 복숭아의 막대의 길이는 같으므로 좋아하는 학생 수가 같습니다.

[9~12] 아라네 반 학생들이 좋아하는 간식을 조사하여 나타낸 막대그래프입니다. 물음에 답하세요.

좋아하는 간식별 학생 수

(명) : 0, 5, 10 / 학생 수 / 간식 : 과자, 과일, 빵, 라면

9 가로는 무엇을 나타낼까요?
(간식)

10 세로는 무엇을 나타낼까요?
(학생 수)

11 가장 많은 학생들이 좋아하는 간식은 무엇일까요?
(과자)

12 과일을 좋아하는 학생은 몇 명일까요?
(7명)

❖ 세로 눈금 한 칸은 1명을 나타냅니다. 과일을 좋아하는 학생은 세로 눈금 7칸이므로 7명입니다.

[13~16] 재석이네 학교 학생들이 태어난 계절을 조사하여 나타낸 막대그래프입니다. 물음에 답하세요.

태어난 계절별 학생 수

봄, 여름, 가을, 겨울 / 계절 / 학생 수 : 0, 20, 40 (명)

13 세로는 무엇을 나타낼까요?
(계절)

14 막대의 길이는 무엇을 나타낼까요?
(태어난 계절별 학생 수)

5 단원

15 가로 눈금 한 칸은 몇 명을 나타낼까요?
(4명)
❖ 20 ÷ 5 = 4(명)

16 가장 적은 학생들이 태어난 계절은 무엇일까요?
(봄)

❖ 막대의 길이가 가장 짧은 계절을 찾으면 봄입니다.

교과서 개념 확인 문제

정답과 풀이 p.31

[1~4] 준수네 반 학생들이 좋아하는 간식을 조사하여 나타낸 그래프입니다. 물음에 답하세요.

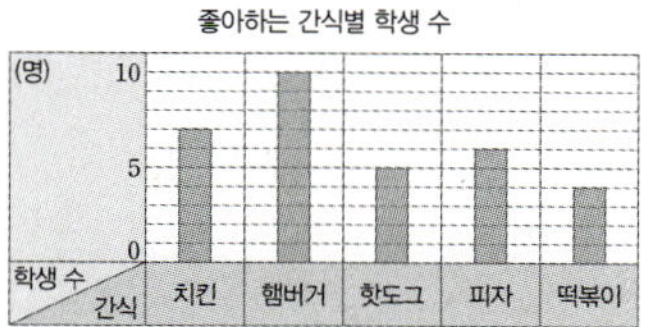

1 조사한 자료를 막대 모양으로 나타낸 그래프를 무엇이라고 할까요?

(**막대그래프**)

2 막대의 길이는 무엇을 나타낼까요?

(**좋아하는 간식별 학생 수**)

3 세로 눈금 한 칸은 몇 명을 나타낼까요?

(**1명**)

❖ 세로 눈금 5칸이 5명을 나타내므로 세로 눈금 한 칸은 1명을 나타냅니다.

4 피자를 좋아하는 학생은 몇 명일까요?

(**6명**)

❖ 피자를 좋아하는 학생은 세로 눈금 6칸이므로 6명입니다.

126 · Start 4–1

[5~8] 영미네 반 학생들이 배우고 싶은 악기를 조사하여 나타낸 표와 막대그래프입니다. 물음에 답하세요.

배우고 싶은 악기별 학생 수

악기	피아노	드럼	바이올린	기타	합계
학생 수(명)	8	3	7	10	28

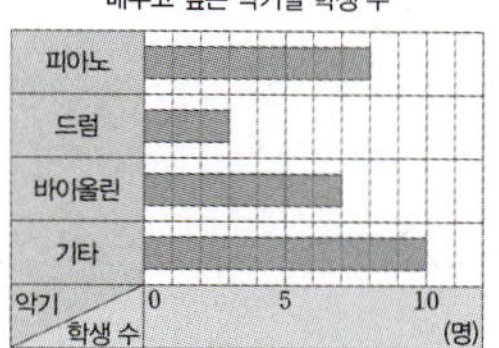

5 막대그래프의 가로와 세로는 각각 무엇을 나타낼까요?

가로 (**학생 수**), 세로 (**악기**)

6 피아노를 배우고 싶은 학생 수는 드럼을 배우고 싶은 학생 수보다 몇 명 더 많은지 구해 보세요.

(**5명**)

❖ 피아노: 8명, 드럼: 3명 ➜ 8－3＝5(명)

7 표와 막대그래프 중 전체 학생 수를 알아보기에 어느 것이 더 편리할까요?

(**표**)

❖ 표에는 합계가 있으므로 전체 학생 수를 알아보기에 편리합니다.

8 표와 막대그래프 중 학생들이 가장 배우고 싶은 악기를 한눈에 알아보기에 어느 것이 더 편리할까요?

(**막대그래프**)

❖ 막대그래프에서 막대의 길이를 비교하면 학생들이 가장 배우고 싶은 악기를 한눈에 알아보기에 편리합니다.

5 단원

5. 막대그래프 · 127

교과서 개념 확인 문제

정답과 풀이 p.31

[9~12] 민주네 아파트에서 하루 동안 버려진 쓰레기 양을 조사하여 나타낸 막대그래프입니다. 물음에 답하세요.

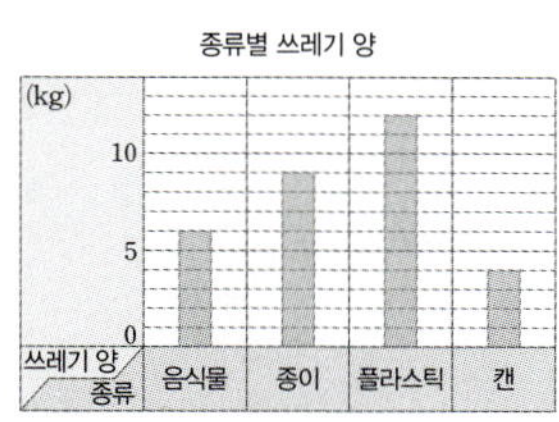

9 세로 눈금 한 칸은 몇 kg을 나타낼까요?

(**1 kg**)

❖ 세로 눈금 5칸이 5 kg을 나타내므로 세로 눈금 1칸은 1 kg을 나타냅니다.

10 버려진 쓰레기 중 종이는 몇 kg일까요?

(**9 kg**)

❖ 세로 눈금 한 칸의 크기는 1 kg이고 종이는 세로 눈금 9칸이므로 9 kg 버려졌습니다.

11 가장 많이 버려진 쓰레기는 무엇일까요?

(**플라스틱**)

❖ 막대의 길이가 가장 긴 쓰레기는 플라스틱입니다.

12 가장 적게 버려진 쓰레기는 무엇일까요?

(**캔**)

❖ 막대의 길이가 가장 짧은 쓰레기는 캔입니다.

128 · Start 4–1

[13~16] 가온이네 학교 4학년 학생들의 장래 희망을 조사하여 나타낸 막대그래프입니다. 물음에 답하세요.

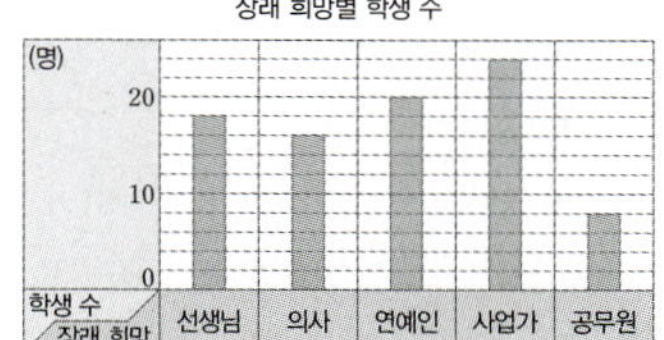

13 세로 눈금 한 칸은 몇 명을 나타낼까요?

(**2명**)

❖ 세로 눈금 5칸이 10명을 나타내므로 세로 눈금 한 칸은 10÷5＝2(명)을 나타냅니다.

14 가장 많은 학생들이 희망하는 직업은 무엇일까요?

(**사업가**)

❖ 막대의 길이가 가장 긴 직업은 사업가입니다.

15 두 번째로 많은 학생들이 희망하는 직업은 무엇일까요?

(**연예인**)

❖ 막대의 길이가 두 번째로 긴 직업은 연예인입니다.

16 조사한 학생 수는 모두 몇 명일까요?

(**86명**)

장래 희망	선생님	의사	연예인	사업가	공무원	합계
학생 수(명)	18	16	20	24	8	86

18＋16＋20＋24＋8＝86(명)

5 단원

5. 막대그래프 · 129

교과서 개념 잡기

정답과 풀이 p.32

개념 ③ 막대그래프로 나타내는 방법

막대그래프로 나타내는 방법

① 가로와 세로에 무엇을 나타낼지 정합니다.
② 눈금 한 칸의 크기와 눈금의 수를 정합니다.
→ 조사한 수 중 가장 큰 수를 나타낼 수 있어야 합니다.
③ 조사한 수에 맞도록 막대를 그립니다.
④ 막대그래프에 알맞은 제목을 붙입니다.

메뉴별 판매량

메뉴	김밥	떡볶이	순대	어묵	합계
판매량(인분)	5	10	4	8	27

가장 큰 수

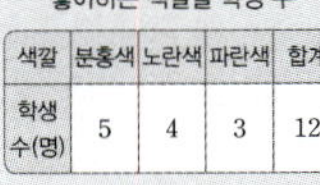

④ — 메뉴별 판매량

① 가로에 메뉴를, 세로에 판매량을 나타냅니다.
② 눈금 한 칸의 크기를 1인분으로 하면 떡볶이의 판매량이 10인분이므로 세로 눈금이 10칸까지는 있어야 합니다.
③ 김밥 5칸, 떡볶이 10칸, 순대 4칸, 어묵 8칸으로 막대를 그립니다.
④ 제목을 메뉴별 판매량으로 붙입니다.

개념 ④ 자료를 수집하여 분석하기

• 조사한 자료를 표로 정리하고 막대그래프로 나타내기

① 자료 조사하기 → ② 표로 정리하기 → ③ 막대그래프로 나타내기

좋아하는 색깔

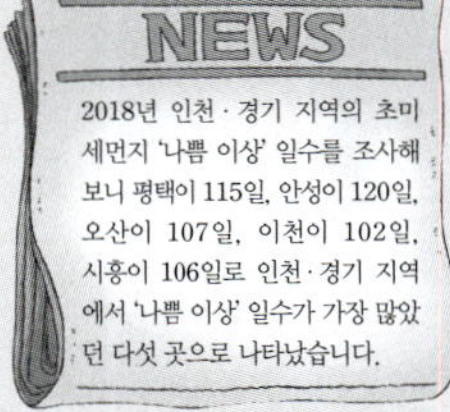

좋아하는 색깔별 학생 수

색깔	분홍색	노란색	파란색	합계
학생 수(명)	5	4	3	12

좋아하는 색깔별 학생 수

---

1 한 달 동안 학생들의 도서관 방문 횟수를 조사하여 나타낸 표입니다. 표를 보고 막대그래프로 나타내어 보세요.

학생별 도서관 방문 횟수

학생	한재	혜원	명수	합계
방문 횟수(번)	4	6	2	12

예 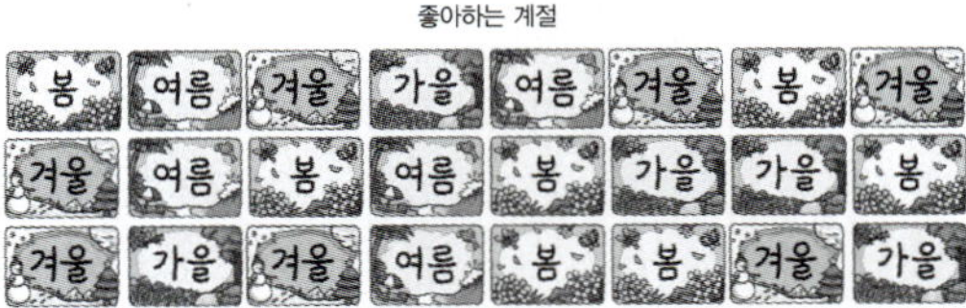

학생별 도서관 방문 횟수

❖ 세로 눈금 한 칸이 1번을 나타내므로 한재는 4칸, 명수는 2칸이 되게 막대를 그리고 막대그래프의 제목을 붙입니다.

2 학생들이 좋아하는 계절을 조사하여 나타낸 자료입니다. 물음에 답하세요.

좋아하는 계절

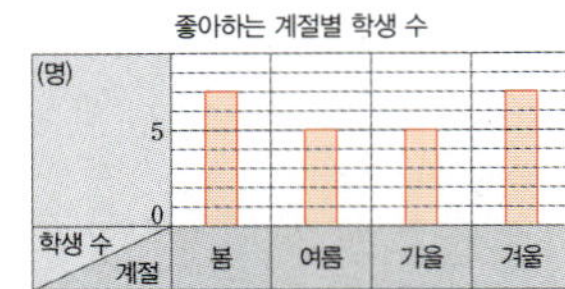

(1) 조사한 자료를 보고 표로 나타내어 보세요.

좋아하는 계절별 학생 수

계절	봄	여름	가을	겨울	합계
학생 수(명)	7	5	5	7	24

(2) 표를 보고 막대그래프로 나타내어 보세요.

좋아하는 계절별 학생 수

❖ (2) 세로 눈금 한 칸이 1명을 나타내므로 봄 7칸, 여름 5칸, 가을 5칸, 겨울 7칸으로 막대를 그립니다.

5 단원

교과서 개념 잡기

정답과 풀이 p.32

개념 ⑤ 막대그래프로 이야기 만들기

• 이야기를 읽고 막대그래프 완성하기

NEWS

2018년 인천·경기 지역의 초미세먼지 '나쁨 이상' 일수를 조사해 보니 평택이 115일, 안성이 120일, 오산이 107일, 이천이 102일, 시흥이 106일로 인천·경기 지역에서 '나쁨 이상' 일수가 가장 많았던 다섯 곳으로 나타났습니다.

지역별 초미세먼지 '나쁨 이상' 일수

이야기를 막대그래프로 나타내면 한눈에 비교할 수 있습니다.

• 막대그래프를 보고 이야기 만들기

올림픽 개최지별 경기 종목 수

막대그래프를 보고 알 수 있는 내용

① 4년에 한 번씩 열리는 올림픽의 경기 종목 수는 매번 바뀔 수 있습니다.
② 베이징 올림픽의 경기 종목 수와 리우데자네이루 올림픽의 경기 종목 수는 같습니다.
③ 도쿄 올림픽의 경기 종목 수는 리우데자네이루 올림픽의 경기 종목 수보다 많습니다.

---

1 조사한 내용을 보고 표와 막대그래프로 나타내어 보세요.

100명을 대상으로 지난 1년간 가장 많이 한 여가활동을 알아보는 조사에서 휴식이 60명, 취미·오락 활동이 30명, 스포츠 참여 활동이 10명인 것으로 나타났습니다.

여가활동별 사람 수

여가활동	휴식	취미·오락 활동	스포츠 참여 활동	합계
사람 수(명)	60	30	10	100

여가활동별 사람 수

2 민지네 반 학생들이 좋아하는 놀이기구를 조사한 것입니다. 조사한 내용을 보고 표와 막대그래프로 나타내어 보세요.

회전목마를 좋아하는 학생은 7명, 롤러코스터를 좋아하는 학생은 12명, 회전그네를 좋아하는 학생은 10명, 범퍼카를 좋아하는 학생은 4명입니다.

좋아하는 놀이기구별 학생 수

놀이기구	회전목마	롤러코스터	회전그네	범퍼카	합계
학생 수(명)	7	12	10	4	33

좋아하는 놀이기구별 학생 수

5 단원

교과서 개념 play · 학생들이 좋아하는 간식

현지네 반 학생들이 좋아하는 간식을 조사한 것입니다.
조사한 결과를 표로 정리하고 막대그래프로 나타내어 보세요.

좋아하는 간식

간식별로 좋아하는 학생의 수만큼 간식 붙임딱지를 붙여 보세요.

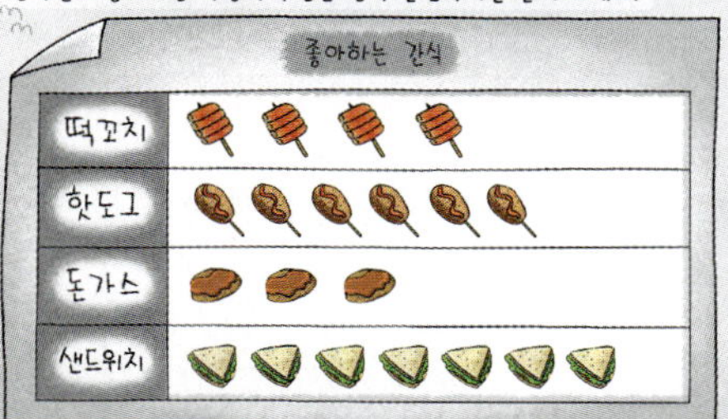

좋아하는 간식

조사한 결과를 표로 정리해 보세요.

좋아하는 간식별 학생 수

간식	떡꼬치	핫도그	돈가스	샌드위치	합계
학생 수(명)	4	6	3	7	20

표를 보고 막대그래프를 2가지 방법으로 나타내어 보세요.

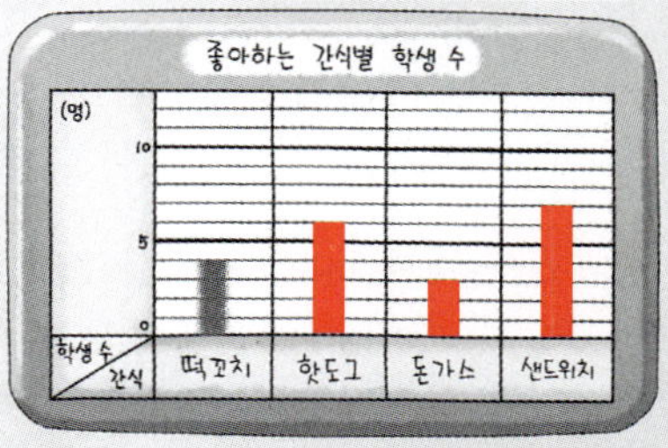

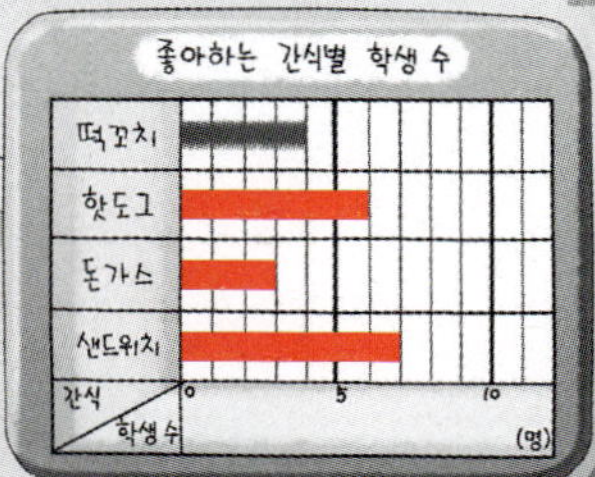

좋아하는 간식별 학생 수

좋아하는 간식별 학생 수

집중! 드릴 문제

정답과 풀이 p.33

[1~3] 응수네 반 학생들이 좋아하는 아이스크림을 조사하여 나타낸 표입니다. 표를 보고 막대그래프로 나타내려고 합니다. 물음에 답하세요.

좋아하는 아이스크림별 학생 수

아이스크림	초콜릿	바닐라	딸기	합계
학생 수(명)	10	8	9	27

1 세로에 학생 수를 나타낸다면 가로에는 무엇을 나타내어야 할까요?
(**아이스크림**)

2 세로 눈금 한 칸을 1명으로 나타낸다면 바닐라는 몇 칸으로 나타내어야 할까요?
(**8칸**)

3 표를 보고 막대그래프로 나타내어 보세요.

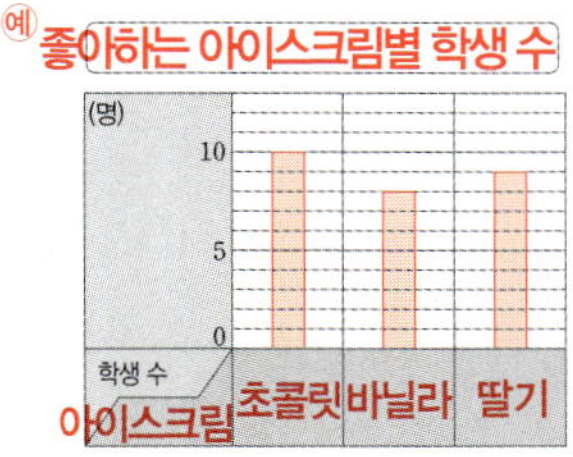

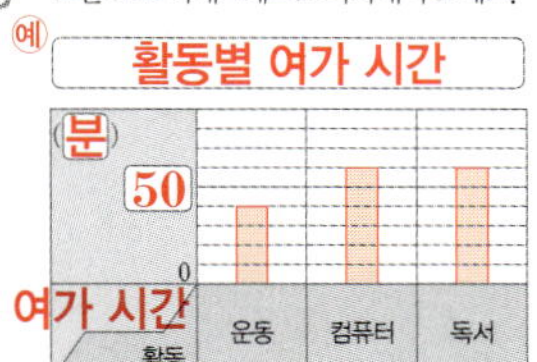

[4~6] 영재가 하루 동안 여가 시간에 한 활동을 조사하여 나타낸 표입니다. 표를 보고 막대그래프로 나타내려고 합니다. 물음에 답하세요.

활동별 여가 시간

활동	운동	컴퓨터	독서	합계
여가 시간(분)	40	60	60	160

4 가로에 활동을 나타낸다면 세로에는 무엇을 나타내어야 할까요?
(**여가 시간**)

5 세로 눈금 한 칸을 10분으로 나타낸다면 운동은 몇 칸으로 나타내어야 할까요?
(**4칸**)
✽ 운동은 40분이므로 세로 눈금 한 칸을 10분으로 나타낸다면 40÷10＝4(칸)으로 나타내어야 합니다.

6 표를 보고 막대그래프로 나타내어 보세요.

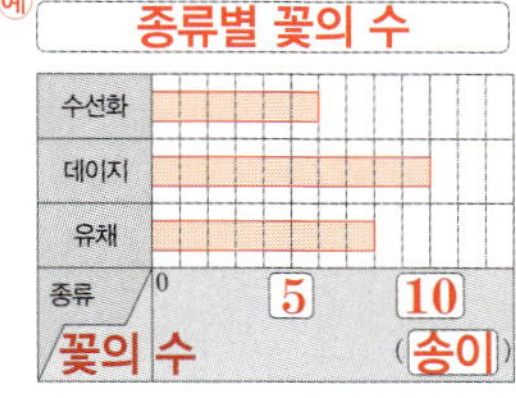

[7~9] 영우네 반 학생들이 꽃밭에 심은 꽃의 수를 조사하여 나타낸 표입니다. 표를 보고 막대그래프로 나타내려고 합니다. 물음에 답하세요.

종류별 꽃의 수

종류	수선화	데이지	유채	합계
꽃의 수(송이)	6	10	8	24

7 세로에 종류를 나타낸다면 가로에는 무엇을 나타내어야 할까요?
(**꽃의 수**)

8 가로 눈금 한 칸을 1송이로 나타낸다면 가로 눈금은 적어도 몇 칸까지 있어야 할까요?
(**10칸**)
✽ 가장 큰 수가 10이므로 가로 눈금은 적어도 10칸까지 있어야 합니다.

9 표를 보고 막대그래프로 나타내어 보세요.

[10~12] 태형이네 반 학생들의 모둠별 모둠 활동 점수를 조사하여 나타낸 표입니다. 표를 보고 막대그래프로 나타내려고 합니다. 물음에 답하세요.

모둠별 모둠 활동 점수

모둠	1모둠	2모둠	3모둠	4모둠	합계
점수(점)	75	85	90	80	330

10 가로에 점수를 나타낸다면 세로에는 무엇을 나타내어야 할까요?
(**모둠**)

11 가로 눈금 한 칸을 5점으로 나타낸다면 가로 눈금은 적어도 몇 칸까지 있어야 할까요?
(**18칸**)
✽ 가장 큰 수가 90이므로 가로 눈금은 적어도 90÷5＝18(칸)까지 있어야 합니다.

12 표를 보고 막대그래프로 나타내어 보세요.

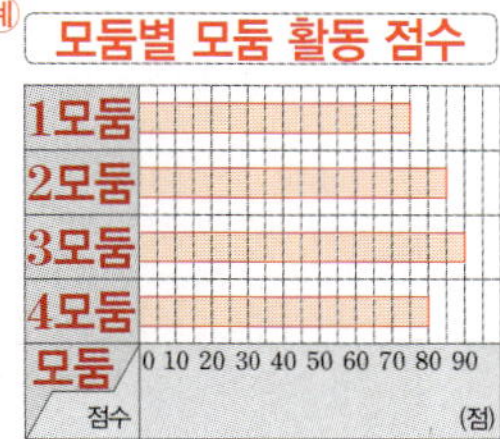

교과서 개념 확인 문제

정답과 풀이 p.34

[1~4] 민후네 반 학생들의 혈액형을 조사하여 나타낸 표입니다. 물음에 답하세요.

혈액형별 학생 수

혈액형	A형	B형	O형	AB형	합계
학생 수(명)	11	5	7	6	29

1 막대가 세로로 된 막대그래프를 그릴 때 가로와 세로에는 각각 무엇을 나타내어야 할까요?

가로 (**혈액형**)
세로 (**학생 수**)

✤ 막대가 세로로 된 막대그래프에서 가로는 조사 항목을, 세로는 조사한 수를 나타냅니다.

2 세로 눈금 한 칸을 1명으로 나타낸다면 세로 눈금은 적어도 몇 칸까지 있어야 할까요?

(**11칸**)

✤ 가장 큰 수가 11이므로 세로 눈금은 11칸까지는 있어야 합니다.

3 세로 눈금 한 칸을 1명으로 나타낸다면 AB형인 학생 수는 몇 칸으로 나타내어야 할까요?

(**6칸**)

✤ AB형인 학생이 6명이므로 6칸으로 나타내어야 합니다.

4 표를 보고 막대그래프로 나타내어 보세요.

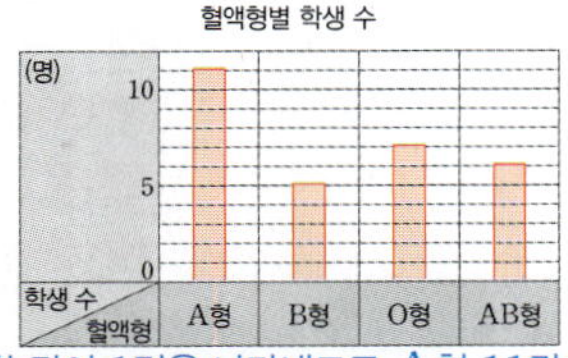

✤ 세로 눈금 한 칸이 1명을 나타내므로 A형 11칸, B형 5칸, O형 7칸, AB형 6칸으로 막대를 그립니다.

[5~7] 채민이네 반 학생들이 좋아하는 과목을 조사한 것입니다. 물음에 답하세요.

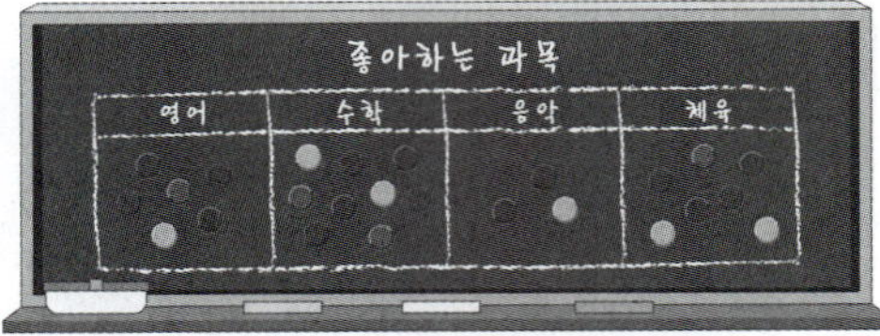

5 조사한 결과를 표로 정리해 보세요.

좋아하는 과목별 학생 수

과목	영어	수학	음악	체육	합계
학생 수(명)	6	9	3	7	25

6 막대가 세로로 된 막대그래프를 그릴 때 가로와 세로에는 각각 무엇을 나타내어야 할까요?

가로 (**과목**)
세로 (**학생 수**)

✤ 막대가 세로로 된 막대그래프에서 가로는 조사 항목을, 세로는 조사한 수를 나타냅니다.

7 표를 보고 막대그래프로 나타내어 보세요.

예

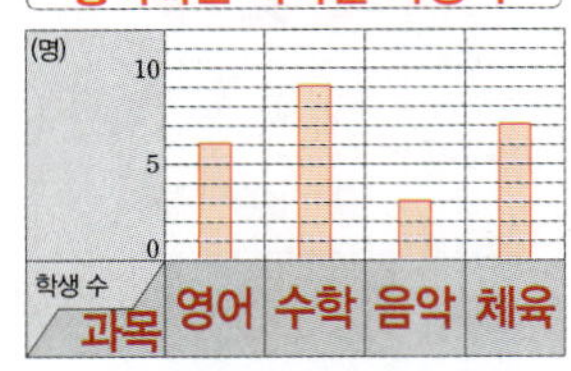

✤ 세로 눈금 한 칸이 1명을 나타내므로 영어 6칸, 수학 9칸, 음악 3칸, 체육 7칸으로 막대를 그립니다.

5 단원

교과서 개념 확인 문제

정답과 풀이 p.34

[8~10] 과수원별 사과 수확량을 조사하여 나타낸 표입니다. 물음에 답하세요.

과수원별 사과 수확량

과수원	소망	사랑	금빛	행복	합계
사과 수확량(kg)	80	50	100	70	300

8 세로 눈금 한 칸을 10 kg으로 나타낸다면 행복 과수원의 사과 수확량은 몇 칸으로 나타내어야 할까요?

(**7칸**)

✤ 행복 과수원의 사과 수확량이 70 kg이므로 70÷10=7(칸)으로 나타내어야 합니다.

9 표를 보고 막대그래프로 나타내어 보세요.

예

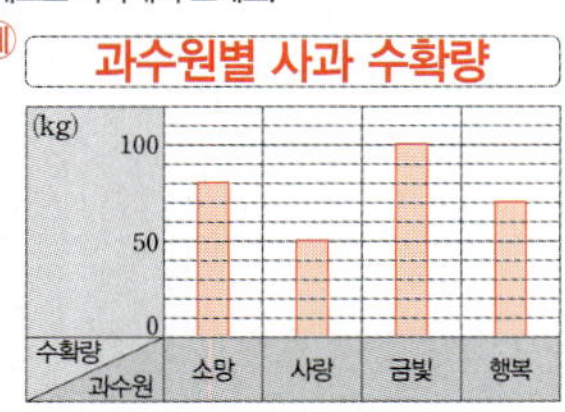

10 막대가 가로인 막대그래프로 나타내려고 합니다. 사과 수확량이 적은 과수원부터 위에서 차례대로 나타나도록 막대그래프를 완성해 보세요.

예

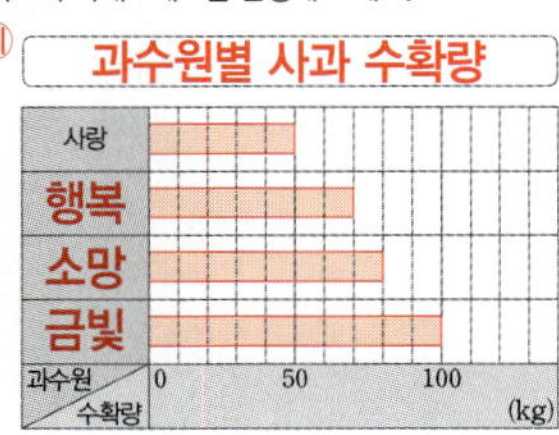

[11~14] 이야기를 읽고 물음에 답하세요.

영미는 학교에서 도서관까지 가는 방법에 따라 걸리는 시간을 조사했습니다. 그 결과 걸어서 11분, 자동차로 6분, 버스로 7분, 지하철로 8분이 걸렸습니다.

11 이야기를 읽고 막대그래프를 완성해 보세요.

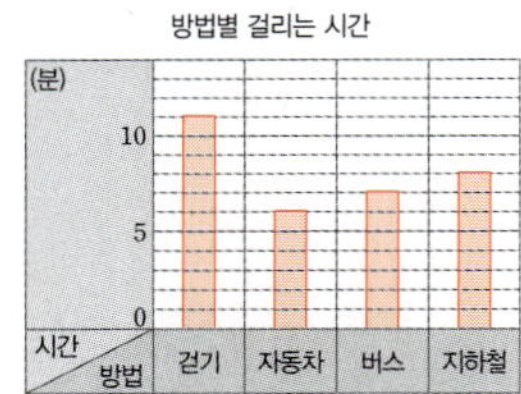

✤ 걷기 11칸, 자동차 6칸, 버스 7칸, 지하철 8칸으로 나타냅니다.

12 학교에서 도서관까지 가는 데 시간이 가장 적게 걸리는 방법은 무엇일까요?

(**자동차**)

✤ 막대의 길이가 가장 짧은 것을 찾으면 자동차입니다.

13 학교에서 도서관까지 지하철로 갈 때와 걸어서 갈 때 걸리는 시간의 차는 몇 분일까요?

(**3분**)

✤ 11−8=3(분)

14 학교에서 도서관까지 가는 데 시간이 적게 걸리는 방법부터 차례로 써 보세요.

(**자동차, 버스, 지하철, 걷기**)

✤ 막대의 길이가 짧은 것부터 차례로 쓰면 자동차, 버스, 지하철, 걷기입니다.

5 단원

개념 확인평가

5. 막대그래프

맞은 개수

정답과 풀이 p.35

[1~2] 학생들이 여름 방학에 여행 가고 싶은 지역을 조사하여 나타낸 막대그래프입니다. 물음에 답하세요.

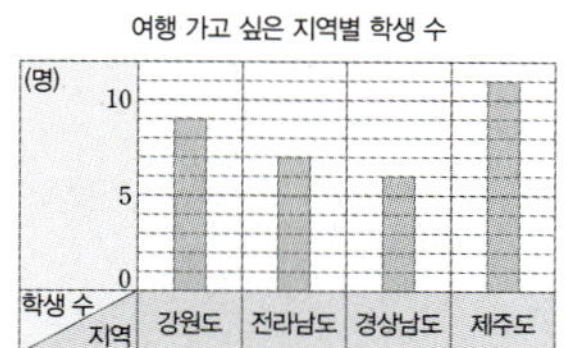

1 가로와 세로는 각각 무엇을 나타낼까요?

가로 (**지역**), 세로 (**학생 수**)

2 가장 많은 학생들이 여행 가고 싶은 지역은 어디일까요?

✜ 막대의 길이가 가장 긴 것은 제주도이므로 가장 (**제주도**)
많은 학생들이 여행 가고 싶은 지역은 제주도입니다.

[3~4] 승희네 학교 4학년 반별 학생 수를 조사하여 나타낸 막대그래프입니다. 물음에 답하세요.

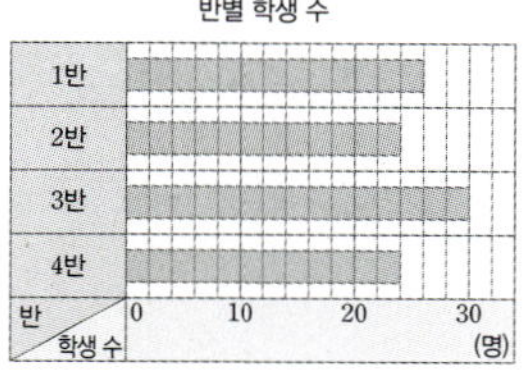

3 가로 눈금 한 칸은 몇 명을 나타낼까요?

✜ 가로 눈금 5칸이 10명을 나타내므로 가로 눈금 (**2명**)
한 칸은 10÷5=2(명)을 나타냅니다.

4 학생 수가 2반보다 많고 3반보다 적은 반은 몇 반일까요?

(**1반**)

✜ 막대의 길이가 2반보다 길고 3반보다 짧은 반은 1반입니다.

5 막대그래프로 나타내는 순서를 바르게 써 보세요.

> ㉠ 눈금 한 칸의 크기를 정하고, 조사한 수 중 가장 큰 수를 나타낼 수 있도록 눈금의 수를 정합니다.
> ㉡ 조사한 수에 맞도록 막대를 그립니다.
> ㉢ 막대그래프에 알맞은 제목을 붙입니다.
> ㉣ 가로와 세로에 무엇을 나타낼지 정합니다.

㉣ → ㉠ → ㉡ → ㉢

[6~7] 농장에 있는 동물의 수를 조사한 것입니다. 물음에 답하세요.

6 조사한 자료를 표와 막대그래프로 나타내어 보세요.

종류별 동물 수

종류	토끼	닭	염소	강아지	합계
동물 수 (마리)	**7**	**5**	**3**	**4**	19

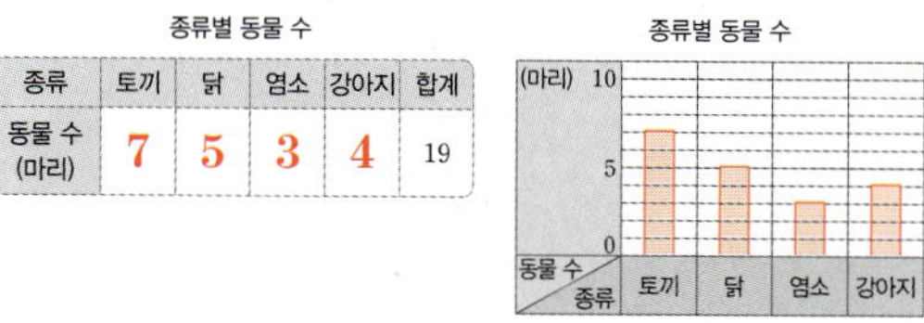

7 표와 막대그래프 중 가장 많은 동물의 종류를 한눈에 알아보기에 더 편리한 것은 어느 것일까요?

(**막대그래프**)

✜ 막대의 길이가 가장 긴 것으로 가장 많은 동물의 종류를 알 수 있습니다.

개념 확인평가

5. 막대그래프

정답과 풀이 p.35

8 태영이네 학교 4학년 1반과 2반 학생들이 운동회날에 받고 싶은 기념품을 조사하여 나타낸 막대그래프입니다. 두 반 학생들이 가장 받고 싶은 기념품을 써 보세요.

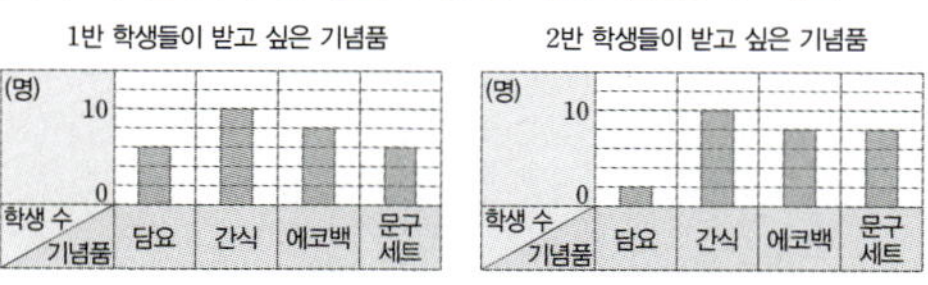

(**간식**)

✜ 담요: 6+2=8(명), 간식: 10+10=20(명),
에코백: 8+8=16(명), 문구 세트: 6+8=14(명)
따라서 두 반 학생들이 가장 받고 싶은 기념품은 간식입니다.

9 달력에 어느 달의 날씨를 조사하여 나타낸 것입니다. 달력을 보고 한 달 날씨를 표와 막대그래프로 나타내어 보세요.

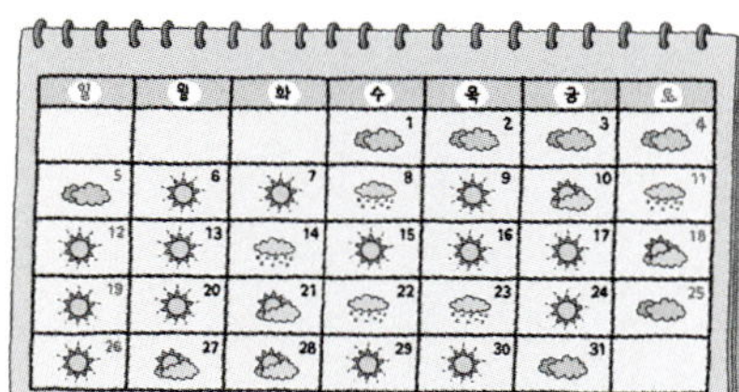

날씨별 날수

날씨	☀	⛅	☁	🌧	합계
날수 (일)	14	**5**	**7**	**5**	31

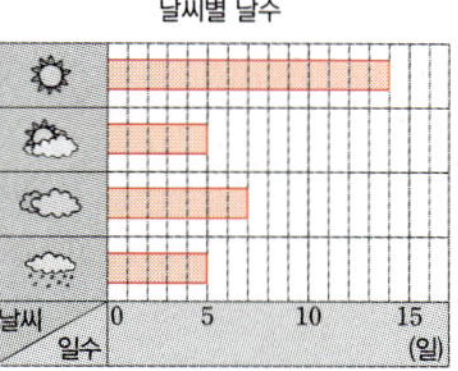

교과서 개념 잡기

정답과 풀이 p.36

개념 ① 수 배열표에서 규칙 찾기

• 직사각형 모양 수 배열표에서 규칙 찾기

101	102	103	104	105
111	112	113	114	115
121	122	123	124	125
131	132	133	134	135
141	142	143	144	145

직사각형 모양 수 배열표에서 찾을 수 있는 규칙
① 가로(→)는 101부터 시작하여 오른쪽으로 1씩 커집니다.
② 세로(↓)는 101부터 시작하여 아래쪽으로 10씩 커집니다.
③ ↘ 방향은 101부터 시작하여 11씩 커집니다.

수의 규칙은 여러 가지가 있어요.

• 벌집 모양 수 배열표에서 규칙 찾기

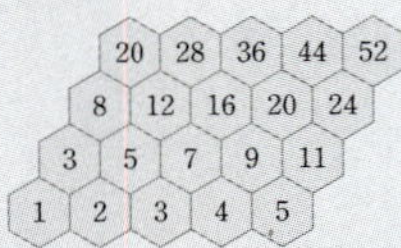

(1) → 방향으로 아래에서 첫째 줄은 1씩 커지고, 둘째 줄은 2씩, 셋째 줄은 4씩, 넷째 줄은 8씩 커집니다.

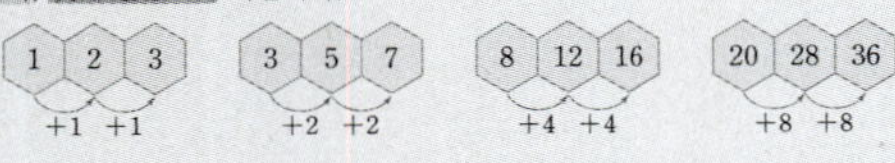

(2) ⬡ 모양에서 아래쪽 두 수를 더하면 위쪽에 있는 수가 됩니다.

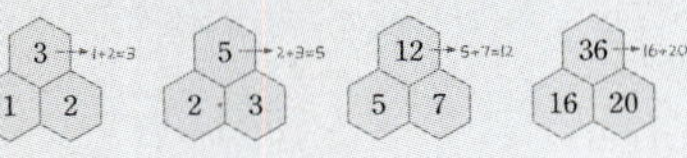

1 수 배열표를 보고 □ 안에 알맞은 수를 써넣으세요.

206	306	406	506	606
207	307	407	507	607
208	308	408	508	608
209	309	409	509	609

(1) 가로(→)는 206부터 시작하여 **100**씩 커집니다.

(2) 색칠된 칸은 306부터 시작하여 ↘ 방향으로 **101**씩 커집니다.

2 수 배열에서 규칙을 찾아 기호를 써 보세요.

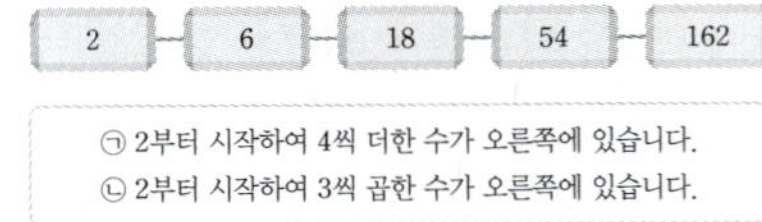

⊙ 2부터 시작하여 4씩 더한 수가 오른쪽에 있습니다.
ⓒ 2부터 시작하여 3씩 곱한 수가 오른쪽에 있습니다.

(**ⓒ**)

❖ $2 \times 3 = 6$, $6 \times 3 = 18$, $18 \times 3 = 54$, $54 \times 3 = 162$

3 벌집 모양 수 배열표를 보고 □ 안에 알맞은 수를 써넣으세요.

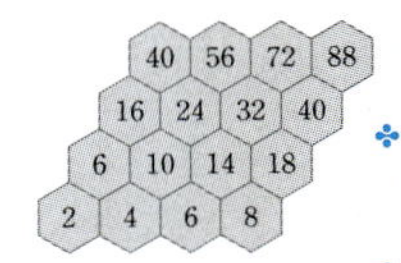

(1) 아래에서 첫째 줄은 → 방향으로 **2**씩 커집니다.
❖ 2, 4, 6, 8 ➡ 오른쪽으로 갈수록 2씩 커집니다.
(2) 아래에서 둘째 줄은 → 방향으로 **4**씩 커집니다.
❖ 6, 10, 14, 18 ➡ 오른쪽으로 갈수록 4씩 커집니다.

6 단원

교과서 개념 잡기

정답과 풀이 p.36

개념 ② 규칙을 찾아 수로 나타내기

• 모형의 배열에서 규칙을 찾아 수로 나타내기

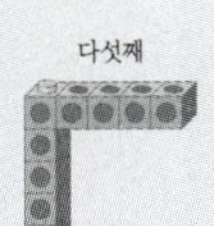

첫째 1개 둘째 3개 셋째 5개 넷째 7개

순서	첫째	둘째	셋째	넷째
모형의 수(개)	1	3	5	7

규칙 모형의 수가 1개부터 시작하여 2씩 늘어납니다.
➡ 다섯째 모형의 수는 넷째보다 2개 더 많은 9개입니다.

개념 ③ 규칙을 찾아 식으로 나타내기

• 쌓기나무의 배열에서 규칙을 찾아 식으로 나타내기

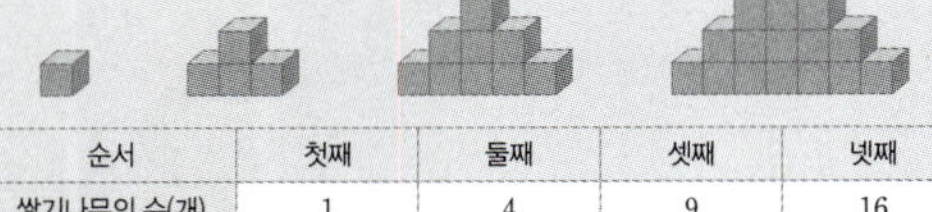

순서	첫째	둘째	셋째	넷째
쌓기나무의 수(개)	1	4	9	16
식	1	1+3	1+3+5	1+3+5+7

규칙 쌓기나무의 수가 1개부터 시작하여 3개, 5개, 7개, … 늘어나고 있습니다.
➡ 다섯째 쌓기나무의 수는 넷째보다 9개 더 많으므로 1+3+5+7+9=25(개)입니다.

1 사각형의 배열에서 규칙을 찾아 빈칸에 알맞은 수를 써넣으세요.

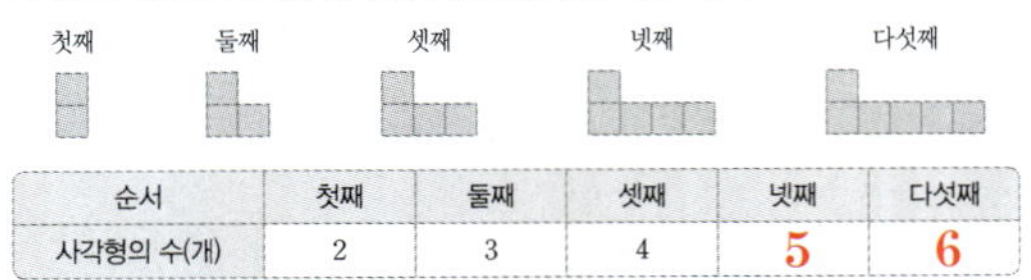

순서	첫째	둘째	셋째	넷째	다섯째
사각형의 수(개)	2	3	4	5	6

❖ 사각형의 수가 1개씩 늘어나고 있습니다.

2 원의 배열에서 규칙을 찾아 □ 안에 알맞은 수를 써넣으세요.

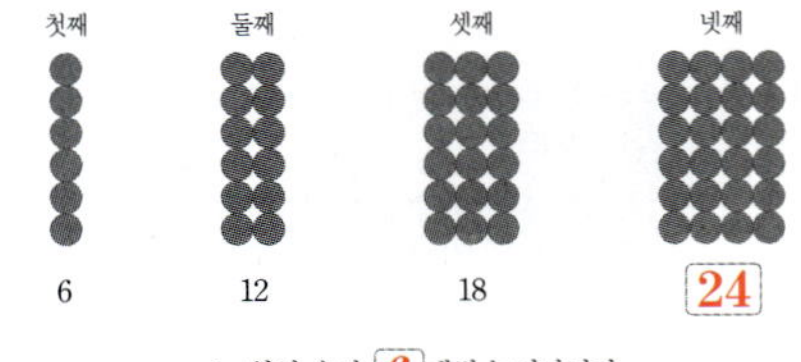

첫째 6 둘째 12 셋째 18 넷째 24

➡ 원의 수가 **6**개씩 늘어납니다.

3 모형의 배열에서 규칙을 찾아 빈칸에 알맞은 수나 식을 써 보세요.

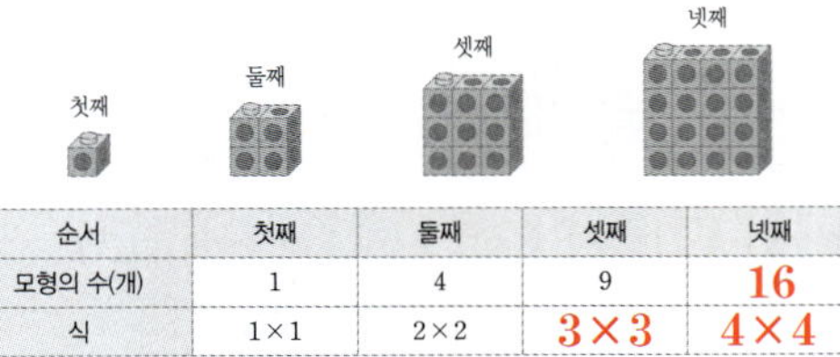

순서	첫째	둘째	셋째	넷째
모형의 수(개)	1	4	9	16
식	1×1	2×2	3×3	4×4

❖ 정사각형 모양으로 가로와 세로가 각각 1개씩 늘어나는 규칙입니다.

6 단원

교과서 개념 play · 공연장 좌석에서 규칙 찾기

좌석 번호의 규칙에 맞게 좌석 등받이 붙임딱지를 붙여 보세요.
그리고 좌석 번호의 규칙을 찾아 □ 안에 알맞은 수를 써넣으세요.

뒤

601	602	603	604	605	606
501	502	503	504	505	506
401	402	403	404	405	406
301	302	303	304	305	306
201	202	203	204	205	206
101	102	103	104	105	106

왼 · 오른

앞

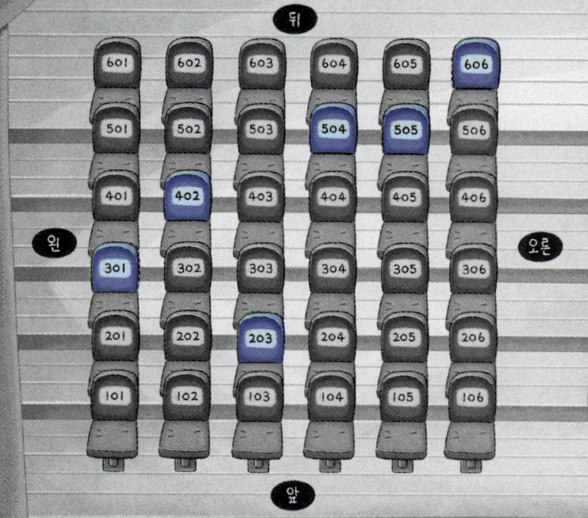

① 501부터 시작하여 오른쪽으로 **1**씩 커집니다.
② 102부터 시작하여 뒤쪽으로 **100**씩 커집니다.
③ 601부터 시작하여 ↘ 방향으로 **99**씩 작아집니다.
④ 201부터 시작하여 ↗ 방향으로 **101**씩 커집니다.

인터넷으로 공연을 예매하려고 하니 예매 완료된 좌석에서도 규칙을 찾을 수 있었습니다.
규칙에 맞게 맨 뒷줄에 예매 완료 붙임딱지를 붙여 보세요.

1관 — 무대 (예매 완료 / 예매 가능)
맨 뒷줄 →

2관 — 무대 (예매 완료 / 예매 가능)
맨 뒷줄 →

3관 — 무대 (예매 완료 / 예매 가능)
맨 뒷줄 →

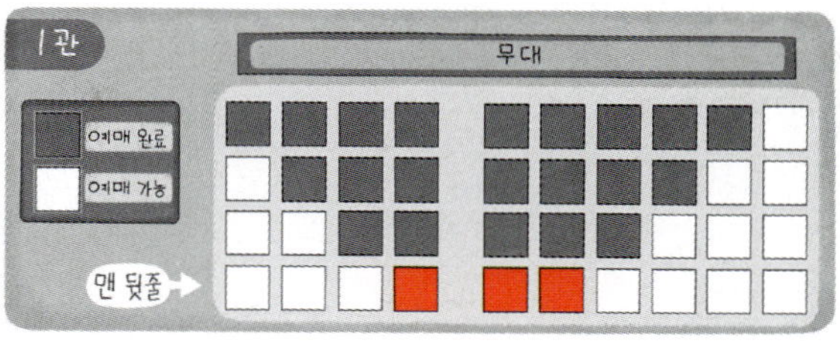

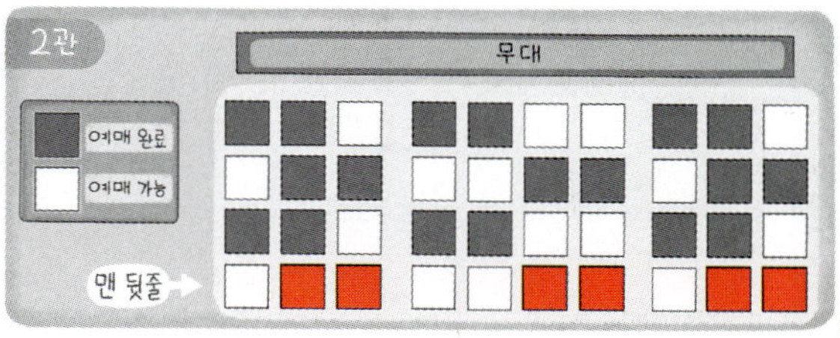

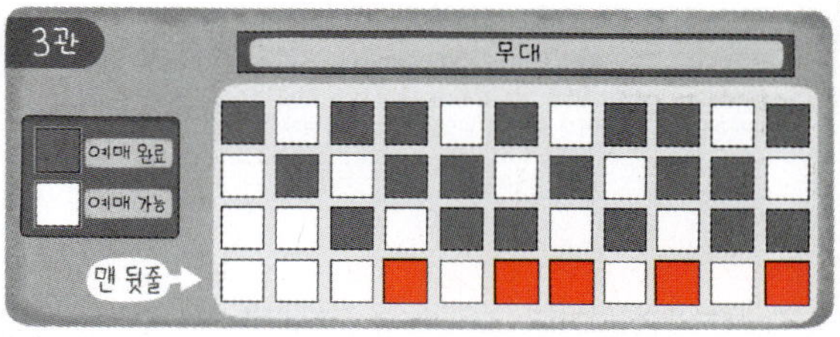

6단원

집중! 드릴 문제

정답과 풀이 p.37

[1~4] 수 배열표의 규칙에 따라 빈칸에 알맞은 수를 써넣으세요.

1

103	104	105	106
113	**114**	115	116
123	124	125	**126**
133	134	135	136

2

351	352	353	**354**
451	452	453	454
551	552	**553**	**554**
651	**652**	653	654

3

608	618	**628**	638
607	617	627	637
606	**616**	626	636
605	615	625	**635**

4

7459	7457	7455	**7453**
6348	6346	**6344**	6342
5237	**5235**	5233	5231
4126	4124	4122	4120

[5~7] 모양 수 배열표에서 규칙을 찾아 빈 곳에 알맞은 수를 써넣으세요.

5

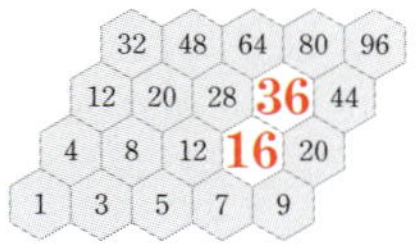

32	48	64	80	96
12	20	28	**36**	44
4	8	12	**16**	20
1	2	3	4	5

❖ 아래에서 둘째 줄은 → 방향으로 4씩 커집니다.
➡ 4, 8, 12, **16**, 20

아래에서 셋째 줄은 → 방향으로 8씩 커집니다.
➡ 12, 20, 28, **36**, 44

6

1	2	3		
5	7	9	11	
12	16	20	**24**	
20	**28**	36	**44**	52

❖ 위에서 셋째 줄은 → 방향으로 4씩 커집니다.
➡ 8, 12, 16, 20, **24**

위에서 넷째 줄은 → 방향으로 8씩 커집니다.
➡ 20, **28**, 36, **44**, 52

7

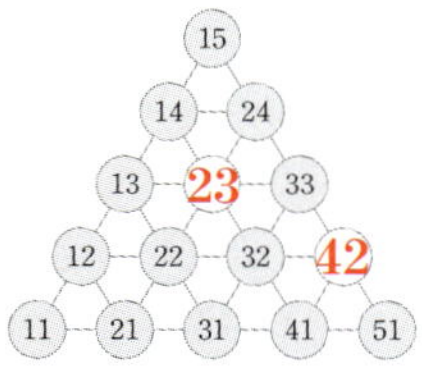

		15		
	14		24	
13		**23**		33
12		22		32		42
11	21	31	41	51

❖ → 방향으로 10씩 커집니다.
13, **23**, 33
12, 22, 32, **42**

[8~11] 모양의 배열에서 규칙을 찾아 □ 안에 알맞은 수를 써넣으세요.

8 첫째 둘째 셋째 넷째
1   3   5   **7**

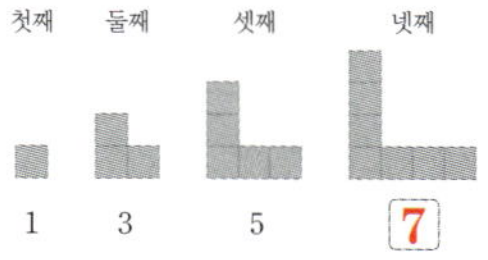

❖ 사각형의 수가 1개부터 시작하여 2개씩 늘어나고 있습니다.

9 첫째 둘째 셋째 넷째
4   8   12   **16**

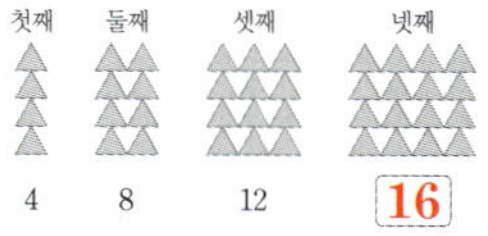

❖ 삼각형의 수가 4개부터 시작하여 4개씩 늘어나고 있습니다.

10 첫째 둘째 셋째 넷째
1   4   **7**   **10**

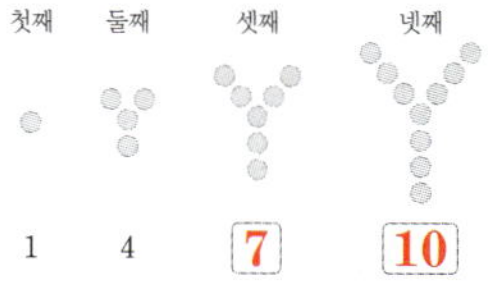

❖ 원의 수가 1개부터 시작하여 3개씩 늘어나고 있습니다.

11 첫째 둘째 셋째 넷째
2   4   **6**   **8**

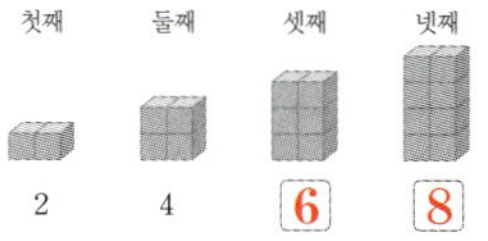

❖ 쌓기나무의 수가 2개부터 시작하여 2개씩 늘어나고 있습니다.

[12~15] 모양의 배열에서 규칙을 찾아 빈칸에 알맞은 식을 써 보세요.

12 첫째 둘째 셋째 넷째

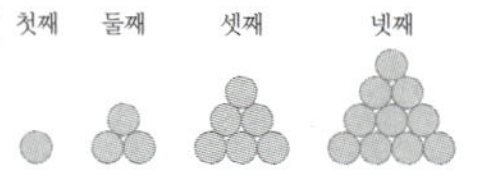

순서	첫째	둘째	셋째	넷째
식	1	1+2	1+2+3	**1+2+3+4**

❖ 원의 수가 1개부터 시작하여 2개, 3개, 4개, … 늘어나고 있습니다.

13 첫째 둘째 셋째 넷째

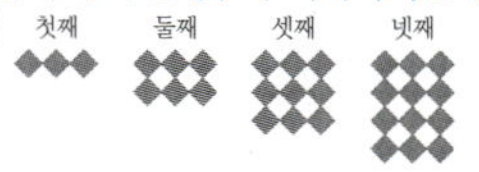

순서	첫째	둘째	셋째	넷째
식	3×1	3×2	3×3	**3×4**

❖ 사각형의 수가 3개부터 시작하여 3개씩 늘어나고 있습니다.

14 첫째 둘째 셋째 넷째

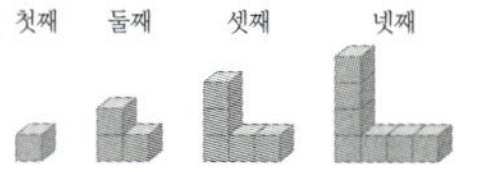

순서	첫째	둘째	셋째	넷째
식	1	1+2	1+2+2	**1+2+2+2**

❖ 쌓기나무의 수가 1개부터 시작하여 2개씩 늘어나고 있습니다.

15 첫째 둘째 셋째 넷째

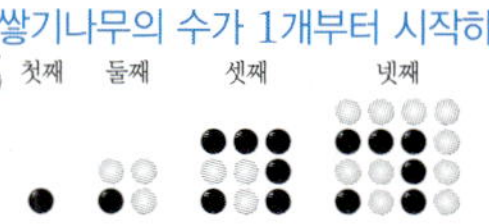

순서	첫째	둘째	셋째	넷째
식	1	1+3	**1+3+5**	**1+3+5+7**

❖ 바둑돌의 수가 1개부터 시작하여 3개, 5개, 7개, … 늘어나고 있습니다.

6단원

교과서 **개념 확인 문제**

정답과 풀이 p.38

1 수 배열표에서 규칙을 찾아 물음에 답하세요.

10310	11310	12310	13310	14310	15310
20310	21310	22310	23310	24310	**25310**
30310	31310	32310	**33310**	34310	35310
40310	41310	42310	43310	44310	45310
50310	51310	**52310**	53310	54310	**55310**

(1) 수 배열표의 빈칸에 알맞은 수를 써넣으세요.

(2) 30310부터 시작하여 오른쪽으로 몇 씩 커질까요?

(**1000**)

(3) 색칠된 칸의 규칙을 찾아 ☐ 안에 알맞은 수를 써넣으세요.

10310부터 시작하여 ↘ 방향으로 **11000** 씩 커집니다.

2 수 배열의 규칙에 따라 빈칸에 알맞은 수를 써넣으세요.

(1) 36 — 72 — 144 — 288 — **576**

(2) 1620 — 540 — 180 — **60** — 20

✤ (1) 36부터 시작하여 2씩 곱한 수가 오른쪽에 있습니다.

(2) 1620에서부터 왼쪽으로 3씩 나누는 규칙입니다.

3 규칙적인 수의 배열에서 ●, ▲에 알맞은 수를 구해 보세요.

| 4719 | 4619 | 4519 | ● | 4319 | ▲ |

● (**4419**)

▲ (**4219**)

✤ 4719부터 시작하여 오른쪽으로 100씩 작아지는 규칙입니다.

[4~5] 수 배열표를 보고 물음에 답하세요.

100	105	110	115	120
300	305	■	315	320
500	505	510	515	520
700	705	710	715	720

4 수 배열의 규칙에 따라 ■에 알맞은 수를 구해 보세요.

(**310**)

✤ 300부터 시작하여 오른쪽으로 5씩 커지는 규칙이므로
■에 알맞은 수는 310입니다.

5 색칠된 칸에서 규칙을 찾아 써 보세요.

규칙 105부터 시작하여 세로(↓)로 **예 200씩 커지는 규칙입니다.**

[6~7] 규칙을 찾아 수 배열표를 완성해 보세요.

6

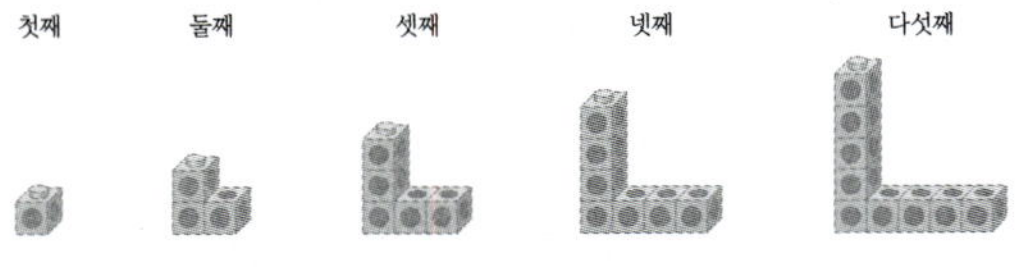

✤ 위에서 둘째 줄은 → 방향으로 4씩 커집니다.
→ 6, 10, 14, 18 , 22
위에서 셋째 줄은 → 방향으로 8씩 커집니다.
→ 16, 24 , 32, 40, 48
위에서 넷째 줄은 → 방향으로 16씩 커집니다.
→ 40, 56, 72, 88 , 104

7

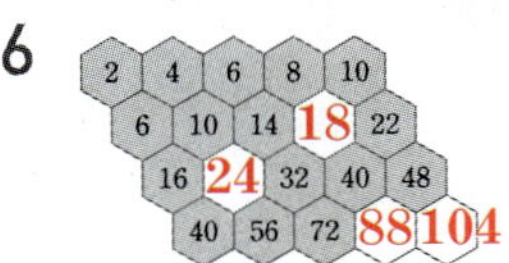

✤ ↘ 방향으로 2씩 커지므로
㉠=30+2=32, ㉡=24+2=2⦊

교과서 **개념 확인 문제**

정답과 풀이 p.38

8 모형의 배열을 보고 물음에 답하세요.

첫째   둘째   셋째   넷째   다섯째

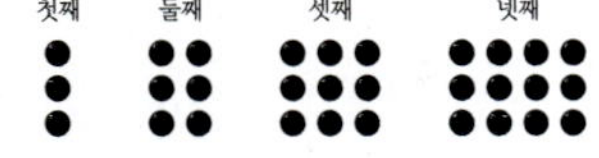

(1) 모형의 수를 세어 보고 빈칸에 알맞은 수를 써넣으세요.

| 순서 | 첫째 | 둘째 | 셋째 | 넷째 | 다섯째 |
| 모형의 수(개) | 1 | 3 | 5 | **7** | **9** |

(2) 모형의 배열에서 규칙을 찾아 ☐ 안에 알맞은 수를 써넣으세요.

모형의 수는 1개부터 시작하여 **2** 개씩 늘어납니다.

9 바둑돌의 배열을 보고 물음에 답하세요.

첫째   둘째   셋째   넷째

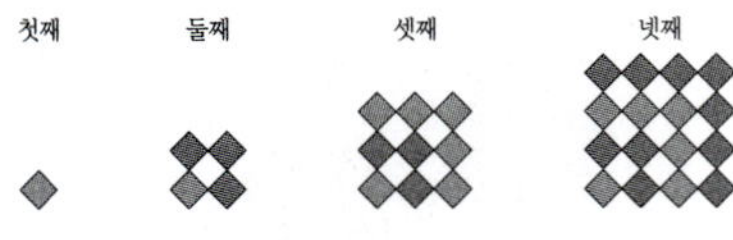

(1) 바둑돌은 몇 개씩 늘어나고 있는지 구해 보세요.

(**3개**)

(2) 바둑돌의 배열을 보고 잘못 설명한 학생의 이름을 써 보세요.

서야: 다섯째에는 바둑돌을 15개 놓아야 해.
지우: 여섯째에는 바둑돌을 18개 놓아야 해.
은희: 일곱째에는 바둑돌을 24개 놓아야 해.

(**은희**)

✤ (1) 바둑돌이 3개씩 늘어나는 규칙입니다.

(2) 일곱째에는 $3 \times 7 = 21$(개)를 놓아야 합니다.

10 성냥개비의 배열을 보고 물음에 답하세요.

첫째   둘째   셋째   넷째

(1) 규칙을 찾아 빈칸에 알맞은 식을 써넣으세요.

| 순서 | 첫째 | 둘째 | 셋째 | 넷째 |
| 식 | 4 | 4+3 | 4+3+3 | **4+3+3+3** |

(2) 찾은 규칙으로 다섯째 모양을 만드는 데 필요한 성냥개비는 몇 개인지 구해 보세요.

(**16개**)

✤ (1) 성냥개비의 수가 4개부터 시작하여 3개씩 늘어나는 규칙입니다.

(2) 다섯째 모양은 넷째 모양보다 성냥개비가 3개 더 필요합니다.

→ 4+3+3+3+3=16(개)

11 사각형의 배열을 보고 물음에 답하세요.

첫째   둘째   셋째   넷째

(1) 색칠한 사각형 수의 규칙을 찾아 식으로 나타내 보세요.

순서	첫째	둘째	셋째	넷째
규칙1	1	1+3	1+3+5	**1+3+5+7**
규칙2	1×1	2×2	3×3	**4×4**

(2) 찾은 규칙으로 다섯째 모양을 만드는 데 색칠한 사각형이 몇 개 필요한지 구해 보세요.

(**25개**)

✤ (2) 1+3+5+7+9=25(개) 또는 5×5=25(개)

교과서 개념 잡기

정답과 풀이 p.39

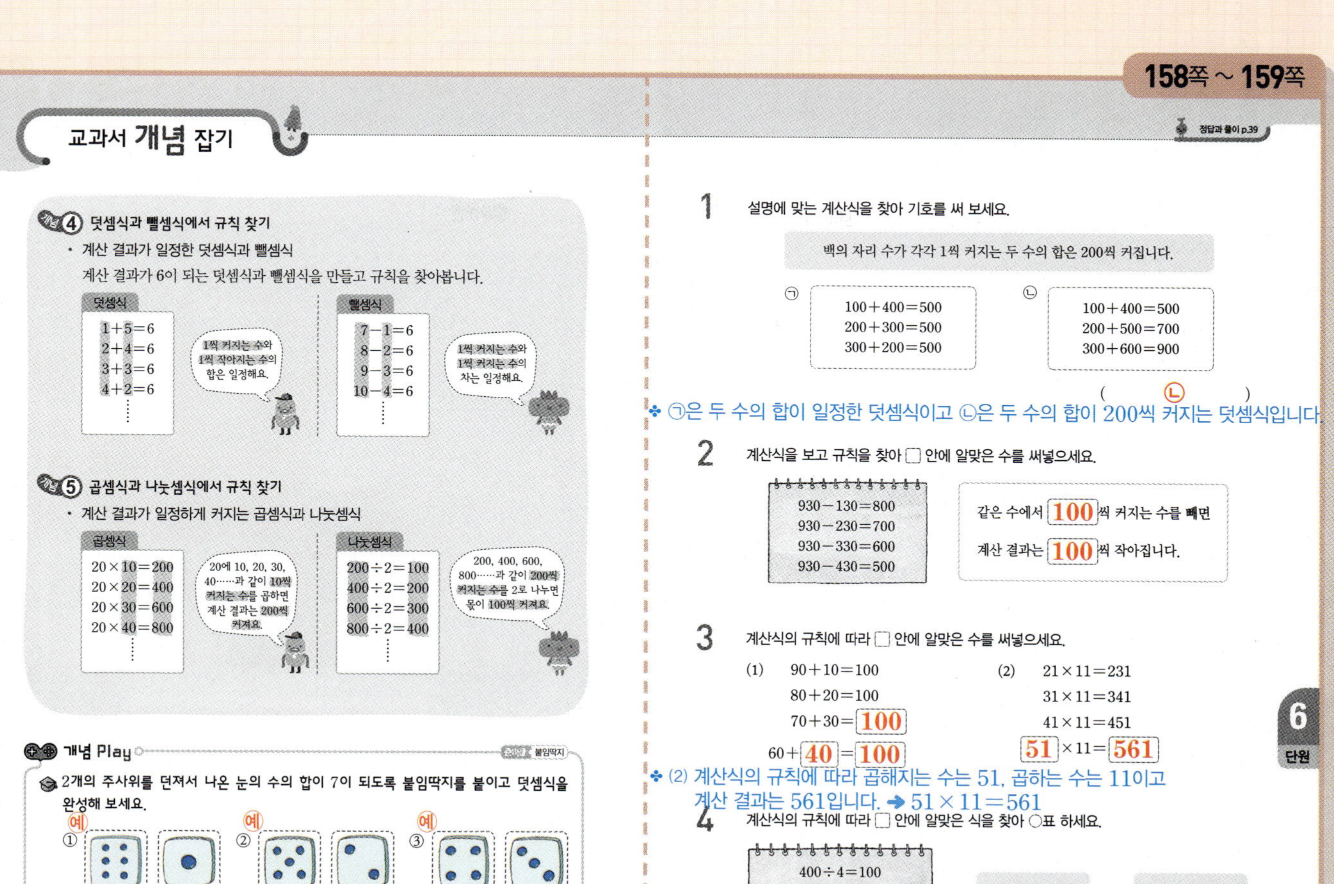

개념 Play

2개의 주사위를 던져서 나온 눈의 수의 합이 7이 되도록 붙임딱지를 붙이고 덧셈식을 완성해 보세요.

① 예 **6** + **1** = 7
② 예 **5** + **2** = 7
③ 예 **4** + **3** = 7

158 · Start 4–1

---

1 설명에 맞는 계산식을 찾아 기호를 써 보세요.

> 백의 자리 수가 각각 1씩 커지는 두 수의 합은 200씩 커집니다.

⊙
100+400=500
200+300=500
300+200=500

⊙
100+400=500
200+500=700
300+600=900

(**ⓛ**)

❖ ㉠은 두 수의 합이 일정한 덧셈식이고 ㉡은 두 수의 합이 200씩 커지는 덧셈식입니다.

2 계산식을 보고 규칙을 찾아 ☐ 안에 알맞은 수를 써넣으세요.

930−130=800
930−230=700
930−330=600
930−430=500

같은 수에서 **100**씩 커지는 수를 빼면 계산 결과는 **100**씩 작아집니다.

3 계산식의 규칙에 따라 ☐ 안에 알맞은 수를 써넣으세요.

(1)
90+10=100
80+20=100
70+30=**100**
60+**40**=**100**

(2)
21×11=231
31×11=341
41×11=451
51×11=**561**

❖ (2) 계산식의 규칙에 따라 곱해지는 수는 51, 곱하는 수는 11이고 계산 결과는 561입니다. ➡ 51×11=561

4 계산식의 규칙에 따라 ☐ 안에 알맞은 식을 찾아 ○표 하세요.

400÷4=100
800÷4=200
☐
1600÷4=400

1000÷5=200
( )

1200÷4=300
(○)

❖ 계산식의 규칙에 따라 나누어지는 수는 1200, 나누는 수는 4이고 몫은 300입니다.
➡ 1200÷4=300

6 단원

6. 규칙 찾기 · 159

교과서 개념 잡기

정답과 풀이 p.39

개념 ⑥ 등호를 사용하여 식으로 나타내기

• 저울의 양쪽 무게가 같도록 하여 식으로 나타내기

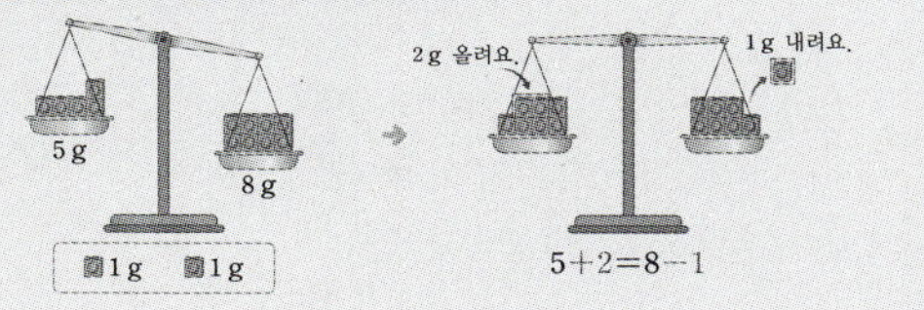

'등호(=)'는 크기가 같은 두 양을 식으로 나타낼 때 사용합니다.
5+2와 8−1은 크기가 같은 양이므로 5+2=8−1과 같이 나타낼 수 있습니다.

개념 ⑦ 규칙적인 계산식 만들기

• 책 번호의 배열에서 규칙적인 계산식 만들기

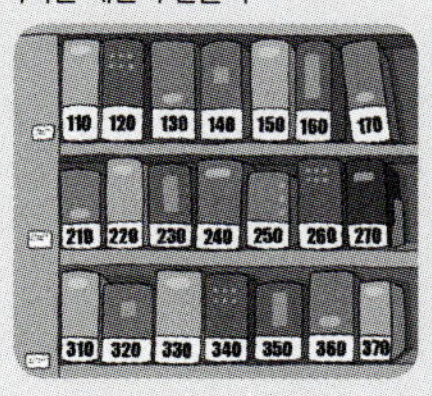

① ➡ 방향의 연결된 세 수의 합은 가운데 있는 수의 3배입니다.
계산식 110+120+130=120×3

② ↘ 방향의 양 끝에 있는 두 수의 합은 가운데 있는 수의 2배입니다.
계산식 140+340=240×2

③ 가운데 있는 수가 같은 ↗ 방향과 ↘ 방향의 연결된 세 수의 합은 같습니다.
계산식 110+220+330=130+220+310

160 · Start 4–1

---

1 저울의 양쪽 무게가 같도록 모형을 올리거나 내렸습니다. 그림을 보고 ☐ 안에 알맞은 수를 써넣어 등호를 사용한 식을 완성해 보세요.

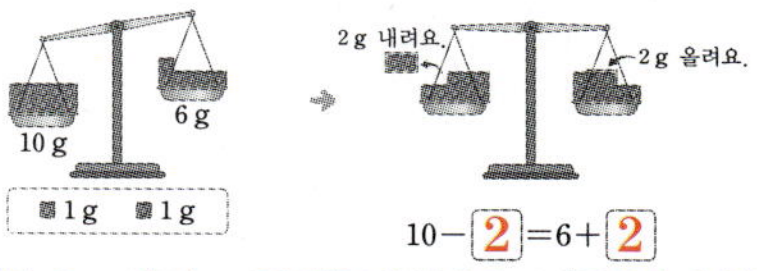

❖ 왼쪽 접시에서 2 g 내리고 오른쪽 접시에 2 g 올렸더니 양쪽 무게가 같아졌습니다.

2 크기를 비교하여 ○ 안에 >, =, < 중 알맞은 것을 써넣으세요.

(1) 15 **<** 8+8　　(2) 10−4 **=** 12−6　　(3) 7+5 **=** 6+6

❖ (1) 8+8=16이므로 15<16입니다.
(2) 10−4=6, 12−6=6이므로 등호를 사용하여 나타낼 수 있습니다.
(3) 7+5=12, 6+6=12이므로 등호를 사용하여 나타낼 수 있습니다.

3 사물함의 수 배열에서 찾은 규칙적인 계산식입니다. ☐ 안에 알맞은 수를 써넣으세요.

203 204 205 206 207 208
213 214 215 216 217 218
223 224 225 226 227 228
233 234 235 236 237 238
243 244 245 246 247 248

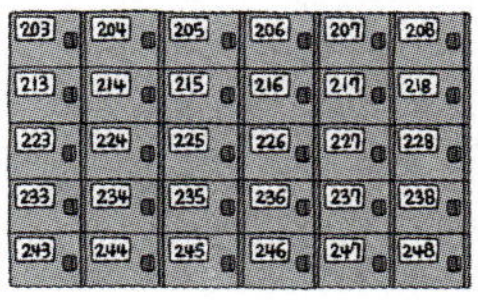

203+214=204+**213**
205+216=**206**+215
226+**237**=227+236

❖ ↘ 방향과 ↙ 방향의 연결된 두 수의 합이 같습니다.

4 수 배열표에서 찾은 규칙적인 계산식입니다. ☐ 안에 알맞은 수를 써넣으세요.

100	200	300	400
110	210	310	410
120	220	320	420
130	230	330	430

100+210+320=210×**3**
400+310+**220**=310×3

❖ 수 배열표에서 연결된 세 수의 합은 가운데 있는 수의 3배입니다.

6 단원

6. 규칙 찾기 · 161

교과서 개념 play 규칙적인 계산식 찾기

붙임딱지

승강기 버튼의 수 배열에 맞게 알맞은 버튼 붙임딱지를 붙여 보세요.
아래 계산식에도 알맞은 버튼 붙임딱지를 붙여 완성해 보세요.

29	30	31	32	33	34
23	24	25	26	27	28
17	18	19	20	21	22
11	12	13	14	15	16
5	6	7	8	9	10
B1	1	2	3	4	

$3 + 6 = 9$
$4 + 6 = 10$

$12 + 13 + 14 = 13 \times 3$
$17 + 18 + 19 = 18 \times 3$

$32 + 27 = 33 + 26$
$33 + 28 = 34 + 27$
$34 + 26 = 32 + 28$

신발장의 번호 배열에 맞게 알맞은 신발장 붙임딱지를 붙여 보세요.
아래 계산식에도 알맞은 번호판 붙임딱지를 붙여 완성해 보세요.

610	620	630	640	650	660
510	520	530	540	550	560
410	420	430	440	450	460
310	320	330	340	350	360
210	220	230	240	250	260
110	120	130	140	150	160

$230 + 140 = 240 + 130$
$330 + 230 + 130 = 230 \times 3$
$330 + 130 = 230 \times 2$

$540 + 450 + 360 = 560 + 450 + 340$
$340 + 350 + 360 = 350 \times 3$
$440 + 450 + 460 = 550 + 450 + 350$

6
단원

162 Start 4-1

6. 규칙 찾기 163

집중! 드릴 문제

정답과 풀이 p.40

[1~4] 설명에 맞는 계산식을 찾아 기호를 써 보세요.

㉠ $100+260=360$ $110+270=380$ $120+280=400$	㉡ $319+275=594$ $419+285=704$ $519+295=814$
㉢ $385-285=100$ $585-485=100$ $785-685=100$	㉣ $469-138=331$ $469-238=231$ $469-338=131$

1 십의 자리 수가 각각 1씩 커지는 두 수의 합은 20씩 커집니다.
(㉠)

2 백의 자리 수가 각각 2씩 커지는 두 수의 차는 일정합니다.
(㉢)

3 백의 자리 수가 1씩 커지는 수와 십의 자리 수가 1씩 커지는 두 수의 합은 110씩 커집니다.
(㉡)

4 빼는 수가 100씩 커지면 계산 결과가 100씩 작아집니다.
(㉣)

[5~8] 계산식의 규칙에 따라 □ 안에 알맞은 계산식을 써넣으세요.

5
$2 \times 11 = 22$
$3 \times 11 = 33$
$4 \times 11 = 44$
$5 \times 11 = 55$

6
$3 \times 37 = 111$
$6 \times 37 = 222$
$9 \times 37 = 333$
$12 \times 37 = 444$

7
$1111 \div 11 = 101$
$2222 \div 11 = 202$
$3333 \div 11 = 303$
$4444 \div 11 = 404$

8
$2222 \div 11 = 202$
$4444 \div 22 = 202$
$6666 \div 33 = 202$
$8888 \div 44 = 202$

[9~12] 아래 등호를 사용한 식이 옳도록 □ 안에 들어갈 수 있는 식을 보기 에서 찾아 써넣으세요.

9 보기
$7+4 \qquad 6+6$

$10+2 = 6+6$

❖ $10+2=12$이므로 보기 에서 값이 12인 식을 찾습니다.
$7+4=11, 6+6=12$이므로
$10+2=6+6$과 같이 나타낼 수 있습니다.

10 보기
$8-5 \qquad 10-3$

$15-12 = 8-5$

❖ $15-12=3$이므로 보기 에서 값이 3인 식을 찾습니다.
$8-5=3, 10-3=7$이므로
$15-12=8-5$와 같이 나타낼 수 있습니다.

11 보기
$15-2 \qquad 19-4$

$19-4 = 11+4$

❖ $11+4=15$이므로 보기 에서 값이 15인 식을 찾습니다.
$15-2=13, 19-4=15$이므로
$19-4=11+4$와 같이 나타낼 수 있습니다.

12 보기
$3+3 \qquad 16-12$

$16-12 = 20-16$

❖ $20-16=4$이므로 보기 에서 값이 4인 식을 찾습니다.
$3+3=6, 16-12=4$이므로
$16-12=20-16$과 같이 나타낼 수 있습니다.

[13~15] 승강기 버튼의 수 배열을 보고 □ 안에 알맞은 수를 써넣으세요.

13
$20+13+6 = 13 \times 3$
$26+17+8 = 17 \times 3$
$23+15+7 = 15 \times 3$

14
$15+1 = 8 \times 2$
$16+2 = 9 \times 2$
$21+7 = 14 \times 2$

15
$19+12+5 = 21+12+3$
$22+13+4 = 20+13+6$
$23+16+9 = 25+16+7$

6
단원

164 · Start 4-1

6. 규칙 찾기 · 165

40 · **Start** 4-1

교과서 개념 확인 문제

[1~3] 계산식을 보고 물음에 답하세요.

가	나	다	라
362＋211＝573	351＋104＝455	752－511＝241	785－214＝571
363＋212＝575	351＋114＝465	652－411＝241	785－224＝561
364＋213＝577	351＋124＝475	552－311＝241	785－234＝551
365＋214＝579	351＋134＝485	452－211＝241	785－244＝541

1 설명에 맞는 계산식을 찾아 기호를 써 보세요.

> 같은 자리 수가 똑같이 작아지는 두 수의 차는 항상 일정합니다.

(**다**)

2 설명에 맞는 계산식을 찾아 기호를 써 보세요.

> 일의 자리 수가 각각 1씩 커지는 두 수의 합은 2씩 커집니다.

(**가**)

3 승호의 생각과 같은 규칙적인 계산식을 찾아 기호를 써 보세요.

(**나**)

❖ 나 계산식은 더하는 수가 10씩 커지면 합이 10씩 커지므로 다음에 올 계산식은 351＋144＝495입니다.

[4~5] 규칙적인 계산식을 보고 물음에 답하세요.

순서	계산식
첫째	1×1＝1
둘째	11×11＝121
셋째	111×111＝12321
넷째	**1111×1111＝1234321**

4 빈칸에 알맞은 계산식을 써넣으세요.

5 규칙을 이용하여 □ 안에 알맞은 수를 써넣으세요.

11111×11111＝**123454321**

6 계산식을 보고 규칙을 찾아 다섯째에 알맞은 나눗셈식을 써 보세요.

순서	계산식
첫째	111111÷11＝10101
둘째	222222÷22＝10101
셋째	333333÷33＝10101
넷째	444444÷44＝10101
다섯째	**555555÷55＝10101**

❖ 나누어지는 수와 나누는 수가 모두 2배, 3배, 4배로 커지면 계산 결과가 같습니다.

교과서 개념 확인 문제

❖ ·6＋8＝18 ➡ 6＋8＝14로 양쪽의 값이 다르므로 등호를 사용하여 나타낼 수 없습니다.

·13－7＝10－4 ➡ 13－7＝6, 10－4＝6으로 양쪽의 값이 같으므로 등호를 사용하여 나타낼 수 있습니다.

7 등호를 바르게 사용한 식을 모두 찾아 ○표 하세요.

6＋8＝18	13－7＝10－4
( )	(○)
20－11＝5＋4	28＋10＝28＋2
(○)	( )

·20－11＝5＋4 ➡ 20－11＝9, 5＋4＝9로 양쪽의 값이 같으므로 등호를 사용하여 나타낼 수 있습니다.

·28＋10＝28＋2 ➡ 28＋10＝38, 28＋2＝30으로 양쪽의 값이 다르므로 등호를 사용하여 나타낼 수 없습니다.

[8~9] 수 배열표를 보고 물음에 답하세요.

110	112	114	116	118	120
211	213	215	217	219	221
312	314	316	318	320	322
413	415	417	419	421	423

8 □ 안에 알맞은 수를 써넣으세요.

(1) **213**＋316＝215＋314

118＋221＝120＋**219**

316＋415＝**314**＋**417**

(2) 110＋112＋114＝112×**3**

318＋320＋322＝**320**×**3**

419＋421＋**423**＝**421**×3

9 □ 안에 규칙적인 계산식을 써넣으세요.

116＋219＋322＝120＋219＋318
114＋217＋320＝118＋217＋316

(예) **112＋215＋318＝116＋215＋314**

❖ ↘ 방향과 ↙ 방향의 연결된 세 수의 합이 같습니다.

10 같은 값을 나타내는 두 카드를 찾아 색칠하고, 등호를 사용하여 식으로 나타내 보세요.

12＋4	47－13	50－24	22＋12

(답) **47－13＝22＋12**

❖ 12＋4＝16, 47－13＝34, 50－24＝26, 22＋12＝34

➡ 47－13과 22＋12의 값이 같으므로 등호를 사용하여 식으로 나타낼 수 있습니다.

11 □ 안에 알맞은 수를 써넣으세요.

(1) 20＋16＝30＋**6**

(2) 40－10＝45－**15**

(3) 35＝47－**12**

(4) 12＋13＝**13**＋12

❖ (1) 30은 20보다 10만큼 더 큽니다. ➡ □는 16보다 10만큼 더 작아야 하므로 6입니다.

(2) 45는 40보다 5만큼 더 큽니다. ➡ □는 10보다 5만큼 더 커야 하므로 15입니다.

12 달력을 보고 조건 을 만족하는 수를 찾아보세요.

조건

·➕ 안에 있는 5개의 수 중에서 하나입니다.

·➕ 안에 있는 5개의 수의 합을 5로 나눈 몫과 같습니다.

(**15**)

❖ 8＋14＋15＋16＋22＝75

75÷5＝15

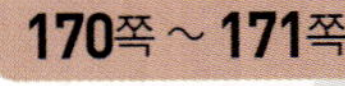

개념 확인평가   6. 규칙 찾기

맞은 개수

정답과 풀이 p.42

1 수 배열의 규칙에 따라 빈칸에 알맞은 수를 써넣으세요.

(1)

5010	5020	5030	5040	**5050**	5060

(2)

776	765	**754**	743	732	721

❖ (1) 5010부터 시작하여 오른쪽으로 10씩 커집니다.
   (2) 776부터 시작하여 오른쪽으로 11씩 작아집니다.

[2~3] 수 배열표를 보고 물음에 답하세요.

200	202	204	206	208
300	302	304	■	308
400	402	404	406	408
500	502	504	506	508

2 수 배열의 규칙으로 알맞은 것을 보기 에서 찾아 기호를 써 보세요.

> 보기
> ㉠ 200부터 시작하여 오른쪽으로 100씩 커집니다.
> ㉡ 508부터 시작하여 위쪽으로 100씩 작아집니다.
> ㉢ 500부터 시작하여 ↗ 방향으로 98씩 커집니다.

(㉡)

❖ ㉠ 200부터 시작하여 오른쪽으로 2씩 커집니다.
  ㉢ 500부터 시작하여 ↗ 방향으로 98씩 작아집니다.

3 수 배열의 규칙에 따라 ■에 알맞은 수를 구해 보세요.

(**306**)

❖ 오른쪽으로 2씩 커지므로 ■에 알맞은 수는 $304+2=306$입니다.

4 사각형의 배열에서 규칙을 찾아 다섯째 사각형의 수를 구해 보세요.

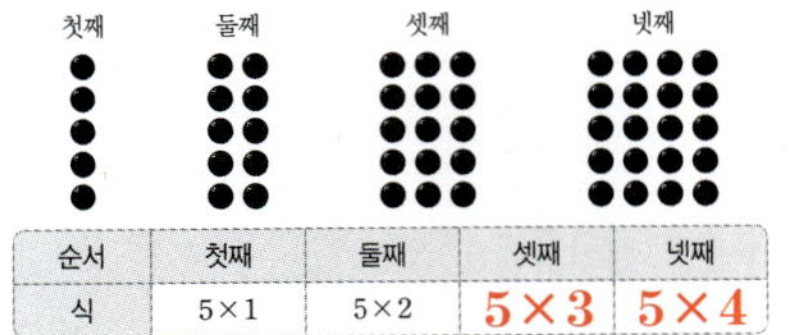

첫째   둘째   셋째   넷째

순서	첫째	둘째	셋째	넷째
사각형의 수(개)	1	4	7	10

(**13개**)

➡ 사각형의 수가 3개씩 늘어나고 있으므로 다섯째 사각형의 수는 13개입니다.

5 바둑돌의 배열에서 규칙을 찾아 식으로 나타내 보고, 다섯째 바둑돌의 수를 구해 보세요.

첫째   둘째   셋째   넷째

순서	첫째	둘째	셋째	넷째
식	5×1	5×2	**5×3**	**5×4**

다섯째 바둑돌의 수 (**25개**)

❖ 다섯째 바둑돌의 수는 $5\times5=25$(개)입니다.

6 다섯째에 알맞은 계산식을 보기 에서 찾아 기호를 써 보세요.

> 보기
> ㉠ $801\times2=1602$
> ㉡ $801\times20=16020$
> ㉢ $901\times2=1802$
> ㉣ $901\times20=18020$

순서	계산식
첫째	$501\times2=1002$
둘째	$601\times2=1202$
셋째	$701\times2=1402$
넷째	$801\times2=1602$
다섯째	

(㉢)

❖ 곱해지는 수가 100씩 커지는 수에 2를 곱하면 계산 결과값 200씩 커집니다.
  따라서 다섯째에 알맞은 계산식은 ㉢ $901\times2=1802$입니다.

6 단원

개념 확인평가   6. 규칙 찾기

정답과 풀이 p.42

7 계산식의 규칙에 따라 ☐ 안에 알맞은 식을 써넣으세요.

(1)
$88\div4=22$
$808\div4=202$
$8008\div4=2002$
$80008\div4=20002$

(2)
$929-435=494$
$729-335=394$
$529-235=294$
$329-135=194$

❖ (1) 나누어지는 수의 8과 8 사이에 0의 개수가 1개씩 많아지면 몫의 2와 2 사이의 0의 개수도 1개씩 많아지는 규칙입니다.
  (2) 200씩 작아지는 수에서 100씩 작아지는 수를 빼면 계산 결과는 100씩 작아집니다.

8 두 사람의 대화를 읽고, 빈 곳에 알맞은 말을 써넣으세요.

$36+12=30+6+12$

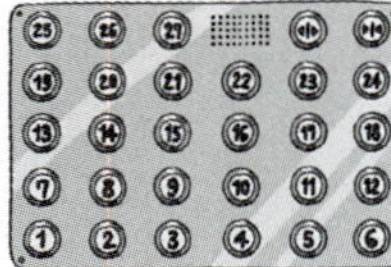

❖ $30+6=36$이고 양쪽에 똑같이 12를 더했으므로 양쪽의 값은 같습니다.

9 승강기 버튼의 수 배열에서 찾을 수 있는 규칙적인 계산식을 2가지 써 보세요.

계산식 1   예 $19+14+9=21+14+7$

계산식 2   예 $25+20+15=20\times3$

Memo 

Memo

정답은
이안에
있어.!

난이도 별점
쉬움 ★
보통 ★★★
어려움 ★★★★★
최상위 ★★★★★★★

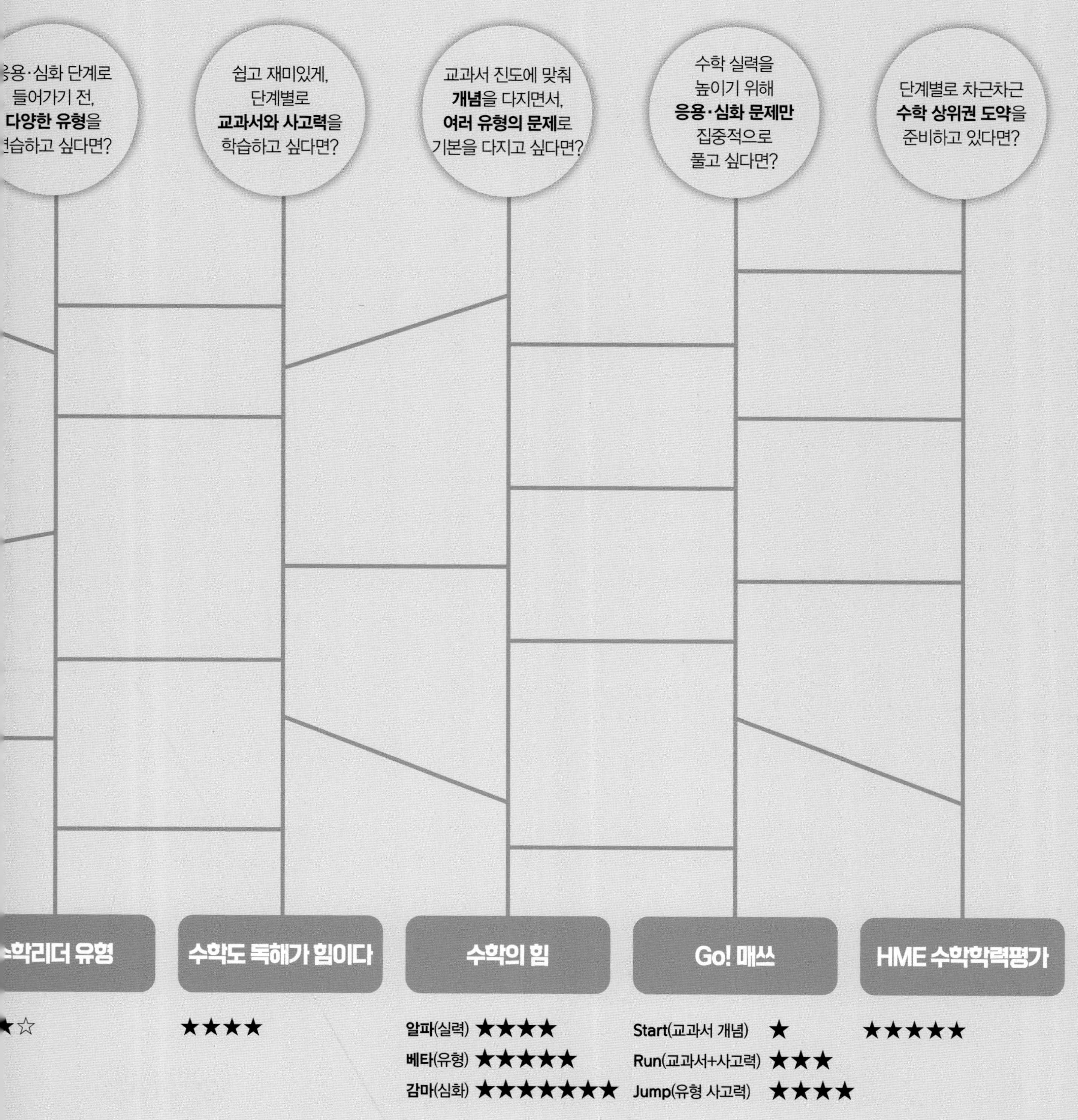